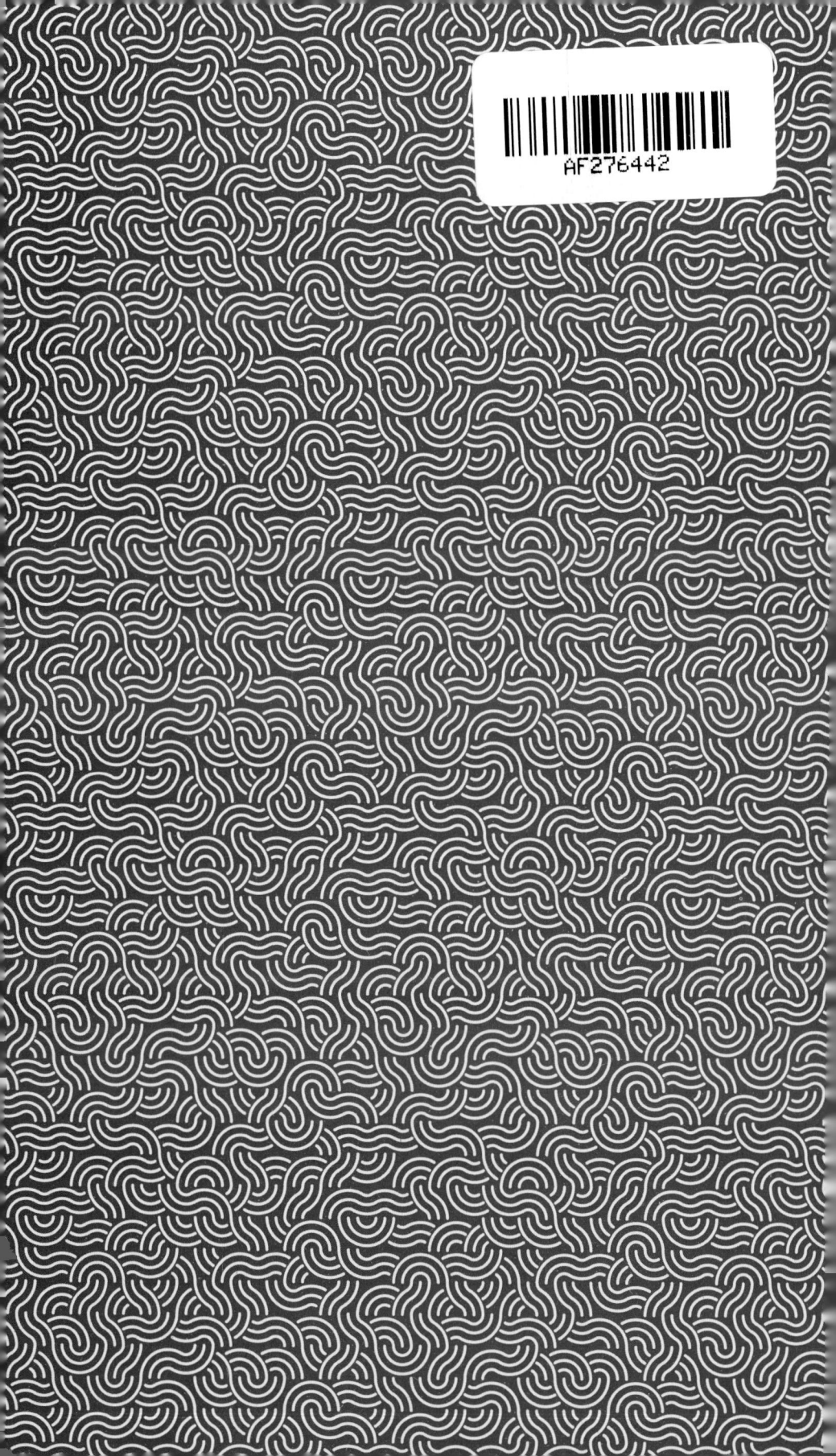

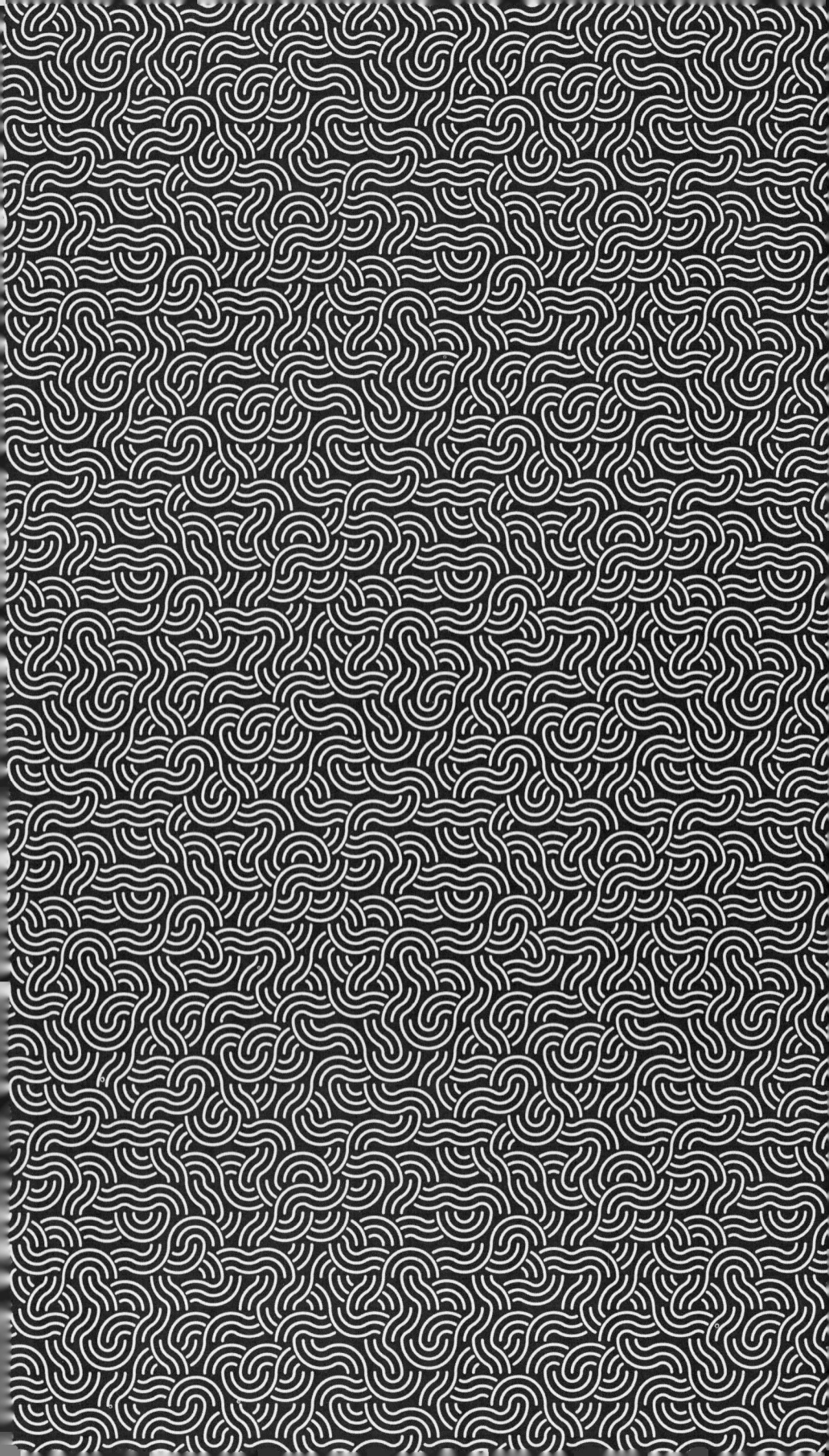

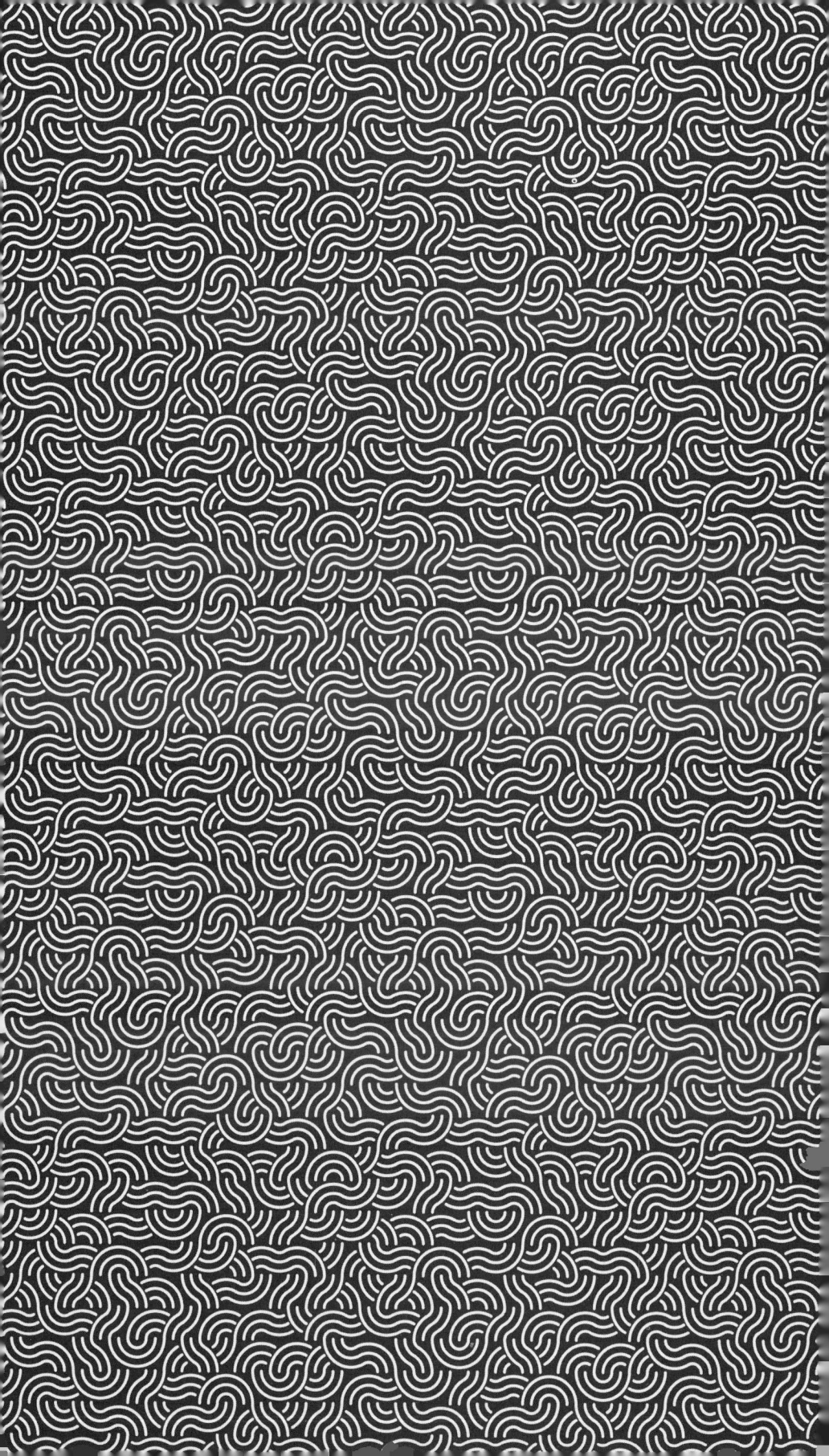

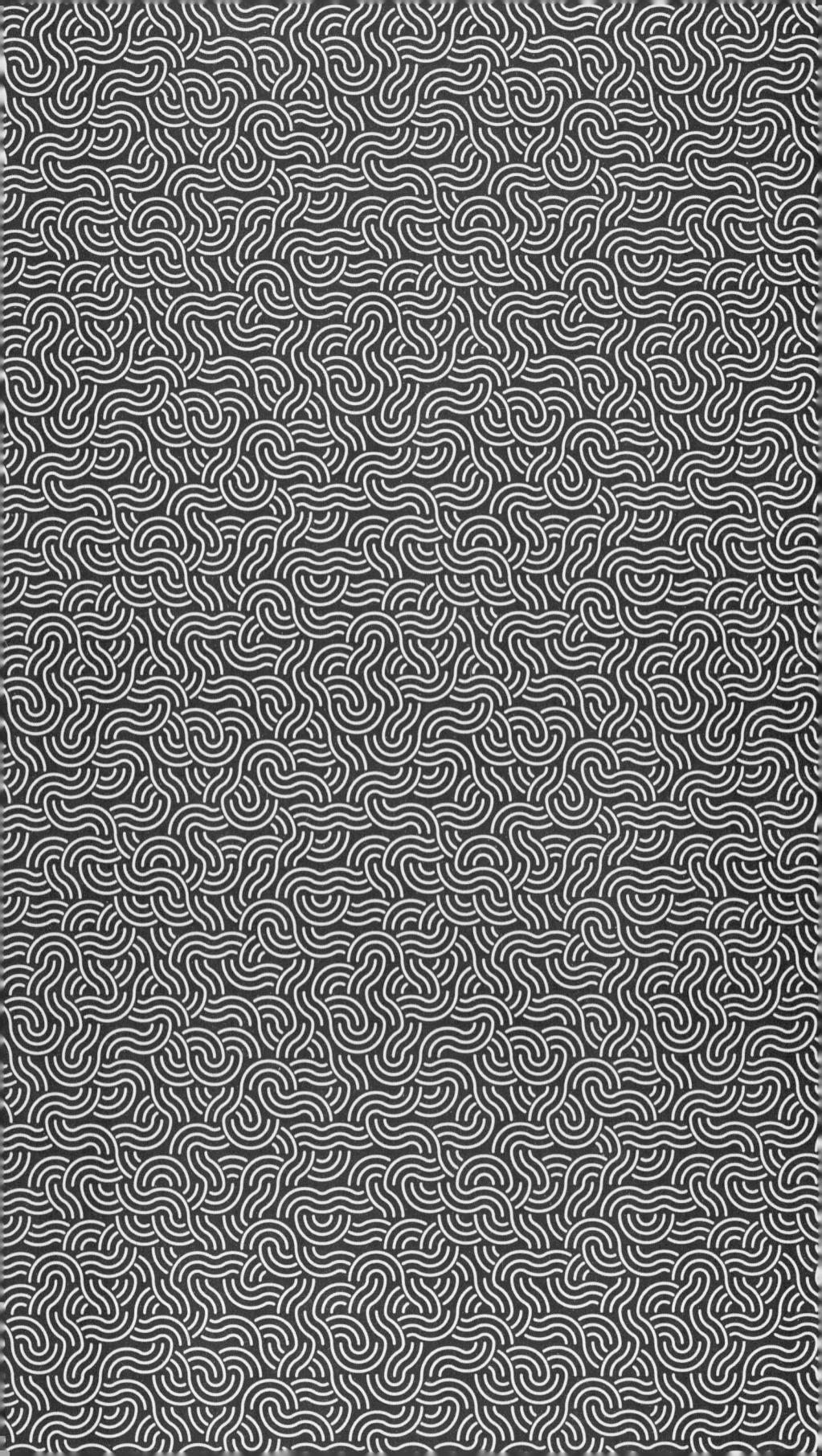

Microorganismos, cerebro y control mental

RAÚL RIVAS

Microorganismos, cerebro y control mental

Parásitos y microbios que manipulan el comportamiento

GUADALMAZÁN

GUADALMAZÁN • COLECCIÓN DIVULGACIÓN CIENTÍFICA
Edición al cuidado de BIBIANA GARCÍA VISOS y ANTONIO CUESTA

www.editorialguadalmazan.com

TALENBOOK, S.L.
C/ Cervantes, 26 · 28014 · Madrid

Imprime: LIBERDÚPLEX
ISBN: 978-84-19414-95-3
Depósito Legal: M-25532-2025
Hecho e impreso en España-*Made and printed in Spain*

A Eustoquio, Pedro y Encarna,
primero mentores y después compañeros y amigos.

Índice

Presentación

«¿Desea conocer la verdad?». La pregunta es un desafío eterno y punzante, construido con una intención pavorosa que parece inocua.

El concepto de verdad ha sido objeto de debate filosófico a lo largo de la historia. ¿Es absoluta o relativa? ¿Es congénita o construida? La búsqueda de la verdad es fundamental para la toma de resoluciones informadas, la construcción de conocimiento y el establecimiento de la confianza en las relaciones humanas y en la sociedad. En esencia, nuestras decisiones están basadas en lo que percibimos como verdadero, o al menos en la información que tenemos disponible y que consideramos fiable. ¿Qué ocurre si nuestra percepción está alterada o manipulada? ¿Nos engañan con frecuencia?

En la naturaleza, el engaño es una herramienta primaria y sutil, a veces despiadada, y, a menudo, sorpresiva, pero apta para interpretar la coreografía más intrincada. Consideremos, por ejemplo, las artimañas empleadas por el drongo de cola bifurcada (*Dicrurus adsimilis*), un ave paseriforme nativa del África subsahariana, que roba la comida de otros animales imitando las llamadas de alarma que emplean diferentes especies, como suricatas o alcaudones, cuando detectan a un depredador. Aunque sean falaces, las señales de aviso provocan que los propietarios de la comida abandonen al instante la manduca y busquen refugio, momento que aprovecha el drongo para hurtar el botín. En definitiva, el drongo utiliza una manipulación auditiva que juega con el instinto de supervivencia.

El planeta está repleto de ingeniosas estrategias timadoras que permiten a los organismos sobrevivir, cazar o reproducirse. Estos trucos pueden ir dirigidos a la vista, el oído, el olfato e incluso la cognición. El plumaje exuberante y majestuoso del pavo real es poco útil para el vuelo y la discreción, pero está diseñado para hipnotizar a la hembra, con una promesa silenciosa y cautivadora que ofrece transferir una genética vigorosa a la descendencia.

Desde luego, la manipulación más efectiva radica en hacer creer a un organismo que las decisiones que toma son propias. Pues, ojo al dato, porque algunos microbios y parásitos pueden alterar, en beneficio propio, las sensaciones y el comportamiento de sus huéspedes, incluyendo a los seres humanos.

Este fenómeno, conocido como manipulación del huésped, tiene consecuencias drásticas en las decisiones y es una estrategia sofisticada, específica y adaptativa, que trasciende a la simple persecución de la supervivencia individual. De hecho, el objetivo principal de la manipulación es crear un ambiente favorable para la sobrevivencia, la replicación, la transmisión, la diseminación y la perpetuación del patógeno, a menudo, en detrimento del huésped. Es más, en algunos casos, el comportamiento de un huésped constituye un fenotipo extendido del parásito.

Cada día, navegamos por la vida tomando decisiones, algunas triviales y otras que cambian el rumbo de nuestro futuro. Ignoramos la compleja maquinaria mental que procesa la información, evalúa los riesgos y anticipa los resultados, para esbozar un sofisticado *ballet* neuronal que protagoniza cada una de nuestras acciones. ¿Serán algunos microbios y parásitos los artistas no invitados a este espectáculo?

¡AUUU!

Nevaba. La nieve recién caída, mullida y fresca, uniformaba los árboles y enmoquetaba el terreno convirtiendo el bosque en una postal de algodón. Había una atmósfera plateada, húmeda y tranquila, que estaba minada de copos diminutos y aterciopelados, disfrazados de confeti helado. Dondequiera que posaras la vista, el suelo, colonizado por la nieve delatora, estaba sembrado con huellas de lobo. Contemplado con calma, el paisaje revelaba una belleza efímera que parecía mágica. Un ruido lejano, de motor, deshizo el hechizo. La camioneta paró al final de un camino de grava. Al volante iba un hombre de mediana edad, con pinta de cazador, corpulento y con los ojos claros. El conductor bajó del vehículo para escudriñar el rastro animal. Sonrió. Las pisadas de lobo eran claras y recientes. Aquí estás, pensó regocijado.

El individuo vestía una sudadera parduzca de Carhartt, calzaba botas gruesas y del cuello llevaba colgado un silbato de plástico color marrón, con forma de peón de ajedrez. Era un lobero aficionado, pero había acechado con éxito a la manada durante semanas. Estaba excitado y ansioso por rematar la faena cuanto antes. Respiró hondo, agarró el chiflo y sopló varias ráfagas cortas. El pito emitió un sonido que imitaba el quejido de un conejo moribundo. Confiado y pertinaz, lanzó algunas otras llamadas tramposas adicionales, espaciadas y sibilinas, e irresistibles para los carnívoros hambrientos. Pronto aparecerás, caviló.

El encuentro era buscado e irremediable. Ocurrió durante la temporada de caza de lobos del estado de Wyoming, el jueves 6 de diciembre del año 2012, cerca del parque nacional de Yellowstone, en un valle conocido como Crandall, en lo profundo de la cordillera Absaroka. Aquel día, para cubrir el cupo autorizado, que era de ocho lobos adultos, solo quedaba por abatir un ejemplar.

Una pareja de lobos en el parque nacional de Yellostone, ubicado en los estados estadounidenses de Wyoming, Montana y Idaho [Frade Silva/Shutterstock].

Cerca de las siete, a unos doscientos metros de distancia, dos magníficos lobos, macho y hembra, salieron de entre los sauces que bordeaban un claro. Eran preciosos. El macho, de mayor volumen, exhibía un color negro reluciente, y la hembra, más pequeña, pero de buen tamaño, tenía un pelaje blanquecino en la zona inferior y grisáceo en los flancos, con algunas manchas más oscuras, a modo de capa, en la parte superior del lomo. Los animales avistaron al cazador casi de inmediato, pero no huyeron. El asesino tuvo tiempo para elegir. Levantó el rifle hasta el hombro y apuntó a través de la mira. ¡Bang! El disparo resonó en el aire, ensordecedor, y la bala voló hasta alcanzar a la hembra, que cayó muerta sobre la nieve.

Para desgracia y sorpresa del cazador, el animal abatido tenía nombre y pedigrí. Era 0-Six, también conocida como 832F, la loba reproductora dominante, durante varios años, de la manada de Lamar Canyon en el parque nacional de Yellowstone. Además de loba, 0-Six era una estrella mediática que portaba un collar de cuatro mil dólares con tecnología de rastreo GPS. El 8 de diciembre, el periódico *The New York Times* informó que el animal, el favorito de los turistas que habían visitado Yellowstone durante los últimos seis años, había sido tiroteado y asesinado mientras estaba fuera de los límites del parque. El revuelo alcanzó cotas nucleares y la llama conservacionista comenzó a fulgurar colérica. La identidad real del cazador tuvo que ser preservada, con la finalidad de evitar represalias individuales o reacciones desproporcionadas, porque muchas personas estaban dispuestas a vengar, de cualquier forma, a la loba difunta.

0-Six nació en el año 2006, en el grupo Agate Creek de Yellowstone. Aquella bolita de pelo creció hasta convertirse en una loba majestuosa. Era hermosa, fuerte y decidida. Cortejada por muchos, eligió a una pareja de compañeros, los espléndidos 755M y 754M, dos hermanos de pelo negro azabache. El trío se instaló en Lamar Valley, y a la primavera siguiente, 0-Six parió la primera camada de cuatro cachorros. La loba era la líder natural de la manada de Lamar Canyon, con 755M asumiendo el papel de macho alfa y su hermano 754M el de macho beta.

La valentía, fortaleza, astucia y tenacidad de 0-Six eran increíbles, y convirtieron a la loba en la mejor cazadora de todo el parque nacional de Yellowstone. Incluso conseguía derribar alces sin ayuda, algo que es un logro extraordinario, porque la tarea casi siempre requiere de la cooperación de varios miembros de la manada. También fue una madre ejemplar, amable y firme, que enseñó a sus cachorros las habilidades importantes que necesitaban para subsistir. Tuvo trece vástagos y todos sobrevivieron al primer año. Una tasa de supervivencia del 100 % de las crías es un éxito tremendo, porque hasta el 60 % de los cachorros nacidos en la naturaleza suelen morir en los primeros meses de vida. Pronto, la fama de la legendaria 0-Six sobrepasó los límites del parque nacional de Yellowstone y la manada de Lamar Canyon enamoró al mundo.

Lamentablemente, el 30 de septiembre de 2012, el Servicio de Pesca y Vida Silvestre de los Estados Unidos eliminó la protección federal a los lobos, y las perspectivas viraron para tomar un sendero escabroso. De hecho, la decisión situó, de manera instantánea, en un peligroso escenario, grave e inminente, a las manadas de lobos que habitaban Wyoming, pero también a las vecinas familias lobunas de Yellowstone. El otoño, que todavía estaba poco rodado, dio el banderazo de salida a la caza de trofeos. De un plumazo, desapareció la seguridad de los miembros de la manada de Lamar Canyon, pero los lobos desconocían la amenaza y los trágicos acontecimientos que estaban a punto de suceder.

A medida que avanzaba el periodo otoñal y la nieve hacía acto de presencia en Yellowstone, los alces residentes emigraron fuera del parque en busca de vegetación. Los lobos siguieron el camino de sus presas, a través del límite de Yellowstone hacia Wyoming. Mientras, los cazadores esperaban, codiciosos y ocultos, el desfile de modelos.

La primera víctima fue 754M, el macho beta de la manada. Un tirador mató al lobo el 11 de noviembre de 2012. La desaparición de 754M conmocionó al grupo. 0-Six gimió y aulló, llamando desesperada, pero no obtuvo respuesta. Nunca arrojó la toalla y solía regresar a buscar en la zona donde 754M había desaparecido, sin saber que su leal compañero había partido para no volver.

La historia del gran lobo negro atrajo a otros cazadores. Uno de ellos abatió a 0-Six, el 6 de diciembre de 2012, cuando la loba y 755M fueron a investigar el falso gimoteo de un conejo desahuciado.

A principios del siglo XX, el lobo gris, que históricamente habitaba en gran parte del continente norteamericano, fue perseguido y eliminado de extensiones gigantescas en la mayoría de los territorios de los Estados Unidos de América, incluido el parque nacional de Yellowstone. En poco más de una década, de 1914 a 1926, fueron exterminados 136 lobos que vivían dentro del parque. La eliminación del superdepredador resultó ser un gravísimo error que causó una cascada trófica catastrófica en Yellowstone. Setenta años sin lobos cambiaron el parque.

GRAY, OR TIMBER, WOLF   BLACK WOLF

Lobo gris y lobo negro [Louis Agassiz Fuertes].

Con los lobos erradicados, la población de alces del parque explotó y puso contra las cuerdas la viabilidad del ecosistema. El abundante número de alces y de otros herbívoros originó que los animales pastaran en exceso, consumiendo los árboles y los matorrales jóvenes, impidiendo la regeneración y favoreciendo la degradación y la erosión acelerada. Los brotes tiernos de sauces y álamos temblones eran mordisqueados con avidez y sin piedad. La vegetación de ribera comenzó a declinar y las aves, sin la protección de los árboles, a emigrar. Con el número de árboles muy diezmado, los castores ya no podían construir represas y los arroyos comenzaron a erosionar y a degradar las condiciones que los sauces necesitaban para crecer. El río perdió el cauce y empezó a desdibujar el paisaje. Desaparecidas las represas de los castores y la sombra de los árboles y de las plantas, la temperatura del agua era demasiado alta para los peces de aguas frías. Las nutrias también desocuparon el entorno. Ausente el lobo, la población de coyotes aumentó de forma desproporcionada y causó estragos en el censo de los pequeños mamíferos, desplazando por competencia a zorros, águilas y comadrejas.

Yellowstone estaba malherido y apremiaba buscar una solución urgente. El primer remedio planteado fue el control cinegético de los grandes ungulados. En la década de 1960 numerosas partidas anuales de cazadores acudieron a Yellowstone para abatir y reducir el número de alces y de ciervos. En 1969 la caza terminó, con la esperanza de que la población de herbívoros alcanzara el equilibrio y la autorregulación, pero no fue así. Yellowstone continuó enfermizo y con mal pronóstico.

Por suerte, la aprobación en 1973 de la Ley de Especies en Peligro de Extinción facilitó que fueran dados los primeros pasos para reparar el problema, porque el lobo gris quedó incluido en la lista, lo cual exigía la protección del animal y la planificación de la recuperación de la especie. En los años siguientes, tras un profundo estudio y un animado debate, los investigadores concluyeron que la reintroducción del lobo resultaba crucial para poder salvaguardar el parque nacional de Yellowstone.

El 12 de enero de 1995, ante la atenta mirada de un grupo de escolares, un largo camión de color blanco atravesó el Arco Roosevelt, que está ubicado en la entrada norte, la parte más antigua del parque nacional de Yellowstone. En el interior del vehículo viajaban ocho lobos grises canadienses provenientes del Parque Nacional Jasper en Alberta. Los animales fueron alojados en Yellowstone y los biólogos cruzaron los dedos para que el instinto natural de los nuevos inquilinos no impulsara a los lobos a volver a casa. El parque construyó corrales de aclimatación y dispersó cadáveres encubiertos de alces, para que los lobos pudieran gozar del entorno y decidieran permanecer en el paraje natural de Yellowstone. Al abrir los corrales, a finales del mes de marzo, los lobos fueron liberados y los temores confirmados. De inmediato, el macho alfa de la manada de Rose Creek tomó rumbo hacia el norte y cruzó la frontera con Montana. Poco después, su compañera, preñada de cachorros, lo siguió.

El 26 de abril de 1995, cerca de Red Lodge, en Montana, Chad McKittrick estaba cazando osos cuando vio al macho alfa. Es un lobo, dijo a su compañero. McKittrick enfocó la mira de un rifle modelo Ruger M77 calibre 7mm Remington Magnum y disparó. El cazador acudió a reclamar el trofeo y comprobó que el lobo abatido llevaba un collar de radio claramente marcado como propiedad del parque nacional de Yellowstone. Cortó la cabeza del animal, y, su amigo, Dusty Steinmasel, empleó una llave especial para quitar el collar, que arrojó a un arroyo donde continuó enviando una rápida serie de pitidos, indicando que el lobo estaba muerto. Los investigadores localizaron el collar y analizaron el suceso hasta dar con McKittrick. En 1996, un jurado integrado por ocho hombres y cuatro mujeres condenó a Chad McKittrick por tres delitos menores, que consistían en matar una especie en peligro de extinción, poseerla y transportarla. La sentencia incluyó tres meses de cárcel, tres meses en un centro de rehabilitación y diez mil dólares de multa. Mientras tanto, la hembra prófuga fue localizada, y junto a sus ocho cachorros, rescatada y trasladada de regreso al parque. El linaje de esta pareja puede ser rastreado en la mayoría de las manadas de lobos actuales que viven en Yellowstone.

A finales de 1996 ya había treinta y un lobos reubicados en el parque natural de Yellowstone. En los años siguientes, la reintroducción de los lobos controló a los coyotes y reequilibró las poblaciones de alces y de ciervos, permitiendo que los sauces y los álamos regresaran al paisaje. La mera presencia del lobo modificó los hábitos alimentarios de los ungulados, que dejaron de visitar los sitios más expuestos y abiertos. El fin del pastoreo excesivo estabilizó las riberas peladas y deforestadas por la presión desmedida de los herbívoros. Los sauces prosperaron de forma increíble. Los ríos se recuperaron y comenzaron a fluir en nuevas direcciones. Los pájaros cantarines regresaron, al igual que los castores, las águilas, los zorros y los tejones. El bullicio invadió el parque y en muy poco tiempo el patrón de hábitats y de paisajes fue modificado por completo. El balance económico también resultó positivo, porque, aunque la vuelta de los lobos a Yellowstone costó alrededor de treinta millones de dólares en total, el ecoturismo lobuno del parque genera treinta y cinco millones de dólares al año. Con los lobos de vuelta, Yellowstone consiguió una segunda oportunidad y renació de nuevo. Los estudios demostraron que la presencia del lobo inducía a que los alces se movieran más, comieran menos del mismo sitio y a que estuvieran más alerta en lugares donde pudiera haber depredadores que hicieran peligrar su vida y la de su descendencia. Esta ecología del miedo derivaba en que los alces redujesen la presión herbívora en una zona concreta, permitiendo, de forma indirecta, que las plantas se recuperasen y contribuyeran a mejorar la funcionalidad del ecosistema.

En el año 2003, la población de lobos de Yellowstone alcanzó su punto máximo, estimado en 174 animales. Desde el año 2009 la población ha fluctuado entre los 83 y los 123 ejemplares. En el año 2021 había al menos noventa y siete lobos distribuidos en ocho manadas, con seis parejas reproductoras, que vivieron principalmente en el parque nacional Yellowstone durante el mes de diciembre. Durante ese año, el personal del parque detectó 134 matanzas, incluyendo a ochenta y dos alces y a veintidós bisontes, que habían sido causadas, con mucha probabilidad, por lobos.

Está comprobado que las cacerías suelen estar dirigidas por la pareja alfa, pero ¿qué determina el liderazgo en una manada de lobos? En el caso de los lobos del parque nacional Yellowstone la respuesta podría estar en la infección de un parásito, *Toxoplasma gondii*, que es capaz de modificar el comportamiento de los animales y, por extensión, del grupo al que pertenecen.

Toxoplasma gondii es un parásito protozoario ubicuo cuyos huéspedes definitivos son el gato y otros felinos, pero que es capaz de infectar a una gama notablemente amplia de especies, incluidos los mamíferos, terrestres y marinos, y las aves, que sirven como huéspedes intermediarios y secundarios. En los Estados Unidos se estima que el 11 % de la población humana de seis años o más ha sido infectada con *Toxoplasma*. Está demostrado que en algunas regiones del mundo más del 60 % de las personas han sido infectadas por *Toxoplasma gondii*. En el año 2020, una investigación publicada en la revista *Scientific Reports* informó de que alrededor del 64 % de las mujeres embarazadas en Etiopía habían sido infectadas con *Toxoplasma gondii* en algún momento de su vida. El parásito es transmitido por los alimentos y el agua contaminados.

La replicación sexual y la posterior recombinación genética de *Toxoplasma gondii* se producen únicamente en el intestino del felino, lo que da lugar a la producción de ooquistes altamente infecciosos, que son eliminados, por cientos de millones, al medio ambiente con las heces. Los ooquistes eliminados a través de las excreciones conservan la capacidad infecciosa en el suelo húmedo durante varios meses. *Toxoplasma gondii* es ubicuo en aves y mamíferos. Este parásito intracelular obligado invade el citoplasma de todas las células nucleadas y se multiplica en forma asexual como taquizoíto. Cuando el huésped desarrolla inmunidad, la multiplicación de los taquizoítos para y se forman quistes tisulares, que persisten en estado de latencia durante años, en especial en el encéfalo, los ojos y el músculo. En los huéspedes intermedios, la replicación asexual produce una progenie clonal que forma quistes tisulares que pueden persistir durante toda la vida del huésped, principalmente en los músculos y en el cerebro. Las formas latentes de *Toxoplasma* dentro de los quistes son denominadas bradizoítos.

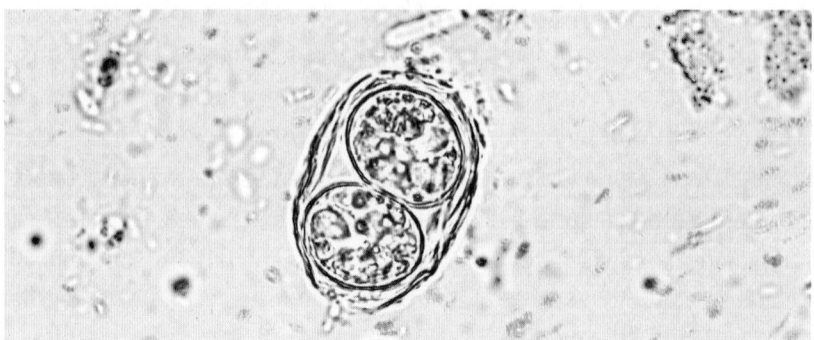

Ooquiste de *Toxoplasma gondii* observado al microscopio, forma de resistencia ambiental del parásito responsable de la toxoplasmosis, que se desarrolla únicamente en el intestino de los felinos y puede permanecer viable en el suelo durante meses, constituyendo la principal vía de transmisión al ser humano y otros animales de sangre caliente [Todorean-Gabriel/Shutterstock].

La transmisión de *Toxoplasma gondii* ocurre, casi siempre, a través de la ingestión de quistes tisulares en carne contaminada o de ooquistes a través de agua, suelo y productos frescos contaminados. Cualquier animal, cuya dieta incluya carne, corre el riesgo de infección con quistes tisulares, mientras que las aves que consumen alimentos del suelo están muy expuestas a la infección con ooquistes. En las personas, la transmisión también puede ocurrir a través de transfusiones de sangre, de leucocitos o del trasplante de un órgano perteneciente a un donante seropositivo.

En los seres humanos sanos, la mayoría de las infecciones permanecen asintomáticas o tienen manifestaciones con síntomas leves, parecidos a los de la gripe. De hecho, en humanos inmunocompetentes, los datos avalan que solo entre el 10 % y el 20 % de las infecciones adquiridas posnatalmente resultan en morbilidades aparentes, que en general son síntomas febriles inespecíficos. Sin embargo, también pueden ocurrir formas graves de la enfermedad que causan daño al cerebro, los ojos u otros órganos. Las manifestaciones de la toxoplasmosis pueden incluir meningoencefalitis, conjuntivitis, coriorretinitis, miocarditis, neumonitis y hepatitis.

Más de cuarenta millones de hombres, mujeres y niños en los EE. UU. son portadores del parásito *Toxoplasma*, pero muy pocos presentan síntomas, porque el sistema inmunológico generalmente evita que el parásito cause enfermedades. Sin embargo, las mujeres recién infectadas con *Toxoplasma*, durante o poco antes del embarazo, y cualquier persona con un sistema inmunológico comprometido deben tener en cuenta que la toxoplasmosis puede tener consecuencias importantes. Una infección primaria por *Toxoplasma gondii* durante el embarazo puede causar secuelas graves, conocidas como toxoplasmosis congénita, en recién nacidos y fetos. Estas manifestaciones pueden incluir retraso en el desarrollo, ceguera, epilepsia, aborto espontáneo y muerte fetal.

Las encuestas clínicas demuestran que hasta el 20 % de las infecciones maternas durante el embarazo resultan en transmisión transplacentaria y que en el 27 % de los recién nacidos infectados desarrollan síntomas específicos. Dependiendo de la edad gestacional del feto en el momento de la infección, puede ocurrir retinocoroiditis, calcificaciones, hidrocefalia, discapacidades psicomotoras y neurológicas e incluso la muerte fetal. Aunque el 75 % de los casos son subclínicos al nacer, los síntomas pueden aparecer muchos años o incluso décadas después.

En los pacientes con sida, la toxoplasmosis se reactiva en el 30 % al 40 % de los afectados que no reciben antimicrobianos profilácticos. Aunque la seroprevalencia de *Toxoplasma gondii* en varios países de Europa y en los Estados Unidos ha disminuido con lentitud en las últimas décadas, los enfoques colaborativos e interdisciplinarios emergentes, relacionados con el concepto One Health, pueden permitir nuevos esfuerzos de prevención que podrían reducir sustancialmente la carga de morbilidad de la toxoplasmosis.

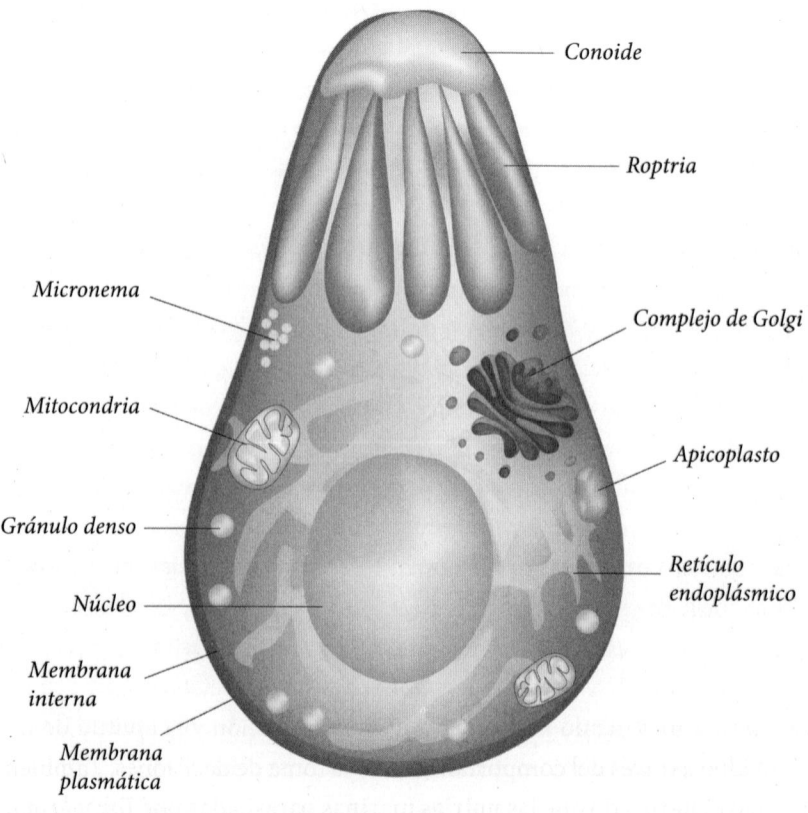

Estructura de *Toxoplasma gondii*, protozoo parásito del filo Apicomplexa. En el extremo apical se localizan el *conoide*, las *roptrias* y los *micronemas*, orgánulos especializados que intervienen en la invasión celular. En el citoplasma destacan la *mitocondria*, el *apicoplasto* —un orgánulo derivado de una endosimbiosis secundaria esencial para la síntesis de lípidos—, el *retículo endoplásmico* y el *complejo de Golgi*. También se observan los *gránulos densos*, implicados en la modificación del entorno intracelular, y el *núcleo*, protegido por la *membrana interna* y la *membrana plasmática* [K.K.T Madhusanka/Shutterstock].

Además, algunos trabajos recientes han revelado correlaciones cada vez más fuertes entre las infecciones crónicas por *Toxoplasma* y la aparición de cambios de comportamiento y trastornos neuropsiquiátricos como la esquizofrenia, el trastorno explosivo intermitente (ira) y el suicidio, aunque nunca ha sido demostrado que sea una causa directa. Varios estudios han demostrado que las personas con esquizofrenia y trastorno bipolar tenían más probabilidades de tener anticuerpos contra *Toxoplasma gondii*, consecuencia de una infección previa del parásito. En el año 2006, una investigación publicada en la revista *Biological Psychiatry* sugirió, por primera vez, que los bebés que contrajeron *Toxoplasma gondii* durante el embarazo exhibieron, en el futuro, tasas más altas de esquizofrenia que aquellos que no estuvieron expuestos en el periodo prenatal. De momento, no está claro cómo la infección por *Toxoplasma gondii* afecta a los individuos con esquizofrenia, especialmente en términos de deterioro cognitivo y síntomas clínicos específicos asociados con el trastorno.

Sin embargo, sí ha sido demostrado que *Toxoplasma gondii* induce cambios de conducta en roedores, como es el aumento del comportamiento exploratorio, mayor movimiento hiperactivo, no evitar las señales olfativas de los depredadores, la disminución de la neofobia y en general la pérdida del miedo a los gatos. Por supuesto, estos cambios conductuales aumentan el riesgo de depredación por parte de un felino y, por tanto, en última instancia benefician al parásito al completar su ciclo reproductivo.

Estudios recientes han demostrado que la toxoplasmosis está asociada con una mayor audacia en los cachorros de hiena (*Crocuta crocuta*) y que las hienas seropositivas de todas las edades tienen más probabilidades de ser asesinadas por leones africanos (*Panthera leo*), lo cual demuestra un vínculo mecanicista entre la infección y la aptitud de un individuo a través del comportamiento y la toma de decisiones. También ha sido demostrado que las nutrias marinas parasitadas por *Toxoplasma* tienen una mayor probabilidad de terminar dentro de las fauces de un tiburón y que los chimpancés infectados con el parásito se sienten atraídos por la orina de los leopardos, sus depredadores naturales.

Al parecer, uno de los principales factores, que se supone que impulsan estos cambios de comportamiento en los roedores u otros animales, es un aumento potencialmente fuerte en la señalización dopaminérgica durante la infección aguda y latente. Varios estudios en pacientes con esquizofrenia, afección que está relacionada con un aumento patológico de la señalización dopaminérgica, han proporcionado evidencia convincente de que los cambios en la síntesis y liberación de dopamina proporcionan un vínculo directo entre la toxoplasmosis y los cambios patológicos asociados tanto en el cerebro como en el comportamiento. Otros análisis también han asociado la infección por *Toxoplasma* con desregulación en roedores de los niveles de los neurotransmisores ácido gamma-aminobutírico (GABA), glutamato y serotonina. La actividad alterada de los neurotransmisores, que inciden en diversas áreas cerebrales, puede ser responsable de los cambios emocionales, motivacionales, cognitivos y de comportamiento observados en personas infectadas por *Toxoplasma*. Un análisis realizado en el año 2012 en Francia, donde se estima que el 43 % de las personas son portadoras de *Toxoplasma gondii*, concluyó que los hombres con una infección latente tienden a ser más dogmáticos, menos confiados, más celosos, menos impulsivos y más ordenados que los hombres no infectados, mientras que las mujeres infectadas parecían más cálidas, concienzudas, persistentes e inseguras.

Por supuesto, el sistema inmunológico del huésped es fundamental para limitar la fase aguda de la infección por *Toxoplasma gondii* y para después mantener el enquistamiento durante ciclos repetidos de recrudecimiento. Los resultados de algunos estudios sugieren que la neuroinflamación también desempeña un papel esencial en la mediación de los efectos conductuales. Por ejemplo, el número de quistes en el cerebro del ratón y la respuesta inmune que lo acompaña está correlacionada con la magnitud del cambio de comportamiento. Algunas hipótesis sugieren que las alteraciones conductuales y psicológicas observadas en individuos infectados por *Toxoplasma* podrían ser un efecto secundario de lesiones en ciertas áreas del cerebro producidas por la asignación aleatoria de quistes del parásito, o el resultado de la reacción del cuerpo a la infección.

Un estudio publicado en el año 2015 en la revista *Journal of Psychiatric Research* sugirió que la infección por *Toxoplasma gondii* podría causar que las personas afectadas sean más agresivas e impulsivas, e incluso podría aumentar, en potencia, la probabilidad de suicidio. La infección por *Toxoplasma gondii* también ha sido relacionada con una mayor propensión a sufrir accidentes de tráfico, porque las personas con toxoplasmosis asumen más riesgos que las no infectadas y tienen tiempos de reacción más lentos.

Los efectos no siempre son negativos. En un estudio realizado con estudiantes universitarios y empresarios profesionales, los infectados con *Toxoplasma* tenían más probabilidades de iniciar negocios propios o de alcanzar una especialización elevada. Los resultados de este estudio también sugirieron que, en los países con tasas de infección más altas, era menos probable que las personas citaran el miedo al fracaso como una razón para no emprender una nueva actividad empresarial.

Algunas medidas preventivas sencillas que pueden evitar la infección en humanos del parásito son, por ejemplo, no consumir carne poco cocinada y, si tenemos un gato de mascota, limpiar a diario el arenero, usando guantes desechables y lavando después muy bien las manos con agua y jabón. Las mujeres embarazadas y las personas con sistemas inmunitarios debilitados deben tomar precauciones extremas para minimizar el riesgo de infección.

En el parque nacional de Yellowstone, el principal vector de *Toxoplasma gondii* es el puma. Durante veintiséis años, algunos investigadores han estudiado la relación que existe entre *Toxoplasma gondii*, los pumas y los lobos de Yellowstone, y han detectado diferencias notables en el comportamiento de los cánidos infectados. La infección por el parásito es hasta nueve veces mayor en los lobos cuyos territorios están solapados con las áreas de campeo de los pumas. Este patrón indica que los lobos son infectados principalmente a partir de la ingesta de ooquistes expulsados por los felinos.

Un puma en el parque de Yellowstone [Badebeli/Shutterstock].

La investigación ha demostrado que los lobos de Yellowstone parasitados por *Toxoplasma gondii* son más propensos al riesgo, porque exhiben comportamientos relacionados con la búsqueda activa de nuevos territorios o con la pretensión de ser los líderes de la manada. De hecho, los investigadores descubrieron que los lobos de Yellowstone que estaban infectados con *Toxoplasma gondii* tenían, frente a los ejemplares no parasitados, once veces más probabilidades de abandonar a la familia biológica para establecer una nueva manada y cuarenta y seis veces más probabilidades de llegar a ser líderes.

Ambos tipos de conducta implican peligros considerables y suelen estar asociados a un final infeliz y a una muerte prematura. Sin embargo, si son culminadas con éxito, estas conductas tienen premio, que es canjeado por mayores oportunidades de reproducción y, por tanto, el ejemplar infectado puede llegar a ser el macho o la hembra alfa de la manada.

Esta situación provoca que el impacto del parásito alcance incluso a los procesos ecosistémicos, porque la tendencia a ser líderes de grupo de los animales infectados convierte el comportamiento intrépido en una característica grupal, por aprendizaje de los individuos no infectados. La conducta audaz que adopta el grupo fomenta las incursiones en el territorio de los pumas, lo que, a su vez, facilita las oportunidades de infección. Así, la infección por *Toxoplasma* y la jerarquía establecida en las manadas lobunas reforzarían continuamente la interacción entre pumas y lobos, y la transmisión del patógeno entre especies.

Los ratones infectados con *Toxoplasma* producen un 14 % más de dopamina en el cerebro. Otros animales, incluidos los humanos, muestran un aumento de testosterona, tanto en machos como en hembras. Estos cambios hormonales pueden conducir a un comportamiento más activo, audaz y agresivo. Al igual que el lobo, los humanos somos animales sociales, podemos aprender por imitación y las características personales de un individuo facilitan que desempeñe la labor de líder en un grupo. Dicho esto, ¿existe la posibilidad de que este parásito promueva comportamientos de liderazgo en la sociedad humana? Y, ¿es posible que la infección de *Toxoplasma gondii* haya facilitado el surgimiento de algún líder significativo durante momentos cruciales de la historia de la humanidad?

📖 PARA LEER MÁS:

- Abdelgadier, Asmaa. 2023. «Prevalence of *Toxoplasma gondii* infection in animals of the Arabian Peninsula between 2000–2020: A systematic review andmeta-analysis». *Veterinary Medicine and Science* 9: 471-480.
- Abdulai-Saiku, Samira. 2021. «Behavioral Manipulation by *Toxoplasma gondii*: Does Brain Residence Matter? *Trends in Parasitology*» 37 (5): 381-390.
- Bigna, Jean. 2020. «Global, regional, and country seroprevalence of *Toxoplasma gondii* in pregnant women: a systematic review, modelling and meta-analysis». *Scientific Reports* 10: 12102.
- Bisetegn, Habtye. 2023. «Global seroprevalence of *Toxoplasma gondii* infection among patients with mental and neurological disorders: A systematic review and meta-analysis». *Health Science Reports* 6 (6): e1319.
- Elsheikha, Hany. 2021. «Epidemiology, Pathophysiology, Diagnosis, and Management of Cerebral Toxoplasmosis». *Clinical Microbiology Reviews* 34 (1): e00115-19.
- Gohardehi, Shaban. 2018. «The potential risk of toxoplasmosis for traffic accidents: A systematic review and meta-analysis». *Experimental Parasitology* 191: 19-24.
- Meyer, Connor. 2022. «Parasitic infection increases risk-taking in a social, intermediate host carnivore». *Communications Biology* 5: 1180.
- Milne, Gregory. 2023. «Is the incidence of congenital toxoplasmosis declining?». *Trends in Parasitology* 39 (1): 26-37.
- Singer, Mirko. 2023. «A central CRMP complex essential for invasion in *Toxoplasma gondii*». *PLoS Biology* 21 (1): e3001937.

Primera edición de *They Shoot Horses, Don't They?* (*¿Acaso no matan los caballos?*), la novela de Horace McCoy publicada por Simon & Schuster en 1935. Considerada una de las obras más descarnadas de la ficción estadounidense de entreguerras, relata un agotador maratón de baile en plena Gran Depresión y anticipa, con sorprendente lucidez, la lógica del espectáculo y la explotación de la miseria. Su mezcla de tragedia, nihilismo y crítica social convirtió el libro en un título de culto —especialmente en los círculos existencialistas europeos— y dio origen a la célebre adaptación cinematográfica de Sydney Pollack en 1969, *Danzad, danzad, malditos.*

DANZAD, DANZAD, MALDITOS

Danzad, danzad, malditos es un relato crudo y catártico que muestra los extenuantes espectáculos de baile realizados en los Estados Unidos de América durante la época de la Gran Depresión. La película, estrenada en 1969 y basada en la novela de Horace McCoy *¿Acaso no matan a los caballos?*, fue dirigida con destreza por Sydney Pollack y protagonizada de forma magistral por Jane Fonda.

El filme, que ofrece una narración dramática y sin concesiones, tiene el dudoso honor de ser la cinta con más candidaturas a los premios Óscar, nueve en total, sin haber sido propuesta en la categoría de mejor película. El argumento admite una lectura social sempiterna y gira alrededor de un maratón de baile, enmarcado en un ambiente de terrible miseria, donde gentes desesperadas, de toda edad y condición, concursan con la esperanza de ganar el premio final de mil quinientos dólares de plata y encontrar, al menos, un sitio donde dormir y comer.

La fiebre de los maratones de baile comenzó en Estados Unidos en la próspera década de 1920, a menudo denominada «los felices años veinte», un periodo de crecimiento industrial y tecnológico, empleos estables, expansión de crédito al consumidor, políticas gubernamentales favorables, optimismo posbélico y bailes desenfrenados al ritmo de la música de las primeras *big bands*. Sin embargo, poco después, en plena Gran Depresión, este perverso frenesí del esparcimiento pasó a ser, para algunos, una estrategia de supervivencia. Competir ofrecía la posibilidad de ganar un cuantioso premio en efectivo, pero también significaba tener comida y alojamiento durante todo el concurso.

El largometraje de Pollack presenta una visión sombría y pesimista del mundo, aclimatada en los populares y comunes maratones de baile estadounidenses de la década de 1930, en la que el ser humano fomentaba la humillación del prójimo, como práctica balsámica y evasiva de la precaria comunidad a la que pertenecía y que ardía en una crisis continua.

En *Danzad, danzad, malditos*, los concursantes fuerzan al límite su resistencia física y psíquica, mientras una multitud morbosa y ávida de entretenimiento, contempla, divertida y durante días, el sufrimiento de las 102 parejas iniciales que revolotean sudorosas por el salón de baile. Las normas son inhumanas y obligan a bailar continuamente, dando vueltas en el sentido de las agujas del reloj, con diez minutos de descanso cada dos horas. Los concursantes deben estar emparejados. Cuando alguien pierde la pareja puede seguir bailando en solitario durante veinticuatro horas, hasta encontrar a otra persona, pero si en ese tiempo no consigue formar un nuevo dúo queda eliminado. Después de siete días y 174 horas, seguían bailando sesenta parejas. Pasados dieciocho días, el número de parejas activas había disminuido a cuarenta y una. A los treinta y tres días quedaban veinticinco parejas y media. Transcurridos cuarenta y dos días, solo veintiún parejas habían logrado alcanzar las mil horas bailando. Era un disparate, pero el retorcido espectáculo continuó.

De vez en cuando, la realidad supera a la ficción. El 3 de junio de 1933, Callum DeVillier y Vonny Kuchinski establecieron el récord mundial de baile maratoniano continuo, en Somerville, Massachusetts, con una duración asombrosa de 3780 horas, más de cinco meses. De diciembre a junio, DeVillier y Kuchinski combinaron los masajes de pies con caminatas glorificadas e intensos episodios de baile animado. Ganaron mil dólares y, arrastrados por la euforia, contrajeron matrimonio en pleno maratón.

La capacidad de bailar es una característica sustancial de los seres humanos, que está arraigada en la cultura, pero también en la biología. Varios estudios sugieren que las personas tenemos, algunas más que otras, una capacidad innata para el movimiento y el ritmo, y que la danza puede haber desempeñado un papel crucial en la evolución humana, facilitando la posibilidad de establecer vínculos sociales, comunicativos e incluso reproductivos.

El baile es una forma de expresión cultural universal que permite exteriorizar emociones e intenciones, y que involucra múltiples áreas del cerebro, incluyendo la corteza motora, la corteza somatosensorial, los ganglios basales y el cerebelo. Estas áreas están relacionadas con la planificación, el control y la ejecución del movimiento, así como con la coordinación y el aprendizaje motor.

Aparte de los humanos, otros animales —como algunos mamíferos marinos— realizan en ocasiones saltos, giros y movimientos sincronizados que recuerdan a un baile en toda regla. Muchas aves, de hecho, ejecutan elaboradas danzas de cortejo con pasos rítmicos, brincos, cabriolas y espectaculares despliegues de plumaje. Desde luego, bailar no es fácil, y menos aún cuando se trata de mover el esqueleto con cierta cadencia y estilo. Tras años de observación —y unos cuantos intentos fallidos— he llegado a la conclusión de que eso de brillar en la pista, improvisando con gracia, no está al alcance de cualquiera, ¿verdad?

La danza requiere la correspondencia entre las modalidades sensoriales y la integración de las entradas visuales y auditivas con las salidas motoras. Investigaciones recientes en psicología comparada respaldan esta asociación, ya que la sincronización con un ritmo musical es observada, casi en exclusiva, en animales capaces de imitación vocal o motora. Por supuesto, existen excepciones, por ejemplo, en los peces. Algunas especies de peces limpiadores, como el lábrido limpiador (*Labroides dimidiatus*), realizan movimientos de natación peculiares, a menudo descritos como un «baile». Este comportamiento consiste en ondulaciones del cuerpo y movimientos de la cola que son muy visibles y que tienen como objetivos anunciar la presencia y los servicios de limpieza del pez, calmar a los potenciales clientes y estimular la comunicación y cooperación táctil con el usuario.

El lábrido limpiador es habitual en los acuarios marinos. En la naturaleza establece estaciones de limpieza en los arrecifes donde acuden peces grandes para utilizar sus servicios, que en esencia consisten en eliminar los ectoparásitos y el tejido muerto del demandante. El baile del lábrido limpiador sirve de señal para que los clientes den acceso y vía libre al pececillo, que inspecciona y limpia con pulcritud el cuerpo, las branquias e incluso la boca del pez solicitante.

En ocasiones, incluso sin ganas de bailar, no queda más remedio, pues la coreografía es impuesta. Un ejemplo claro es el del pez killi de California (*Fundulus parvipinnis*), parasitado por el trematodo *Euhaplorchis californiensis*. Este parásito tiene un ciclo de vida complejo con tres hospedadores.

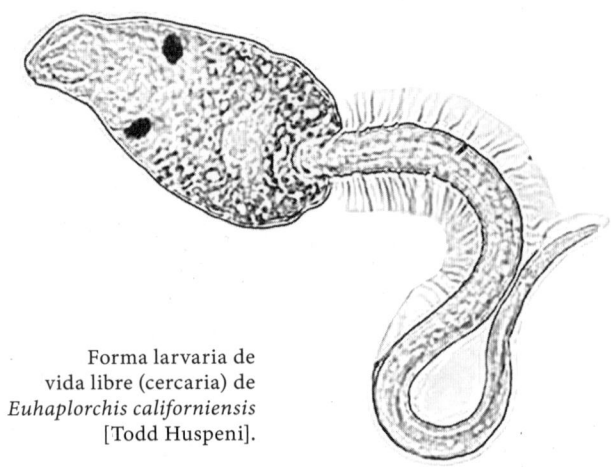

Forma larvaria de
vida libre (cercaria) de
Euhaplorchis californiensis
[Todd Huspeni].

El primer hospedador intermediario es el caracol cornudo de California (*Cerithideopsis californica*). El caracol pasta en las marismas de estuario, donde ingiere huevos de *Euhaplorchis californiensis* que han sido expulsados, junto a las heces, por aves piscívoras. En este primer hospedador, el parásito atraviesa varias fases. Los huevos eclosionan en miracidios, pequeñas larvas ciliadas que penetran el intestino del caracol para alcanzar su glándula digestiva. Allí, los miracidios se desarrollan en esporocistos y comienzan la reproducción asexual para generar numerosas redias, que tienen forma de saco y absorben nutrientes.

Un solo caracol infectado puede albergar cientos de redias, las cuales dan lugar a otra etapa larvaria llamada cercaria. Durante este proceso, *Euhaplorchis californiensis* provoca la castración parasitaria del caracol, reduciendo o eliminando por completo las capacidades reproductivas del anfitrión, con el objetivo de desviar las reservas de energía y todos los recursos posibles en beneficio propio, para producir múltiples copias de cercarias infecciosas.

Las cercarias, la etapa infecciosa del parásito, abandonan el caracol y nadan buscando el siguiente hospedador intermediario, que es el pez killi de California. Una vez localizado, la cercaria perfora la piel del pez y migra a través de los vasos sanguíneos o nervios hasta el cerebro. Allí, forma una etapa larvaria enquistada denominada metacercaria enquistada que permanece en la superficie meníngea.

Las metacercarias no impiden el crecimiento, la alimentación o la reproducción en los peces killi infectados, pero sí alteran la conducta del animal al controlar el comportamiento locomotor del huésped y promover movimientos de baile espasmódicos. Esta actitud puede ser atribuida a un aumento de la actividad monoaminérgica en el hipocampo y en los núcleos del rafe del pez, que es provocada por la liberación de neurotransmisores que afectan al sistema nervioso central. De este modo, el parásito controla la locomoción y el comportamiento social del pez.

Los peces infectados exhiben conductas cuatro veces más llamativas que los de los congéneres no infectados. A mayor número de parásitos, más exacerbado es el cambio. En los estuarios con presencia de *Euhaplorchis californiensis*, la prevalencia y abundancia de la infección en los peces killi es extremadamente alta, afectando entre el 94 % y el 100 % de la población. Cada pez parasitado puede albergar cientos o miles de parásitos en el cerebro, que llegan a constituir hasta el 2 % de la masa corporal del huésped.

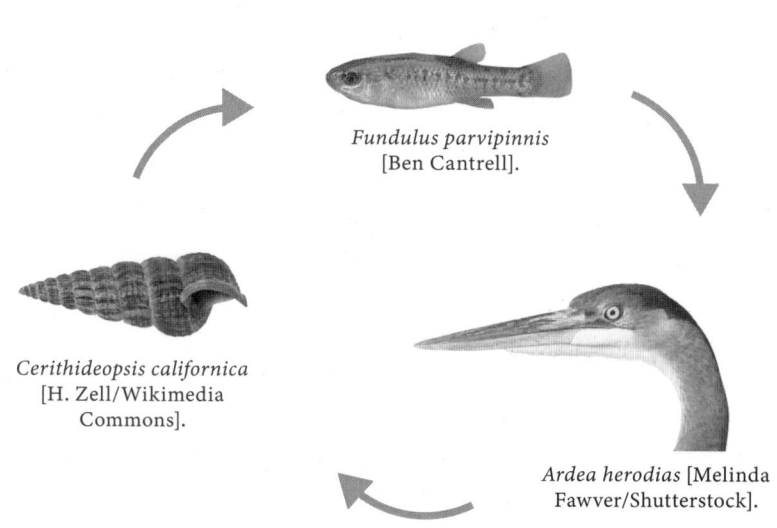

Fundulus parvipinnis
[Ben Cantrell].

Cerithideopsis californica
[H. Zell/Wikimedia
Commons].

Ardea herodias [Melinda
Fawver/Shutterstock].

El cliclo vital de *Euhaplorchis californiensis* compromete a tres hospedadores.

El cambio en la química cerebral estimula al pez a realizar algunas transformaciones conductuales inusuales, que incluyen salir a la superficie saltando con brusquedad, realizar sacudidas con movimientos repentinos hacia adelante y parpadear, una acción que consiste en un retorcimiento dorsoventral. Este torcimiento corporal ocasiona que la coloración plateada del lado ventral del pez refleje la luz superior, descubriendo, por tanto, la presencia y posición del animal con facilidad. La manipulación aumenta la transmisión de *Euhaplorchis californiensis*, porque como resultado, y en comparación con los individuos no infectados, los peces parasitados son detectados con gran facilidad. Esta situación incrementa, de diez a treinta veces, las posibilidades de que los peces sean devorados por el huésped final del parásito, que son algunas aves piscícolas como las garzas.

Una vez que el pez infectado es ingerido por el ave, las metacercarias se desenquistan en el tracto digestivo del hospedador definitivo. Allí, los parásitos maduran hasta la etapa adulta y se reproducen sexualmente. Los huevos resultantes son liberados al ambiente a través de las heces de las aves, reiniciando el ciclo. A partir de aquí, el parásito arrancará otra vez desde el principio y, llegado el momento, buscará a los incautos killis de California, que volverán a danzar como malditos.

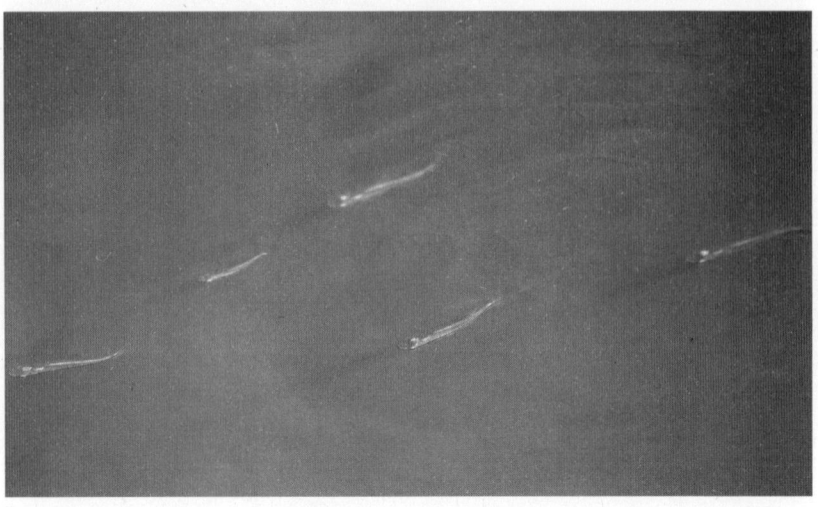

Fundulus spp. nadando en la superficie del agua [Brandy McKnight/Shutterstock].

📖 Para leer más:

- Aguirre-Macedo, María Leopoldina. 2011. «Trematode communities in snails can indicate impact and recovery from hurricanes in a tropical coastal lagoon». *International Journal for Parasitology* 41(13-14):1403-1408.
- Hechinger, Ryan. 2019. «Guide to the trematodes (Platyhelminthes) that infect the California horn snail (*Cerithideopsis californica*: Potamididae: Gastropoda) as first intermediate host». *Zootaxa* 4711 (3): zootaxa.4711.3.3.
- Helland-Riise, Siri. 2020. «Brain-encysting trematodes (*Euhaplorchis californiensis*) decrease raphe serotonergic activity in California killifish (*Fundulus parvipinnis*)». *Biology Open* 9: bio049551.
- Krupenko, Darya. 2023. «Polymorphic parasitic larvae cooperate to build swimming colonies luring hosts». *Current Biology* 33 (20): 4524-4531.e4.
- Nadler, Lauren. 2021. «A brain-infecting parasite impacts host metabolism both during exposure and after infection is established». *Functional Ecology* 35 (1): 105-116.
- Resetarits, Emlyn. 2020. «Social trematode parasites increase standing army size in areas of greater invasion threat». *Biology Letters* 16 (2): 20190765.
- Weinersmith, Kelly. 2023. «Experimental Infections with *Euhaplorchis californiensis* and a Small Cyathocotylid Increase Conspicuous Behaviors in California Killifish (*Fundulus parvipinnis*)». *Journal of Parasitology* 109 (4): 362-376.

Gustave Doré ilustró «La cigarra y la hormiga» de La Fontaine acentuando el contraste entre la artista errante y la familia laboriosa que le niega auxilio en pleno invierno. La fábula, de origen esópico y reelaborada por La Fontaine en 1668, contrapone desde la antigüedad la despreocupación estival de la cigarra con la previsión de la hormiga, una moraleja que Doré dramatiza aquí con su característico realismo teatral [*Fábulas* de Jean de La Fontaine, edición ilustrada de Hachette (París, 1867-1868)].

INSTINTO BÁSICO

La cigarra, que había cantado todo el verano al hilo del cachondeo estival, desatendió el avituallamiento y no estaba preparada cuando arreció el viento. En pocos días la temperatura comenzó a descender con brusquedad. «Maldita sea mi estampa, hace un frío del demonio y no tengo ni un solo pedacito de mosca o de gusano», pensó la cigarra. Desesperada, acudió a lloriquear a casa de la vecina, una hormiga de armas tomar. Gritó famélica y teatral, rogando el préstamo de un poco de grano para sobrevivir hasta la nueva cosecha.

—Te pagaré antes de agosto —prometió la cigarra.

—¿Ahora vienes con estas? —cuestionó la hormiga—. ¡A buenas horas, mangas verdes! La hormiga no es prestamista. ¿Qué hacías en el buen tiempo? —continuó preguntando a la pedigüeña.

—Cantar día y noche —contestó la cigarra.

—¿Cantaste? —recalcó la hormiga—. ¡Bien me parece! —prosiguió—, pero, así como entonces cantabas, baila ahora.

El diálogo, interjección aquí, reproche allá y alguna otra licencia furtiva, es bien conocido por numerosas generaciones de escolares. Pertenece a «La Cigarra y la Hormiga», la primera fábula del libro I de fábulas de Jean de La Fontaine. La obra, ubicada en la colección de fábulas de La Fontaine, se publicó por primera vez en marzo de 1668 y es una readaptación de un texto de Esopo, el popular fabulista de la Antigua Grecia, que, a su vez, había adaptado el relato de una leyenda de la tradición oral.

La interpretación tradicional de esta fábula, destinada a los niños, trata de defender e ilustrar una moral vinculada al trabajo, oponiendo desidia y previsión. La cigarra es perezosa y descuidada, y por ello sufre consecuencias nefastas. Sin embargo, la naturaleza poética del texto;

el relieve y la complejidad; el ritmo; la métrica; el encabalgamiento; la estructura sonora y la semántica aplanada; el significado indeterminado del tema; la falta de conclusión moral, y también las ambigüedades apuntan a que La Fontaine quería intrigarnos y confundirnos, hasta llevarnos a un significado más inesperado que permanece oculto.

Entre 1658 y 1661, La Fontaine estuvo protegido por Nicolas Fouquet, el muy rico superintendente de finanzas de Luis XIV, el Rey Sol. Este protector cayó en desgracia y acabó encerrado en la fortaleza alpina de Pignerol. Tras la detención del superintendente por orden del rey, La Fontaine fue uno de los pocos que permaneció fiel a su desafortunado benefactor. *Elegía a las ninfas de Vaux*, poema publicado en 1662, y después *Oda al rey*, compuesta al año siguiente, apelan con valentía, pero en vano, a la clemencia de Luis XIV. Declarado culpable de malversación y otros delitos, Fouquet fue encarcelado y murió en prisión en 1680.

Durante años, los rumores alimentaron las especulaciones de que el famoso hombre de la máscara de hierro, popularizado por las novelas de Alejandro Dumas, podría haber sido el propio Nicolas Fouquet, trasladado a la Bastilla desde los Alpes. Sin embargo, algunos documentos encontrados a finales del siglo XIX ofrecen una identidad más probable para el famoso preso anónimo, que al parecer fue el general Vivien de Bulonde, un militar al cargo del sitio de Cuneo.

Jean de la Fontaine (1621-1695).

De un día para otro, La Fontaine fue despojado de protección y quedó como la cigarra, sorprendido ante la adversidad. El nuevo intendente de finanzas elegido fue Jean-Baptiste Colbert, un calco de la hormiga de la fábula, ahorrativo y pragmático. A partir de ese momento, sería Colbert quien concedería pensiones reales a artistas y escritores. Por desgracia para La Fontaine, el fabulista no era visto con agrado por la corte y durante mucho tiempo sufrió el resentimiento y desprecio real. Quizás por ello, para limar asperezas, La Fontaine dedicó al delfín Luis de Francia, hijo de Luis XIV y María Teresa, entonces de siete años, la primera colección de fábulas que publicó.

Si visualizamos la situación con panorámica, es significativo entender que, en el transcurso del mandato de Luis XIV, los nobles tuvieron que convertirse en cortesanos y estuvieron obligados a gastar enormes fortunas para mantener el estilo de vida versallesco. En aquella época, Francia vivió una pequeña edad de hielo y los inviernos, que eran más duros que un sofá de granito, hacían mella en la población. Además, la guerra impuso un mayor número de pesquisas y restricciones que empobrecieron a los campesinos, porque Luis XIV requisó grandes cantidades de alimentos para aumentar el tamaño de sus ejércitos. Las carreteras y los caminos comenzaron a estar salpicados de mendigos hambrientos, a veces parecía haber tantos como amapolas. La pobreza estaba tan extendida que Luis XIV emitió una serie de decretos para castigar a los vagabundos, que eran encerrados, enviados a trabajos forzados o simplemente ejecutados. El egoísmo y la clemencia son temas universales que La Fontaine vislumbra en su fábula para criticar, de forma indirecta, el poder y la sociedad en la que vivió. Incluso la cigarra imprudente quizás pudiera representar a una nación entera, un país empobrecido por la imprevisión de su rey. Desde luego, las fábulas de La Fontaine van dirigidas al populacho, pero también a Luis XIV.

Casi hay que dar por seguro que la cigarra de la fábula de La Fontaine era macho, pues las hembras, en general, no «cantan». El canto de las cigarras es un comportamiento específico de los machos que funciona, en esencia, para atraer a las hembras. De hecho, en los insectos acústicos, las cigarras macho son bien conocidas por originar fuertes sonidos, insistentes y machacones, que juegan un papel vital en la búsqueda de pareja y en la reproducción. Estos chirridos son producidos por estridulación, que es la acción de producir sonido mediante la fricción de ciertas partes del cuerpo. En el caso de las cigarras, el sonsonete, ligado tropecientas veces al bochorno veraniego, es característico y reconocible. Así lo contó Antonio Machado en uno de los versos del poema XIII de *Soledades* (1903) cuando escribió: «Dentro de un olmo sonaba la sempiterna tijera / de la cigarra cantora, el monorritmo jovial, / entre metal y madera, / que es la canción estival».

En la actualidad, están descritas algo más de tres mil especies de cigarras en todo el mundo, todas ellas englobadas en la superfamilia Cicadoidea. Estos insectos habitan climas templados y tropicales, y reciben nombres variopintos en función de la ubicación geográfica. Así, las cigarras también son denominadas chicharras, chiquilichis, cocoras, cocorríones, cogollos, coyoyos, coyuyos, ñakyrã, ñes, campaneros, tococos, totorrones o cícadas. En la mayoría de las especies de cigarras, las hembras normalmente no producen señales acústicas, sino que realizan fonotaxis, es decir, se mueven hacia los machos que llaman.

La producción de sonido es un proceso complejo que implica la coordinación de diversas partes del cuerpo como son las estructuras que producen el sonido; las cámaras corporales que actúan como resonadores y radiadores del sonido, y los músculos que alimentan y controlan el sistema de sonido. En el caso de las cigarras, las estructuras básicas productoras de sonido son un par bilateral de tímpanos en forma de cúpula y los músculos timbales asociados. En esencia, el chirrido de la cigarra

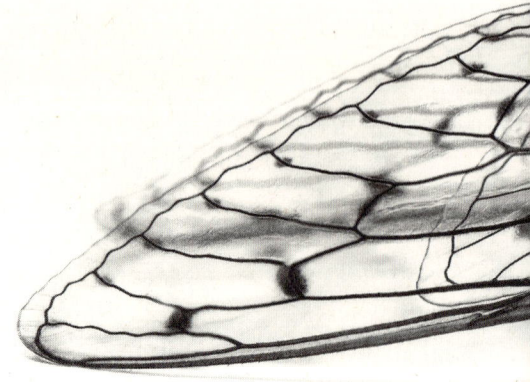

La cigarra, insecto perteneciente a la superfamilia Cicadoidea, es conocida por su potente canto estival, producido mediante los timbales situados en el abdomen de los machos. Su ciclo vital, marcado por largas fases subterráneas como ninfa y una breve vida adulta aérea, la convierte en uno de los ejemplos más llamativos de estrategias reproductivas en los hemípteros. Su presencia está asociada a climas cálidos y a los ritmos sonoros del verano en muchas regiones del mundo. [Eric Isselee/Shutterstock].

macho es generado por la vibración de las pequeñas y rígidas membranas timpánicas, que están ubicadas dorsolateralmente en la parte anterior del abdomen. Estas membranas son estiradas y comprimidas por los músculos tensores de los tímpanos. El sonido generado por algunas especies de cigarras es ensordecedor. Un claro ejemplo es el canto de la cigarra africana (*Brevisana brevis*), que puede alcanzar los 107 decibelios cuando es medido a una distancia de 50 cm, un nivel de ruido comparable al que emite una motosierra en funcionamiento (110 decibelios).

El soniquete machacón de los pretendientes tiene un peaje funesto para los galanes. Los machos sufren una mayor depredación que las hembras como resultado de sus actividades de cortejo, porque el canturreo y las exhibiciones llamativas atraen a los depredadores. En fin, todo sea por perpetuar la especie.

Si el concierto es potente y convence a la hembra de que sería pecado mortal dejar escapar esos genes, el macho tendrá vía libre para el apareamiento. Consumado con éxito el objetivo, la hembra fecundada realiza pequeños cortes en ramas de árboles donde pondrá entre cuatrocientos y seiscientos huevos divididos en diversas puestas. En general, el ciclo vital de las diferentes especies de cigarras es similar y consta de tres etapas diferenciadas que consisten en huevo, ninfa y adulto. No obstante, en conjunto, las cigarras pueden ser divididas en dos grandes categorías, anuales y periódicas.

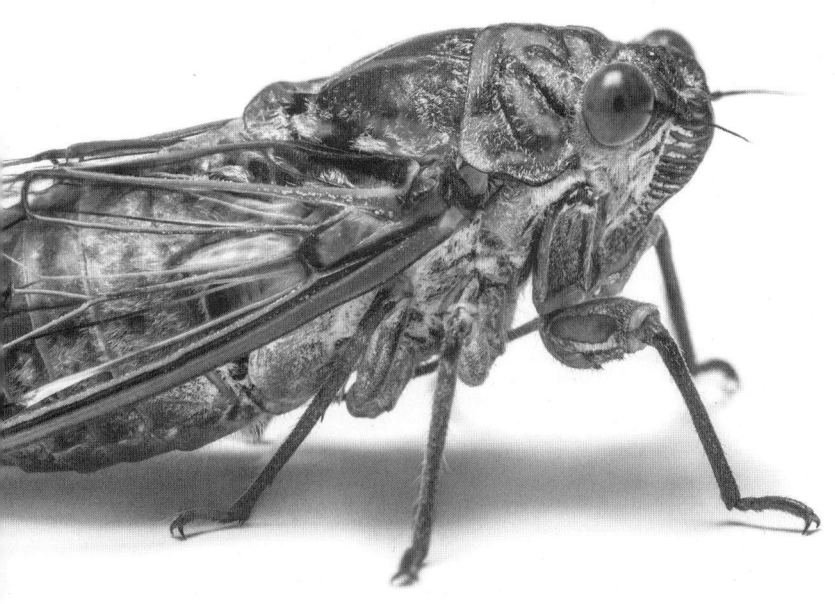

Tras varias semanas de pelar la pava, cantos ensordecedores, escaramuzas, apareamientos y puestas, las cigarras mueren y el ciclo de la vida comienza de nuevo. Los huevos eclosionan y emergen ninfas jóvenes que caen al suelo. Una vez allí, las ninfas se entierran para perforar las raíces de los árboles con su aparato bucal chupador y consumir la savia vegetal. Las ninfas sobreviven succionando jugos de las raíces de las plantas, mientras que los adultos succionan fluidos de arbustos leñosos y árboles.

Algunas, como las cigarras anuales, permanecen enterradas entre dos y ocho años, pero como sus ciclos de vida no están sincronizados, emergen todos los años. Estas cigarras permanecen enterradas, durante el período de desarrollo en las madrigueras subterráneas, hasta que mudan sus caparazones y salen a la superficie como adultas.

Sin embargo, las cigarras periódicas, nativas del este de América del Norte, tienen un ciclo subterráneo mucho más extraordinario y sincronizado que dura trece o diecisiete años. Existen siete especies de cigarras periódicas, tres con ciclos de diecisiete años y cuatro con ciclos de trece años.

En 2024 aconteció un espectáculo sublime y atronador. La generación XIX de cigarras periódicas de trece años emergió junto con la generación XIII de cigarras periódicas de diecisiete años. La generación XIX de cigarras periódicas de trece años es la más grande, por extensión geográfica, de todas las generaciones periódicas de chicharras, con registros a lo largo de la costa este estadounidense, desde Maryland hasta Georgia, y en el Medio Oeste, desde Iowa hasta Oklahoma. Esta generación incluye a cientos de millones de individuos de las especies *Magicicada neotredecim*, *Magicicada tredecim*, *Magicicada tredecassini* y *Magicicada tredecula*. La generación XIII de cigarras periódicas de diecisiete años incluye a las especies *Magicicada cassini*, *Magicicada septendecim* y *Magicicada septendecula*. Este fenómeno de emergencia conjunta no se había observado desde 1803.

Una vez que el suelo alcanza unos 18 °C, a una profundidad de 30 cm a 45 cm, se desencadena la aparición de las cigarras. Los machos emergen primero, seguidos por las hembras unos días después. Estas últimas pueden ser identificadas por su abdomen puntiagudo y el ovipositor envainado, el órgano que utilizan para depositar los huevos. Abandonado el suelo, las cigarras prescinden del caparazón y desarrollan alas que son muy útiles para volar y localizar árboles y arbustos de madera dura fresca. Los adultos del género *Magicicada* exhiben cuerpos negros, llamativos ojos rojos y hermosas venas anaranjadas en las alas, con una distintiva «w» negra cerca de las puntas de las alas delanteras. Los expertos estiman que las emergencias del año 2024 han producido más de mil millones de cigarras, que tras emerger del suelo se han transformado, reproducido y finalmente han muerto en el lapso de unos pocos días.

Varias semanas antes de la emergencia, las ninfas de cigarra excavan hasta la superficie del suelo donde pueden encontrar esporas en reposo del hongo *Massospora cicadina*. Al parecer, *Massospora cicadina* es el único enemigo natural sincronizado de las cigarras periódicas. Las esporas presentes en el suelo infectan a las ninfas maduras que están emergiendo, dando lugar a la etapa asexual conidial del hongo. Las ninfas inmaduras subterráneas no son infectadas por *Massospora cicadina*. El hongo invade únicamente el abdomen de las cigarras infectadas. Una vez conseguida la infección, el hongo prolifera en el abdomen, produciendo una gran cantidad de conidios y reemplazando la zona abdominal del insecto por una masa blancuzca de esporas, denominada tapón fúngico o pústula, que es similar a los pedacitos de tizas blancas pulverulentas que inundaban las aulas de antaño. El hongo, malaje obligado, castra a la cigarra, porque provoca el desprendimiento de los segmentos abdominales, comenzando por los genitales y los segmentos posteriores.

Aun así, los individuos infectados manifiestan un comportamiento normal aunque tengan gran parte del abdomen cercenado y sustituido por la masa fúngica. ¿Cómo es posible? Es costumbre que las cigarras adultas se congreguen en grandes centros de apareamiento. Debido a que los individuos infectados por *Massospora cicadina* muestran pocos cambios de comportamiento, es frecuente que transmitan el hongo a muchos individuos sanos. A pesar de que las cigarras infectadas tienen los órganos sexuales devastados por el hongo, antes de morir manifiestan una hiperactividad sexual desaforada. ¿A santo de qué? La mayoría de los hongos entomopatógenos matan a sus huéspedes antes de liberar las esporas infecciosas. Sin embargo, algunas especies, como *Massospora cicadina*, mantienen vivos a los insectos mientras esporulan, lo que facilita una mayor dispersión del hongo. A menudo, la modificación del comportamiento del huésped es interpretada como un mecanismo que el parásito emplea para mejorar la propagación.

El género *Massospora* agrupa a más de una docena de especies patógenas obligadas, de transmisión sexual, capaces de infectar al menos a veintiún especies de cigarras en todo el mundo. Estos hongos, junto con el género estrechamente relacionado *Strongwellsea*, son los únicos géneros fúngicos conocidos que muestran transmisión activa al huésped con modificación del comportamiento. *Strongwellsea*, en particular, posee una patobiología única. Por ejemplo, en las moscas del género *Delia*, los huéspedes dípteros adultos infectados por *Strongwellsea* desarrollan un gran orificio en sus abdómenes, a través del cual se descargan activamente conidios del hongo mientras los huéspedes aún están vivos. Los huéspedes infectados pueden volar durante varios días, diseminando el patógeno desde los orificios hasta que los recursos del huésped quedan agotados y la mosca muere. El tiempo de incubación es, por tanto, más corto que el tiempo letal, una característica compartida con todas las especies del género *Massospora*.

El caso del hongo *Massospora cicadina,* que infecta a las cigarras periódicas durante sus emergencias adultas sincronizadas regionalmente, es algo distinto y especial, porque es el único depredador o patógeno conocido sincronizado con los ciclos de vida de las chicharras que emergen cada trece o diecisiete años.

A pesar del daño físico causado por *Massospora cicadina*, las cigarras infectadas muestran algunos comportamientos sexuales norma-

Magicicada sp. de ciclo vital de 17 años, afectada por el hongo *Massospora cicadina*, que infecta al insecto y altera su comportamiento. El patógeno estimula a la cigarra a aparearse de forma intensa incluso tras perder parte del abdomen, favoreciendo así la dispersión masiva de sus esporas [Gerry Bishop/Shutterstock].

les. Las cigarras que producen esporas infecciosas conservan la capacidad de volar y producen sonidos de alarma. Los machos infectados son capaces de producir sonidos de llamada o de cortejo, y las hembras con infecciones mueven las alas receptivas en respuesta a las llamadas del macho. Incluso las cigarras que han perdido las mitades terminales de sus abdómenes se comportan como si fueran sexualmente receptivas. Participan con vigor en el comportamiento de cortejo e intentan copular con otros individuos. Por lo tanto, esto explica que sea común encontrar una cigarra sana con los genitales sumergidos en la masa de esporas abdominales de una pareja infectada.

Las cigarras infectadas son hiperactivas, pasan menos tiempo comiendo y los machos son hipersexuales. Estos comportamientos facilitan la propagación del hongo a otras víctimas. Parece evidente que cuantas más cigarras estén infectadas, mayor es el éxito biológico del hongo. ¿Por qué prima la conducta sexual en una cigarra que está medio destrozada y a la que falta un pedazo de abdomen? ¿Provoca el hongo la obsesión de las cigarras por el apareamiento? ¿Controla el hongo la actividad del insecto para facilitar su dispersión por vía sexual?

Además de eliminar los órganos reproductivos del huésped, para dejar paso a las conidiosporas infecciosas, las especies de *Massospora* parecen secuestrar el comportamiento reproductivo de la cigarra para conseguir una propagación más rápida a través del contacto directo. Esta estrategia es facilitada, con alta probabilidad, por la secreción de compuestos que aumentan el deseo de apareamiento del huésped. De hecho, ha sido identificada la presencia de los alcaloides psilocibina, el ingrediente activo en los hongos mágicos alucinógenos, y la catinona en las cigarras infectadas con *Massospora levispora*, *Massospora platypediae* y *Massospora cicadina*. Los análisis de secuencias del genoma de estos hongos han revelado homólogos de genes conocidos por estar involucrados en la síntesis de estos alcaloides. Esto lleva a la especulación de que *Massospora* podría biosintetizar estos compuestos para alterar el comportamiento del huésped. Así, se ha comprobado que las cigarras periódicas infectadas por *Massospora cicadina* contienen gran cantidad de catinona y que las cigarras anuales infectadas por *Massospora levispora* y *Massospora platypediae* presentan un contenido elevado e inusual de psilocibina.

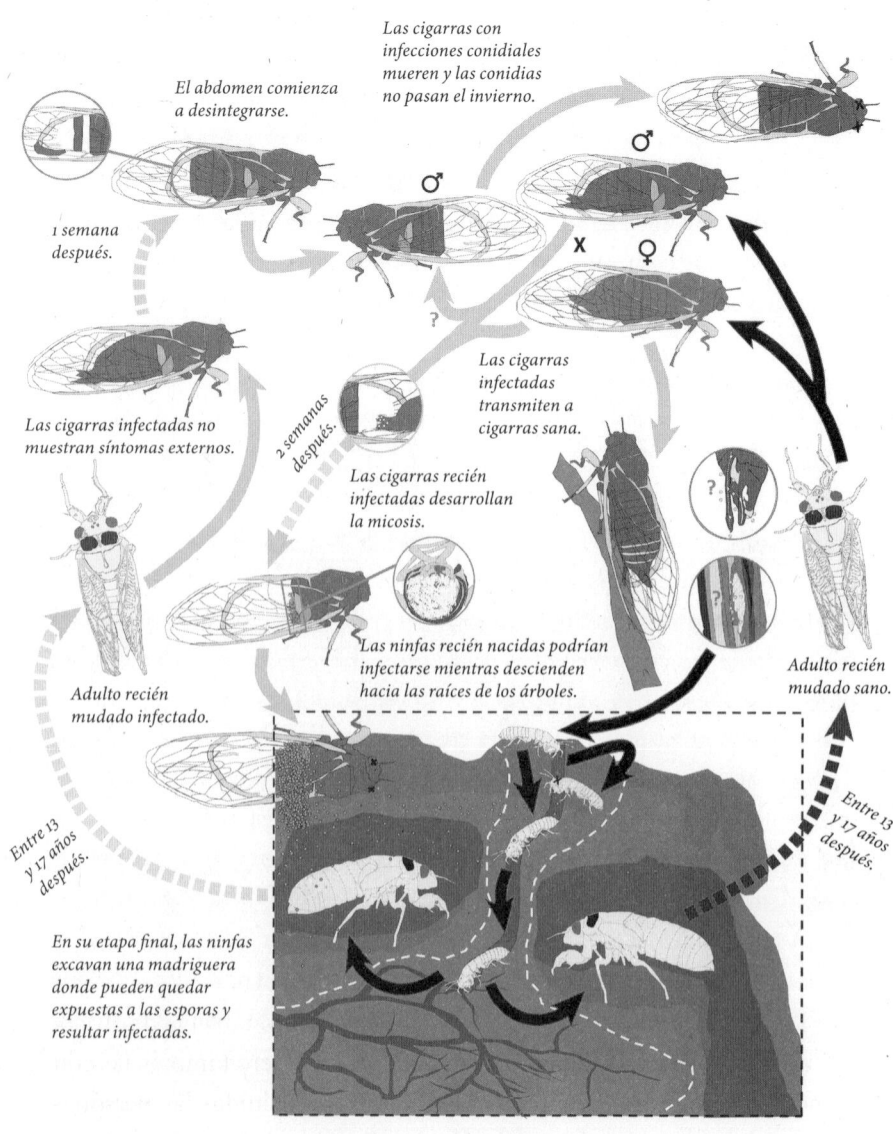

Las cigarras con infecciones conidiales mueren y las conidias no pasan el invierno.

El abdomen comienza a desintegrarse.

1 semana después.

♂

X ♀

?

Las cigarras infectadas no muestran síntomas externos.

2 semanas después.

Las cigarras infectadas transmiten a cigarras sana.

Las cigarras recién infectadas desarrollan la micosis.

Las ninfas recién nacidas podrían infectarse mientras descienden hacia las raíces de los árboles.

Adulto recién mudado sano.

Adulto recién mudado infectado.

Entre 13 y 17 años después.

Entre 13 y 17 años después.

En su etapa final, las ninfas excavan una madriguera donde pueden quedar expuestas a las esporas y resultar infectadas.

Ilustración de Brian Lovett, Angie Macias, Jason E. Stajich, John Cooley, Jørgen Eilenberg, Henrik H. de Fine Licht y Matt T. Kasson [Wikimedia Commons].

48

La psilocibina y la catinona, alcaloides con efectos conductuales bien conocidos, podrían explicar el aumento de actividad y la hipersexualidad observados en cigarras infectadas con *Massospora*. Ambas sustancias figuran en la Lista I de la Administración de Control de Drogas de los Estados Unidos, la famosa DEA, que incluye las drogas más potentes, adictivas y peligrosas, sin utilidad médica reconocida, como, por ejemplo, la heroína, el LSD, la marihuana, la mescalina, el éxtasis (MDMA) o el éxtasis líquido (GHB).

La catinona, un alcaloide psicoactivo presente en las hojas de khat (*Catha edulis*), estimula la liberación de dopamina y serotonina, e inhibe su recaptación, de forma similar a la anfetamina. Los brotes y las hojas de la planta de khat contienen catinona y catina, dos sustancias químicas psicoactivas, que se mastican o consumen como té para obtener efectos estimulantes y eufóricos. Masticar khat forma parte de algunas tradiciones sociales en varias partes de Oriente Medio, como Arabia Saudí y Yemen, y en África oriental, como Somalia. A corto plazo, en los seres humanos, el consumo de khat produce euforia, aumento del estado de alerta y excitación; aumento de la presión arterial y de la frecuencia cardíaca; depresión; paranoia; dolores de cabeza; pérdida de apetito; insomnio; temblores finos, y pérdida de memoria. A largo plazo provoca un riesgo elevado de ataque cardiaco.

La expansión del consumo de khat ha llevado a la síntesis de numerosos derivados de la catinona, que reciben el nombre genérico de catinonas sintéticas, y que aparecieron por primera vez en el mercado europeo de drogas en el año 2004.

Desde entonces, han sido vendidas, por lo general, en forma de polvos y, en menor medida, en tabletas, como sustitutos de estimulantes controlados como las anfetaminas, la cocaína y el MDMA. A veces pueden ser comercializadas de forma fraudulenta como tabletas de MDMA. Las catinonas son utilizadas con fines recreativos, pero también las consumen consumidores de drogas de alto riesgo, incluidas las personas que se inyectan estimulantes y opioides. Esto también incluye el contexto del *chemsex*, un fenómeno relativamente reciente, que consiste en el uso de drogas psicoactivas con el objetivo de tener relaciones sexuales durante un largo período de tiempo, incluso varios días, sin apenas descanso. ¿Las cigarras infectadas con *Massospora* practican *chemsex*?

La psilocibina se ha encontrado en más de cien tipos distintos de hongos, un gran número de los cuales pertenecen al género *Psilocybe*. La psilocibina es una droga psicodélica, lo que significa que puede afectar a todos los sentidos, alterando el pensamiento, la noción del tiempo y las emociones de una persona, y provocando que el consumidor alucine y que oiga o vea cosas que no existen o que están distorsionadas. La psilocibina es el ingrediente clave de los denominados hongos mágicos, que son consumidos por sus efectos alucinógenos. Según una encuesta realizada en Estados Unidos a más de siete mil personas, y publicada en 2021, alrededor del 7 % de los individuos sondeados informaron haber consumido hongos de psilocibina en el último año. Las investigaciones sugieren que en los últimos años el uso de drogas que causan alucinaciones, como la psilocibina, ha aumentado entre los adultos de treinta y cinco a cincuenta años. Además, datos recientes apuntan a que la psilocibina es la droga psicodélica de origen vegetal más consumida en los Estados Unidos, ya que el 11,3 % de las personas de doce años o más, que residen en el país, afirman haber consumido psilocibina en 2022.

Setas psicodélicas [Cannabis Pic/Shutterstock].

En el organismo, la psilocibina se transforma en psilocina, que se adhiere a los receptores o sitios de unión de la serotonina y los activa, principalmente el receptor de serotonina 5-hidroxitriptamina 2A (5HT2a). Los investigadores creen que esta acción es responsable de gran parte de la experiencia subjetiva de una persona cuando consume los hongos. La sustancia también afecta al funcionamiento del cerebro y la comunicación entre las distintas regiones cerebrales. Estos patrones alterados de actividad cerebral contribuyen a un profundo cambio en la conciencia de una persona. Un artículo científico publicado en julio de 2024 en la revista *Nature* revela que la psilocibina altera una red cerebral implicada en el pensamiento introspectivo, como soñar despierto y recordar, lo cual podría dar una explicación neurobiológica a los llamados «viajes» que sufren los consumidores. A corto plazo, en los seres humanos, la psilocibina provoca alucinaciones; percepción alterada del tiempo; incapacidad para distinguir la fantasía de la realidad; pánico; relajación o debilidad muscular; problemas de movimiento; pupilas dilatadas; náuseas; vómitos, y somnolencia. A largo plazo ocasiona riesgo de *flashbacks* y problemas de memoria.

A finales del año 2023, un piloto de Alaska Airlines de cuarenta y cuatro años, llamado Joseph David Emerson, que estaba fuera de servicio, intentó apagar los motores de un avión en pleno vuelo cuando iba a bordo como pasajero. Por fortuna fue reducido por la tripulación. Más tarde, Emerson declaró a la policía que había tomado hongos alucinógenos cuarenta y ocho horas antes del vuelo, que sufría una crisis mental, que estaba deshidratado y que llevaba cuarenta horas despierto.

El creciente interés por los hongos que contienen psilocibina también ha provocado un nuevo mercado comercial para otros tipos de hongos. Algunos de estos hongos tienen potentes propiedades farmacológicas, pero son extremadamente peligrosos. Un claro ejemplo es la *Amanita muscaria*, también conocida como matamoscas o falsa oronja, y que es la archiconocida seta que hemos visto mil y una veces en la serie ochentera *David el Gnomo*. La *Amanita muscaria* es fácil de reconocer por tener el pie blanco y un inconfundible sombrero, de color rojo intenso con pintas blancas. Esta seta contiene los compuestos muscimol y su precursor biosintético, el ácido iboténico. El muscimol es psicotrópico, es decir, puede producir cambios agudos en la percepción, el estado de ánimo, la cognición y el comportamiento, mientras que el ácido iboténico no lo es. Ambos compuestos también son altamente tóxicos y pueden ser fatales en dosis no muy altas. La seta también produce un alcaloide tóxico llamado muscarina que produce intoxicación aguda y grave del sistema nervioso. La muscarina causa una activación parasimpática profunda que puede conducir a convulsiones y a la muerte. El antídoto específico utilizado contra la muscarina es la atropina. A diferencia de los hongos que contienen psilocibina, ni la *Amanita muscaria*, ni el muscimol, ni el ácido iboténico están regulados por la Ley de Sustancias Controladas de los EE. UU. de 1970 o por otras leyes internacionales comparables en la mayoría de los países. La demanda de los consumidores puede estar creciendo porque las búsquedas en Google relacionadas con *Amanita muscaria* aumentaron un 114 % entre 2022 y 2023.

Existen numerosos mitos asociados a la *Amanita muscaria*, que es una seta fácil de encontrar en las zonas templadas y boreales de varios continentes del hemisferio norte. Quizás, la leyenda más fascinante sea la posible conexión de la *Amanita muscaria* con el imaginario navideño y con el origen de Papá Noel. Al parecer, este mito está basado en los rituales realizados por los chamanes de Asia Central que usaban prendas rojas con ribetes blancos para recolectar amanitas durante los días previos al solsticio de invierno. Una creencia relacionada es que estos chamanes alimentaban a los renos con *Amanita muscaria*, para después recolectar la orina de los animales y consumirla en actividades ceremoniales. Tras ingerir los hongos o beber la orina del reno, comenzaban las alucinaciones. Durante la experiencia, los chamanes eran capaces de volar, transformarse en animales e incluso vislumbrar el futuro de la comunidad. Algunos investigadores vinculan los chutes psicotrópicos de los chamanes con la idea de que Papá Noel viaja volando con un trineo tirado por renos para entregar regalos. El obsequio que entregaban los chamanes era el conocimiento otorgado por la *Amanita muscaria*, además de compartir porciones del hongo entre los presentes. Otra similitud con el escenario navideño es que el chamán entraba a la yurta, la vivienda utilizada por los nómadas en las estepas de Asia Central, por un agujero en el techo, porque en invierno la puerta principal solía estar cubierta de nieve. Así, el chamán aparecía ante la comunidad descendiendo desde la parte más alta de la casa, a semejanza de Papá Noel bajando por la chimenea.

La imagen actual de Santa Claus la debemos a Haddon Sundblom, un pintor estadounidense de origen sueco que recibió el encargo de la empresa Coca-Cola. Antes de 1931, Papá Noel era representado con personajes de todo tipo, desde un hombre alto y demacrado hasta un elfo de aspecto espeluznante. De hecho, cuando el caricaturista de la Guerra Civil Thomas Nast dibujó a Papá Noel para *Harper's Weekly* en 1862, Santa Claus era una pequeña figura parecida a un elfo que apoyaba a la Unión. En 1931, la empresa de Coca-Cola comenzó a colocar

Santa Claus in camp [Thomas Nast, *Harper's Weekly*, enero de 1863].

anuncios en revistas populares. Archie Lee, el ejecutivo de la agencia de publicidad D'Arcy que trabajaba con The Coca-Cola Company, quería que la campaña mostrara a un Papá Noel sano que fuera realista y simbólico. Por eso, Coca-Cola encargó al ilustrador Haddon Sundblom el desarrollo de imágenes publicitarias que utilizaran al propio Papá Noel, y no a un hombre vestido de Papá Noel. En busca de inspiración, Sundblom recurrió al poema *Una visita de San Nicolás*, comúnmente llamado *Era la noche antes de Navidad*, que había sido creado por Clement Clark Moore en 1822 y que dio nombre por primera vez a cada uno de los renos de Papá Noel. La descripción que Moore hizo de San Nicolás llevó a Sundblom a crear una imagen de un Papá Noel cálido, amistoso, agradablemente regordete y humano. En definitiva, la representación contemporánea de Papá Noel.

Desde luego, Papá Noel es una figura maravillosa. Millones de niños de todo el mundo escriben una carta a Papá Noel pidiendo regalos que deben ser entregados la noche del 24 al 25 de diciembre. Es una misión compleja, nada baladí e imposible de ejecutar para cualquier ser humano,

porque Papá Noel debe visitar, en una sola noche, unos cien millones de hogares en todo el mundo. Suponiendo que las casas están distribuidas uniformemente sobre la Tierra, esto da un recorrido total de 110 millones de kilómetros. Por tanto, el trineo de Papá Noel debe desplazarse a unos mil kilómetros por segundo, unas tres mil veces la velocidad del sonido. A esto, hay que añadir el problema del peso de los regalos que debe transportar el trineo. Si tomamos de media un kilogramo de peso por regalo, el trineo debe transportar unas 300 000 toneladas de juguetes o más. Aparte del lastre de los renos, el trineo y Santa Claus. Para mover esa carga serían necesarios dos millones de renos. Con ese peso y a la velocidad que viaja el trineo, cada aterrizaje provocaría un cráter enorme, donde la explosión podría ser escuchada a veinticuatro kilómetros de distancia. Por suerte, todos estos obstáculos son obviados y salvados con facilidad gracias a la magia de la Navidad.

En muchos países, el consumo de hongos alucinógenos ronda el 10 % entre los adolescentes jóvenes, y esta tasa aumenta hasta alrededor del 30 % entre los estudiantes universitarios. Los hongos alucinógenos pueden ser ingeridos por práctica recreativa, para automedicación o de forma accidental.

Es posible que en las cigarras la psilocibina genere un bienestar químico que impida la percepción del daño provocado por el hongo, y que motive al insecto a estar activo y despreocupado. El enfoque en el apareamiento, impulsado por las drogas, podría maximizar la dispersión crítica de las esporas del hongo de aquellas cigarras infectadas como ninfas. La conjetura es probable, porque la psilocibina también es empleada, en justa medida, para aliviar la depresión y la ansiedad en pacientes con cáncer, y la catinona, presente en los medicamentos para el TDAH, mejora la concentración. Por tanto, existe la sospecha de que podrían actuar de forma similar en las cigarras. Por desgracia, hay un agujero negro en la historia. Los hongos carecen de todos los genes necesarios para producir las sustancias narcóticas que flipan a las cigarras. ¿Y ahora qué? Una explicación factible es que el hongo ha coevolucionado con los microbios intestinales de la cigarra y, entre todos, crean una interacción única para producir estos alucinógenos. En definitiva, de una u otra manera, ya sea sábado de madrugada o martes a mediodía, las cigarras que son infectadas por los hongos terminan drogadas, castradas y deseosas de tener sexo con todo quisqui.

📖 Para leer más:

- Beasley, DeAnna. 2018. «Urbanization disrupts latitude-size rule in 17-year cicadas». *Ecology and Evolution* 8: 2534-2541.
- Boyce, Greg. 2019. «Psychoactive plant- and mushroom-associated alkaloids from two behavior modifying cicada pathogens». *Fungal Ecology* 41: 147-164.
- Eilenberg, Jørgen. 2018. «Strong host specialization in fungus genus *Strongwellsea* (Entomophthorales)». *Journal of Invertebrate Pathology* 157: 112-116.
- Ito, Hiromu. 2015. «Evolution of periodicity in periodical cicadas». *Scientific Reports* 5: 14094.
- Kappeler, Peter. 2023. «Sex roles and sex ratios in animals». *Biological Reviews* 98: 462-480.
- Leas, Eric. 2024. «Need for a Public Health Response to the Unregulated Sales of *Amanita muscaria* Mushrooms». *American Journal of Preventive Medicine* S0749-3797 (24) 00163-6.
- Siegel, Joshua. 2024. «Psilocybin desynchronizes the human brain». *Nature* 632: 131-138.
- Stajich, Jason. 2022. «An Improved 1.5-Gigabase Draft Assembly of *Massospora cicadina* (Zoopagomycota), an Obligate Fungal Parasite of 13- and 17-Year Cicadas». *Microbiology Resource Announcements* 11(10): e00367-22.
- Zhang, Wenzhe. 2023. «Symbionts in *Hodgkinia*-free cicadas and their implications for co-evolution between endosymbionts and host insects». *Applied and Environmental Microbiology* 89 (12): e0137323.

EL VIRUS DE BORNA

La minería, incluyendo la de lignito, mal que pese a los responsables, lleva décadas fabricando huérfanos a mansalva. Claro que las minas, de vez en cuando, tiran tragedias a dos manos. Algunas, muy mediáticas, ocupan portadas y abren los telediarios en países de todo pelo. España no es una excepción. El 3 de noviembre de 1975, una explosión de grisú en la mina catalana de la Consolación, emplazada en Fígols, a unos doscientos kilómetros de Barcelona, causó la muerte de treinta mineros que trabajaban extrayendo lignito. Casi cuarenta años después, el 13 de mayo de 2014, un trágico incendio ocurrido en la mina de lignito de Eynez segó la vida de 301 mineros e inundó con lágrimas de hollín el municipio turco de Soma. Este desastre constituyó el peor accidente minero en la historia de Turquía.

El lignito tiene interés estratégico en varios sectores y jugó un papel importante, aunque complejo, durante la Segunda Guerra Mundial. Después de la Primera Guerra Mundial, Alemania perdió importantes depósitos de carbón duro debido al Tratado de Versalles. Décadas más tarde, en pleno escenario bélico, las demandas energéticas alemanas eran estratosféricas, y la apuesta por las políticas de autosuficiencia impulsadas por Hitler propulsaron aún más la producción de lignito, que es un tipo de carbón fósil. El lignito presenta un contenido en carbono entre el 60 % y el 75 %, inferior al de la hulla y la antracita, pero superior al de la turba.

En la actualidad, la República Federal de Alemania es el mayor país productor de lignito del mundo, seguida de China, Rusia y los Estados Unidos. La abundancia y el desarrollo de tecnologías de licuefacción del carbón convirtieron al lignito en un recurso indispensable para alimentar la maquinaria de guerra alemana y mantener la producción industrial durante la Segunda Guerra Mundial, en especial cuando el acceso a otras fuentes de combustible era muy limitado. De hecho, el lignito es la fuente de energía alemana de mayor viabilidad económica. Es utilizado primordialmente para la generación de electricidad en grandes centrales térmicas. Durante mucho tiempo, fue una de las principales simientes de electricidad en Alemania, proporcionando una base estable para la red eléctrica.

Las propiedades específicas del lignito permiten que sea utilizado de forma económica cerca de yacimientos en combinación con la minería a cielo abierto y con centrales eléctricas, garantizando la máxima seguridad de suministro y eficiencia. El lignito está disponible en grandes cantidades en Alemania, y durante bastantes años ha contribuido a generar hasta el 23 % de la electricidad utilizada en el país.

La disponibilidad local del lignito ha sufragado la seguridad del suministro energético alemán, sobre todo en momentos de crisis o tensiones geopolíticas. Sin embargo, la extracción de lignito a través de la minería a cielo abierto conlleva una serie de problemas significativos, tanto ambientales como socioeconómicos y de salud, porque requiere la remoción de grandes cantidades de la cubierta vegetal, bosques y otros ecosistemas, lo que resulta en la destrucción del paisaje y en la pérdida de biodiversidad. Además, genera grandes cantidades de residuos; altera los recursos hídricos; contamina el aire; tiene impacto en la salud pública, y la expansión de las minas a menudo requiere el desplazamiento de comunidades enteras, lo que genera problemas sociales, económicos y culturales para las personas afectadas.

Lignito [Montree Nanta/Shutterstock].

En algunas zonas de Alemania, el lignito es, al mismo tiempo, una bendición y una maldición. Los habitantes de Heuersdorf, un desaparecido pueblito de la bahía baja de Leipzig, al noroeste de Sajonia, son testigos recientes de esta ambivalencia. La historia de la minería de lignito a cielo abierto es una crónica de lugares desaparecidos. Desde 1945, solo en Sajonia, el lignito ha provocado la destrucción de 260 pueblos. El nombre de Heuersdorf está en la lista.

La biografía de Heuersdorf comenzó hace más de setecientos años y terminó en el año 2010. Los cincuenta y dos millones de toneladas de lignito ubicadas bajo el pueblo, y que estaban destinadas a alimentar a una central eléctrica cercana en Lippendorf, tuvieron la culpa. Tras un intenso litigio, la empresa minera MIBRAG obtuvo el permiso necesario para acceder al lignito que descansaba debajo del municipio. Los últimos habitantes abandonaron el pueblo en el verano de 2009. Pocos meses más tarde, la mina engulló Heuersdorf, que fue demolido por completo.

Antes de eso, fue necesario solventar un reto importante, que consistía en salvar la iglesia románica de Emaús, una construcción del siglo XIII emplazada en pleno Heuersdorf. El asunto no era moco de pavo, porque el edificio pesa 665 toneladas, tiene 14,5 metros de largo, 8,9 metros de ancho y 19,6 metros de alto. Estudios dendrocronológicos modernos han demostrado que las vigas de madera más antiguas utilizadas en la iglesia provienen de árboles que fueron talados en 1258. ¿Sería posible mover un inmueble tan grande y antiguo sin dañar o destruir la estructura?

Adelanto que fue posible. La mudanza es considerada una proeza de la ingeniería y fue preparada durante meses. La operación resultó ser espectacular de principio a fin. Las grietas de la iglesia fueron reparadas y la estructura consolidada con esmero. El edificio fue envuelto en cuatro corsés de acero gigantes; levantado de sus cimientos originales; colocado en una base de acero y hormigón, y elevado con mecanismos hidráulicos hasta un vehículo especial de treinta y dos metros de largo y 800 CV, que estaba compuesto por dos filas de transportadores modulares autopropulsados.

Por razones técnicas y logísticas, el destino elegido para la iglesia fue Borna, una ciudad a unos trece kilómetros de distancia. El coste del traslado ascendió a tres millones de euros, e incluyó la reparación de carreteras, el desvío de pequeños ríos y la retirada de líneas eléctricas, telefónicas y de tráfico. La procesión comenzó el 27 de octubre de 2007 y concluyó, como estaba previsto, el 31 de octubre, día que conmemora el comienzo de la Reforma protestante de la Iglesia por Martín Lutero en 1517. El Lunes de Pascua de 2008, una vez finalizados todos los trabajos de restauración y exactamente un año después del último servicio en Heuersdorf, la iglesia fue reinaugurada en la nueva ubicación situada en Borna.

El espectacular traslado de la iglesia a Borna [Valentina Vadi].

Borna es la sede administrativa del distrito de Leipzig. Tiene una población aproximada de 20 000 habitantes, un centro histórico bien conservado y da nombre al virus Borna, un patógeno animal que puede infectar a una gran variedad de vertebrados.

El virus Borna o virus de la enfermedad de Borna 1 (BODV-1) pertenece al género *Orthobornavirus*, es un miembro de la familia *Bornaviridae* y el agente causal de la enfermedad de Borna, una enfermedad neurológica grave y, a menudo, mortal en varios animales domésticos, en particular caballos, ovejas y camélidos del Nuevo Mundo, pero que también afecta a otros mamíferos como cabras, gatos, perros, conejos, ciervos e incluso primates. En la actualidad, el género *Orthobornavirus* comprende veinticinco virus que pertenecen a nueve especies virales diferentes. Entre estos, la especie *Orthobornavirus bornaense* incluye al virus de la enfermedad de Borna 1 (BODV-1), el prototipo de la familia *Bornaviridae*, y al BODV-2, un virus genéticamente relacionado con el BODV-1.

La enfermedad de Borna 1, descrita por primera vez en 1885 durante una gran epidemia de encefalitis infecciosa en caballos en la ciudad alemana de Borna, recibió el nombre inicial e inespecífico de «enfermedad de la cabeza de los caballos», debido a que los animales tenían un comportamiento anormal. En los caballos, los signos clínicos de la enfermedad pueden variar, pero es habitual que incluyan fiebre, pérdida de apetito, cólico, falta de coordinación de los movimientos, debilidad, movimientos de masticación sin ingesta de alimentos, bostezos frecuentes, temblores musculares, desplazamientos en círculo, inclinación de la cabeza, excitabilidad, agresividad, letargo o depresión.

El modo exacto de transmisión aún no está claro, pero se cree que, en los huéspedes accidentales clásicos, como los caballos, las ovejas y potencialmente los humanos, la infección ocurre a través de la exposición intranasal a saliva o secreciones nasales contaminadas. El BODV-1 entra por el tracto olfativo y se propaga por el sistema límbico a otras áreas del cerebro y de la médula espinal. También se ha sugerido la transmisión a través de la orina y las heces de animales infectados. El área endémica del BODV-1 abarca las partes este y sur de Alemania y diversas regiones de Suiza, Austria y Liechtenstein.

La musaraña bicolor de dientes blancos (*Crocidura leucodon*) es el único reservorio natural conocido del virus BODV-1. En este huésped, el virus de Borna establece una infección persistente con un tropismo tisular notablemente amplio, pero sin enfermedad clínica aparente. En el año 2015, el descubrimiento de que el bornavirus 1 de la ardilla jaspeada (VSBV-1) era capaz de causar encefalitis fatal en humanos después de la transmisión desde ardillas exóticas a sus criadores, volvió a enfocar la atención en el potencial zoonótico de los bornavirus de mamíferos.

Musaraña bicolor de dientes blancos, *Crocidura leucodon* [Eric Isselee/Shutterstock].

La mala baba del virus de Borna quedó demostrada en los años 2018 y 2019, cuando se notificó la presencia de BODV-1 en tres casos de encefalitis en receptores de trasplantes de órganos sólidos, que habían sido infectados a través de los órganos recibidos del mismo donante.

El donante de órganos no había mostrado signos de enfermedad neurológica y había muerto por sospecha de paro cardíaco repentino. Las dos personas que recibieron sendos trasplantes renales fallecieron por polirradiculoneuritis y encefalitis o encefalomielitis inducidas por BODV-1, mientras que el receptor del hígado sobrevivió y se recuperó con secuelas de leucoencefalopatía y limitación visual por atrofia del nervio óptico. Desde entonces, casi cuarenta casos de encefalitis en humanos por el virus de Borna han sido notificados a las autoridades sanitarias o han sido publicados en Alemania, algunos detectados retrospectivamente.

En el año 2020, investigadores alemanes publicaron un estudio en el que analizaron muestras de tejido cerebral de cincuenta y seis pacientes que habían sido depositadas, entre enero de 1995 y agosto de 2018, en el Instituto de Microbiología Clínica e Higiene del Hospital Universitario de Regensburg, en la ciudad alemana del mismo nombre. El motivo era discernir si existía una posible causa viral de las encefalitis o encefalopatías que presentaban las personas afectadas. De todos los pacientes, en veintiocho de los casos el motivo de la encefalitis era conocido y ninguna muestra de tejido dio positivo al virus de Borna. Sin embargo, en siete de los otros veintiocho pacientes, en los que la causa de la inflamación era desconocida, hubo resultado positivo a la infección por el virus de Borna y, además, fue obtenido el primer aislado humano del BoDV-1.

En casos de encefalitis aguda por enfermedad de Borna en humanos, el tratamiento principal es de soporte, abordando los síntomas conforme aparecen. Por desgracia, la tasa de mortalidad de esta forma grave de la enfermedad es alta, por lo que urge desarrollar tratamientos eficaces.

En los animales, la infección por el virus de Borna puede provocar cambios de comportamiento como son ansiedad, agresividad, déficits cognitivos, hiperactividad, comportamiento similar a la depresión y apatía. Aunque no existe consenso en la comunidad científica, ni una correspondencia causal definitiva, algunas investigaciones apuntan a que la presencia del virus de Borna está correlacionada con desórdenes neurológicos y psiquiátricos en humanos, incluidas la depresión severa, el trastorno bipolar, la ansiedad o la esquizofrenia. El virus es capaz de infectar áreas del cerebro que controlan las emociones y la memoria. Algunos ensayos piloto preliminares han indicado que los medicamentos antivirales, como la amantadina, podrían reducir los síntomas depresivos en personas con evidencia de infección por el virus de Borna.

La Organización Mundial de la Salud (OMS) estima que aproximadamente el 5 % de los adultos a nivel mundial sufren de depresión. Esto equivale a unos 280 millones de personas. Diversos estudios han encontrado una asociación significativa entre la infección por el virus del herpes simple tipo 2 (VHS-2) y una mayor probabilidad de depresión en adultos estadounidenses. Una investigación prospectiva a nivel nacional en Taiwán encontró que los pacientes con herpes zóster tenían un mayor riesgo de desarrollar depresión mayor y cualquier trastorno depresivo. Otro estudio realizado en Dinamarca y en el Reino Unido también encontró una asociación entre el virus herpes zóster y los trastornos del estado de ánimo, incluidas la ansiedad y la depresión. Algunos estudios han demostrado una posible asociación entre la infección por citomegalovirus y un mayor riesgo de depresión y esquizofrenia. En un estudio observacional de casos y controles realizado entre 2000 y 2013, utilizando el gran Clinical Practice Research Datalink (CPRD) del Reino Unido, que incluyó a 103.307 pacientes diagnosticados con depresión, los investigadores descubrieron que las infecciones por gripe estaban relacionadas con un riesgo moderadamente mayor de desarrollar depresión. Desde luego, es inquietante pensar que algunos virus puedan ser los agentes responsables de la aparición de síntomas depresivos en humanos.

📖 Para leer más:

- Böhmer, Merle. 2024. «One Health in action: Investigation of the first detected local cluster of fatal borna disease virus 1 (BoDV-1) encephalitis, Germany 2022». *Journal of Clinical Virology* 171: 105658.
- Dietrich, Detlef. 2020. «Antiviral treatment perspective against Borna disease virus 1 infection in major depression: a double-blind placebo-controlled randomized clinical trial». *BMC Pharmacology and Toxicology* 21: 12.
- Ebinger, Arnt. 2024. «Lethal Borna disease virus 1 infections of humans and animals – in-depth molecular epidemiology and phylogeography». *Nature Communications* 15: 7908.
- Jungbäck, Nicola. 2025. «Neuropathology, pathomechanism, and transmission in zoonotic Borna disease virus 1 infection: a systematic review». *The Lancet Infectious Diseases* 25 (4): e212-e222.
- Kanda, Takehiro. 2025. «Borna disease virus 2 maintains genomic polymorphisms by superinfection in persistently infected cells». *npj Viruses* 3: 31.
- Whitehead, Jack. 2023. «Structural and biophysical characterization of the Borna disease virus 1 phosphoprotein». *Acta Crystallographica Section F: Structural Biology Communications* 79: 51-60.

PASEANDO A *MISS* CUCARACHA

«La cucaracha, / la cucaracha, / ya no puede caminar, / porque no tiene, /porque le faltan / las dos patitas de atrás». *La cucaracha* es una canción folclórica tradicional de origen español. En 1883, el poeta, lexicólogo y folclorista Francisco Rodríguez Marín recogió algunas estrofas en el libro *Cantos populares españoles*, pero la canción ya había sido mencionada en España en 1859 por Fernán Caballero, seudónimo de Cecilia Böhl de Faber y Ruiz de Larrea, una prolífica escritora española.

La obra de Fernán Caballero es clave en la narrativa hispánica. La literata es considerada una de las impulsoras de la renovación de la novela española de mediados del siglo XIX, que durante los siglos XVIII y primera parte del XIX había perdido el brillo que tuvo en la Edad de Oro. Las obras de Fernán Caballero engarzan escenas de tono costumbrista y popular a través de un hilo conductor de base romántica, que poetiza la realidad, deformada por el gusto moralizante de la autora, con un fuerte deje idealista. La línea trazada por Fernán Caballero eclosionará en el realismo y naturalismo de las décadas posteriores y fue reconocida por escritores gigantes, como por ejemplo el extraordinario Benito Pérez Galdós. Independiente a la mención de Fernán Caballero, la canción de *La cucaracha* adquirió fama y popularidad durante la Revolución mexicana, a comienzos del siglo XX, y ha sido interpretada por numerosos artistas entre los que destaca Louis Armstrong.

Hay descritas alrededor de 4700 especies de cucarachas que participan en un papel importante en los ecosistemas terrestres, a través de la descomposición de materiales orgánicos, el reciclaje y la liberación de nutrientes de plantas y animales muertos. Surgieron hace aproximadamente 300 - 350 millones de años y es probable que estuvieran involucradas en la limpieza de los excrementos de los dinosaurios. Sin

La cucaracha americana, *Periplaneta americana*, es una de las especies de blátidos de mayor tamaño asociadas al entorno humano y un ejemplo paradigmático de coloniza-dor urbano oportunista. Originaria probablemente de regiones tropicales de África, se ha expandido por todo el mundo gracias al comercio y al transporte marítimo desde el siglo XVI. Su cuerpo alargado y de tonalidad castaño rojiza, con el pronoto bordeado por un halo amarillento, le permite desplazarse con rapidez y explorar grietas profun-das, alcantarillas, sótanos y sistemas de desagüe. A diferencia de *Blattella germanica*, su desarrollo es más lento y su ciclo vital prolongado, pero compensa con una notable longevidad y una gran capacidad para soportar altas temperaturas y niveles de hume-dad elevados. Omnívora, resistente y con gran movilidad —incluida la capacidad de pla-near brevemente en ejemplares bien desarrollados—, *P. americana* puede actuar como vector mecánico de bacterias, hongos y alérgenos. Su biología, estrechamente ligada a infraestructuras urbanas y redes de saneamiento, la convierte en un indicador fiel de las condiciones ambientales de los entornos subterráneos de las ciudades contemporáneas. [Protasov AN/Shutterstock].

embargo, a pesar de tener un rol ecológico fundamental, las cucarachas son famosas por formar plagas y evadir con éxito los intentos de erradicación de los humanos. La asombrosa capacidad de escapar de las cucarachas está vinculada a la peculiar locomoción y biomecánica que tienen estos insectos, y que permite que sean unos de los corredores más impresionantes de la naturaleza. La velocidad que alcanzan las cucarachas, en relación con su tamaño, y la capacidad que tienen para manejarse en terrenos difíciles, con cambios mínimos en el movimiento de las patas, son excepcionales. En general, las cucarachas caminan en forma de «marcha de trípode». Las seis patas de la cucaracha configuran dos trípodes, que son una imagen especular y generan un patrón alterno, de modo que el animal siempre tiene al menos tres patas tocando el suelo, para facilitar que el desplazamiento sea estable y eficiente.

El mecanismo de alimentación y los hábitos de reproducción de las cucarachas, unidos a que está aumentando la tendencia de estos insectos a infestar entornos habitados por los humanos, origina un problema de salud pública, porque estos animales son considerados transmisores mecánicos de múltiples enfermedades infecciosas provocadas por hongos, virus, bacterias y parásitos. Las especies de cucarachas que con más frecuencia infestan los hogares son la cucaracha rubia o alemana (*Blattella germanica*); la cucaracha negra, oriental, común o del Viejo Mundo (*Blatta orientalis*); la cucaracha marrón con bandas (*Supella longipalpa*), y la cucaracha roja o americana (*Periplaneta americana*).

Periplaneta americana puede desencadenar reacciones alérgicas y asma; muestra una capacidad reproductiva muy alta, y es la especie de cucaracha doméstica más común en el mundo. Consume materia orgánica en descomposición, pero es omnívora, carroñera y oportunista, por lo que come casi cualquier cosa, incluidas heces de mamíferos, basura y aguas residuales. Debido al estilo de vida insalubre, una cucaracha adulta de la especie *Periplaneta americana* puede recoger, transportar y transferir gran cantidad de patógenos y, por tanto, representar un problema de salud potencial para los seres humanos, pero también para los animales salvajes y domésticos, e incluso para los posibles depredadores.

La avispa joya parasitoide *Ampulex compressa* es un depredador destacado de *Periplaneta americana*. Este parasitoide utiliza a la cucaracha americana como fuente de alimento para sus larvas. La avispa adulta inyecta un cóctel de sustancias neuroactivas directamente en el sistema nervioso central de la cucaracha, para inducir un estado letárgico de una semana conocido como hipocinesia.

La hipocinesia es un fenómeno caracterizado por una pérdida parcial o completa del movimiento muscular debido a un trastorno en los ganglios basales. Los pacientes con trastornos hipocinéticos, como la enfermedad de Parkinson, experimentan rigidez muscular e incapacidad de producir movimiento.

En el primer encuentro con la cucaracha americana, la avispa ataca con sorprendente rapidez y agresividad. Inicialmente la avispa pica en el ganglio protorácico, causando una parálisis flácida que dura de dos a tres minutos, de las patas protorácicas de la cucaracha. Esta inmovilización temporal facilita picaduras posteriores y certeras en dos ganglios cefálicos cruciales para la locomoción: el cerebro, específicamente el complejo central, y los ganglios gnatales (antes denominados subesofágicos).

Aplicadas las picaduras en los ganglios cefálicos, mientras la avispa prepara la madriguera, la cucaracha inicia una fase de acicalamiento compulsivo que dura unos treinta minutos, seguida de un estado hipocinético de larga duración en el que muestra poca motivación para iniciar o mantener la conducta de caminar. Algunos estudios sugieren que la

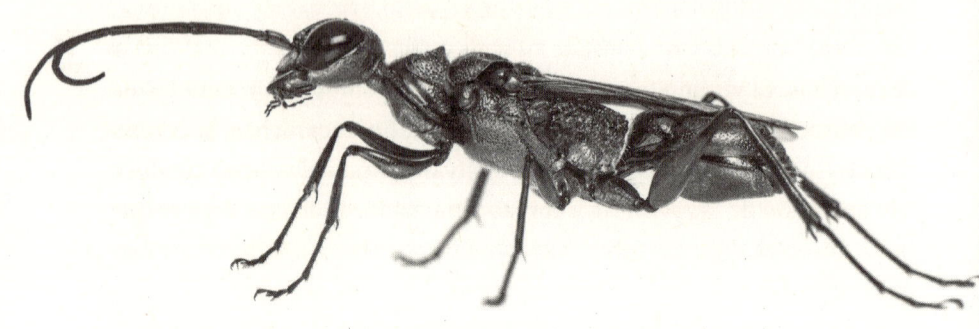

Ampulex compressa [Eric Isselee/Shutterstock].

parálisis a corto plazo de las patas protorácicas, inducida por la picadura inicial en el ganglio protorácico, es causada por el ácido gamma-aminobutírico (GABA), la taurina y la beta-alanina que contiene el veneno de la avispa. La vehemente respuesta de acicalamiento inducida por las picaduras en los ganglios cefálicos es provocada por la dopamina presente en el cóctel químico que inyecta la avispa. La alteración en la actividad de las neuronas octopaminérgicas podría ser uno de los mecanismos por los cuales el veneno modula el circuito de escape en el sistema nervioso central de la cucaracha y el metabolismo en el sistema periférico.

En definitiva, el envenenamiento transforma a la cucaracha en un animal dócil. Tras la oportuna dosis de veneno, la avispa puede manipular a la cucaracha con facilidad, para maniobrar y dirigir a la presa, mansa y obediente, hasta su cubil. La cucaracha sometida a hipocinesia carece de un comportamiento de escape normal y de motivación para caminar, lo que facilita que sea subyugada por parte de la avispa. De hecho, la hipocinesia en una cucaracha picada por una avispa joya es un letargo reversible de largo plazo, caracterizado por la falta de movimientos espontáneos o de respuesta a estímulos externos. Por ejemplo, las cucarachas picadas no responden a la estimulación cercal, que en situaciones normales desencadena una respuesta de escape vigorosa. Curiosamente, el umbral para iniciar la marcha está elevado, pero los patrones motores al caminar o nadar no cambian. Por lo tanto, el circuito locomotor es funcional, pero el sistema nervioso parece estar en un estado deprimido.

Del veneno de *Ampulex compressa* han sido aislados y caracterizados nuevos péptidos anfipáticos α-helicoidales, denominados ampulexinas, que constituyen una novedosa familia de toxinas venenosas. Estas toxinas podrían ser fundamentales para el control mental de las cucarachas. El veneno también contiene precursores no procesados de los neuropéptidos taquicinina y corazonina. En cucarachas, la corazonina estimula el ritmo cardíaco. La neutralización del veneno conduce a la aparición de taquicinina y corazonina maduras, lo que sugiere que la avispa emplea precursores como una estrategia de liberación prolongada en el cerebro del huésped después del envenenamiento. La inyección de taquicinina procesada en los ganglios cefálicos del anfitrión provoca hipocinesia a corto plazo.

En otras palabras, la cucaracha entra en una especie de estado vegetativo, sin comer, sin reflejos y sin autonomía propia, pero con capacidad para caminar con lentitud. La avispa aprovecha esta inercia para pasear y guiar a la cucaracha, sujetándola con sus piezas bucales y tirando de ella hasta el cubículo excavado en la tierra. Una vez introducida en el nido, la avispa deposita un huevo sobre la coxa de una de las patas protorácicas de la víctima. La coxa, primer segmento de las cinco partes que componen las patas de los insectos, está articulada con el tórax por un extremo y con el trocánter por el otro.

La avispa concluye la secuencia sellando la abertura de la madriguera con piedritas, hojarasca y escombros, en un proceso que puede tardar treinta minutos o más. En el interior, la cucaracha permanece viva, aunque aturdida e incapaz de escapar. El huevo eclosiona transcurridos pocos días. La larva de la avispa inserta las mandíbulas a través de la cutícula blanda en la base de la pata, para comenzar a consumir la

Ampulex compressa junto a una cucaracha [Eric Isselee/Shutterstock].

hemolinfa de la cucaracha. Luego, al final del segundo estadio, la larva penetra en la cavidad corporal del huésped y, durante el tercer estadio, consume los tejidos internos de la cucaracha de forma selectiva. La pupación ocurre alrededor del octavo día. Tras la metamorfosis, varias semanas después, la avispa adulta completa el ciclo vital emergiendo del exoesqueleto hueco de la cucaracha.

La higiene alimentaria resulta vital para evadir la amenaza que suponen los microbios patógenos, en especial en las vulnerables etapas tempranas del desarrollo de los insectos. *Periplaneta americana* es una fuente de contaminación microbiana y un vector potencial de patógenos, por lo que sus depredadores corren un riesgo especial de contraer infecciones mortales. La larva de *Ampulex compressa,* al permanecer en contacto prolongado con la cucaracha, está expuesta a los microorganismos dañinos que porta *Periplaneta americana.* Por esta razón, la larva de la avispa ha desarrollado una estrategia defensiva soberbia, que consiste en desinfectar al huésped mediante una secreción larvaria cargada de antimicrobianos.

En general, las personas detestan a las cucarachas. La animadversión viene de lejos. Los antiguos egipcios inventaron hechizos para desterrar a las cucarachas y, en la antigua Roma, Plinio el Viejo tildó a estos animales de repugnantes. Un reciente estudio sociológico realizado en los Estados Unidos de América concluyó que las cucarachas son el insecto más odiado del país.

Algunas personas pasan de la tirria a la aprensión. La katsaridafobia o blatofobia es una fobia común que consiste en un miedo irracional y persistente a las cucarachas. Un porcentaje alto de la población mundial describe a las cucarachas como rápidas, huidizas, resistentes, desafiantes, sucias, desagradables y asquerosas, pero en realidad la diversidad de estos insectos es increíble, y solo unas pocas especies, que representan menos del 1 % del total, causan plagas y problemas a los humanos. Entre los miles de especies de cucarachas que habitan en nuestro planeta, encontramos bellos ejemplares de color azul turquesa o verde esmeralda. Las cucarachas silvestres representan un eslabón fundamental en el ciclo de los nutrientes, son una pieza indispensable en los ecosistemas saludables y una fuente de alimento importante para otros animales. En conclusión, el mundo necesita a las cucarachas y la avispa *Ampulex compressa* también.

📖 Para leer más:

- Arvidson, Ryan. 2019. «Parasitoid Jewel Wasp Mounts Multipronged Neurochemical Attack to Hijack a Host Brain». *Molecular & Cellular Proteomics* 18 (1): 99-114.
- Catania, Kenneth. 2024. «The Cocoon of the Developing Emerald Jewel Wasp (*Ampulex compressa*) Resists Cannibalistic Predation of the Zombified Host». *Brain, Behavior and Evolution* 4: 1-10.
- Herzner, Gudrun. 2013. «Larvae of the parasitoid wasp *Ampulex compressa* sanitize their host, the American cockroach, with a blend of antimicrobials». *Proceedings of the National Academy of Sciences of the United States of America (PNAS)* 110 (4): 1369-74.
- Li, Sheng. 2018. «The genomic and functional landscapes of developmental plasticity in the American cockroach». *Nature Communications* 9: 1008.
- Liu, Jun. 2024. «Intestinal pathogens detected in cockroach species within different food-related environment in Pudong, China». *Scientific Reports* 14: 1947.
- Rana, Amit. 2023. «Parasitoid wasp venom re-programs host behavior through downmodulation of brain central complex activity and motor output». *Journal of Experimental Biology* 226 (3): jeb245252.
- Wang, Lingyi. 2023. «Genome assembly and annotation of *Periplaneta americana* reveal a comprehensive cockroach allergen profile». *Allergy* 78 (4): 1088-1103.

SOY UN EXCELENTE CONDUCTOR

«Soy un excelente conductor». «Papá me deja conducir despacio en la entrada los sábados». «Uh, oh, quince minutos para el Juez Wapner». ¿Conoce alguna de estas locuciones? Son pronunciadas por Raymond Babbitt en la película *Rain Man*.

Han transcurrido unas cuantas décadas desde el estreno del filme, el 16 de diciembre de 1988, y de la inconmensurable actuación de Dustin Hoffman, con la que trascendió la pantalla y consiguió visibilizar a las personas autistas.

Casi quince años después, en mayo de 2003, a rebufo de la *road movie* protagonizada por Hoffman y Tom Cruise, y fruto de la pluma del polifacético escritor, ilustrador y pintor inglés Mark Haddon, apareció en el mercado una novela dirigida a adultos y jóvenes que fue titulada *El curioso incidente del perro a medianoche*.

La historia es narrada por Christopher John Francis Boone, un chico de quince años con síndrome de Asperger, un tipo de trastorno del espectro autista (TEA). La obra fue un éxito de ventas instantáneo.

Christopher es una versión actualizada y adolescente de Raymond Babbitt, el personaje interpretado por Dustin Hoffman. La figura de Babbitt está inspirada en Laurence Kim Peek, un estadounidense con el síndrome del sabio que falleció en el año 2009. El síndrome del sabio suele manifestarse desde la infancia, y las personas afectadas padecen alguna lesión cerebral o muestran algún trastorno del desarrollo neurológico, como los del espectro autista. Peek era una persona sorprendente, con inusitadas capacidades intelectuales. Podía leer a la vez las dos páginas de un libro, empleando un ojo para cada hoja, o recordar el contenido del 98 % de los 12 000 libros que había leído. Sin embargo, era incapaz de realizar muchas tareas básicas.

Portada de *The Curious Incident of the Dog in the Night-Time*, la novela de Mark Haddon publicada en 2003 bajo el sello Jonathan Cape, un histórico *imprint* británico asociado a autores como Ian McEwan, Salman Rushdie o Roald Dahl. Concebida inicialmente como un libro para adultos —aunque luego obtuvo también el reconocimiento del público juvenil—, la obra sorprendió por la voz de Christopher Boone, un adolescente que interpreta el mundo a través de patrones matemáticos y una lógica implacable. Lo que empieza como la investigación de la muerte del perro del vecindario deriva en una exploración emocional íntima y luminosa. El libro fue uno de los mayores éxitos de Cape en la década, traducido a más de cuarenta idiomas y origen de una premiada adaptación teatral que consolidó su condición de fenómeno literario.

En la trama de *El curioso incidente del perro a medianoche*, la impronta de Raymond Babbitt resuena con nitidez en Christopher, porque el muchacho tiene memoria eidética, conoce todos los números primos hasta el 7507; asiste a una institución educativa para estudiantes con necesidades especiales; es incapaz de reconocer y comprender las expresiones faciales; es muy sensible a la información y a los estímulos, y tiene dificultad inherente para interpretar las metáforas y los chistes.

Pocos años después del arribo a las librerías de *El curioso incidente del perro a medianoche*, en 2007, la Organización de las Naciones Unidas marcó un hito de sensibilización al proclamar el 2 de abril como el Día Mundial de Concienciación sobre el Autismo.

Sesenta y cuatro años antes de este significativo evento, en 1943, Donald Gray Triplett fue diagnosticado con autismo a la edad de diez años por el psiquiatra Leo Kanner. Donald, un niño introvertido oriundo de la ciudad de Forest, en el estado de Misisipi, fue el primer caso documentado de autismo en la historia.

En rigor, el autismo no es una sola enfermedad, sino un crisol de condiciones heterogéneas. De ahí que haya sido acuñado el término de Trastorno del Espectro Autista (TEA) para referirnos a un grupo de trastornos del desarrollo neurológico que implican una comunicación e interacción social alterada, así como conductas repetitivas y estereotipadas. No es un problema minoritario. Se estima que, a nivel global, aproximadamente uno de cada cien niños tiene autismo. Por ello, es imperioso e imprescindible conocer la enfermedad, pero también procurar una comprensión profunda y una atención esmerada.

Resulta palmario que el TEA afecta a cientos de miles de familias y que la incidencia en todo el mundo es brutal. En tal tesitura, es lógico plantear conversaciones sobre este tema, porque es esencial para las vidas de los niños y el desarrollo de nuestras sociedades. El reconocimiento y la aceptación de la neurodiversidad representan, quizá, uno de los peldaños iniciales y de mayor significación en este proceso. Es plausible que, por esta razón, el emblemático programa televisivo infantil *Barrio Sésamo*, un referente mundial en contenidos para la infancia, decidiera incorporar a Julia, una niña pelirroja de cuatro años perteneciente al espectro autista, al elenco de marionetas que pueblan su universo narrativo.

Julia, de *Barrio Sésamo*.

El personaje de Julia apareció por primera vez en el año 2015, en el marco de una iniciativa de concienciación sobre el autismo, titulada *Barrio Sésamo y el autismo: vea lo asombroso en todos los niños*. Con posterioridad, Julia debutó en la serie televisiva en el episodio 4715, cuya emisión coincidió, significativamente, con el Día Mundial de Concienciación sobre el Autismo, el 2 de abril de 2017.

Julia es afable, parca en palabras y tiene un estilo peculiar de hacer las cosas. De manera análoga, las personas con TEA pueden exhibir modalidades diversas en el aprendizaje, motricidad o focalización atencional. En numerosos casos, las personas con TEA presentan habilidades de comunicación y razonamiento deficientes, y patrones de comportamiento repetitivos y obstructivos. Además, es frecuente la concurrencia de trastornos comórbidos tales como epilepsia, depresión, ansiedad y trastorno por déficit de atención e hiperactividad, junto con conductas desafiantes, alteraciones del sueño y autolesiones.

De no mediar una intervención adecuada, estas afecciones coexistentes pueden acarrear consecuencias perjudiciales y, en potencia, catastróficas para las personas con TEA y sus familias, manifestadas en una merma de la calidad de vida y en un incremento del estrés, la obstaculización de oportunidades educativas y laborales y un elevado riesgo de suicidio. Los especialistas procuran mitigar estas afecciones mediante terapias conductuales e intervenciones terapéuticas específicas. En la actualidad, la Administración de Alimentos y Medicamentos de los Estados Unidos (FDA) solo ha aprobado dos medicamentos para su uso en la población con TEA, que son la risperidona y el aripiprazol. Ambos medicamentos están indicados para el tratamiento de la irritabilidad en niños y adolescentes diagnosticados con TEA.

Resulta singular la observación de una prevalencia significativa de problemas gastrointestinales, tales como estreñimiento, diarrea y dolor abdominal, en niños con autismo. ¿Una mera coincidencia? Los indicios sugieren lo contrario, apuntando hacia una intrincada relación entre la microbiota intestinal y la manifestación del TEA.

Las pesquisas científicas han elucidado un robusto componente genético en la etiología del TEA, confiriendo a la descendencia ulterior de progenitores con un hijo afectado una probabilidad que oscila entre el 2 % y el 18 % de manifestar la condición. Adicionalmente, la concordancia para el TEA en gemelos monocigóticos alcanza una notable prevalencia del 90 %, subrayando la significativa influencia hereditaria.

Estudios epidemiológicos convergen en señalar que, en adición a la predisposición genética, diversos factores ambientales prenatales emergen como posibles contribuyentes al TEA. Entre estos, se incluyen la exposición intrauterina a infecciones; la obesidad y la diabetes *mellitus* gestacional maternas; la administración de inhibidores selectivos de la recaptación de serotonina (ISRS) durante la gestación; el uso inapropiado de antibióticos, y la exposición a agentes tóxicos en el entorno prenatal. Estos factores prenatales pueden alterar variadas vías durante períodos críticos del desarrollo, en particular en individuos genéticamente sensibles. A modo ilustrativo, varios estudios han establecido una asociación entre diversas infecciones que pueden ocurrir durante el embarazo, como la rubéola y el citomegalovirus, y una mayor probabilidad de aparición de TEA en la infancia. Un exhaustivo estudio poblacional danés, abarcando a todos los nacidos en Dinamarca entre 1980 y 2005, reveló que las infecciones virales, incluida la gripe, la gastroenteritis y otras infecciones no especificadas, ocurridas en el primer trimestre del embarazo y que requirieron hospitalización, se correlacionaron con un aumento de 2,8 veces en el riesgo de sufrir TEA, mientras que las infecciones bacterianas acontecidas en el segundo trimestre fueron asociadas a un aumento de 1,4 veces.

Más allá de los componentes genético y ambiental, la evidencia científica disponible sugiere que, con mucha probabilidad, hay una plétora de otras circunstancias adicionales que modulan la susceptibilidad al autismo, incluyendo factores hormonales, inmunológicos y, según sabemos ahora, también algunos relacionados con el microbioma.

Un corpus sustancial de investigaciones ha puesto de relieve una conexión bidireccional entre el intestino y el cerebro, conocida popularmente como el «eje intestino-cerebro». Diversos estudios han revelado que la disbiosis bacteriana intestinal está directamente relacionada con cambios en la salud general de un organismo.

En este contexto, el nexo entre la microbiota intestinal y el autismo constituye, sin duda, una de las áreas más fascinantes y prolíficas de la investigación sobre el microbioma. Estudios preclínicos han demostrado que los infantes con TEA tienen una composición alterada de la microbiota intestinal. Al parecer, las comunidades bacterianas intestinales difieren entre los individuos con TEA y las personas que no presentan un trastorno del espectro autista.

También se ha observado que muchos niños con autismo tienen problemas como estreñimiento o diarrea. De hecho, los perfiles del microbioma fecal son más divergentes en sujetos con TEA que manifiestan disfunción gastrointestinal, una comorbilidad común del autismo.

Un estudio reciente publicado en la prestigiosa revista *Nature Microbiology* refuerza la posible conexión entre el microbioma intestinal y el trastorno del espectro autista (TEA). El trabajo, conducido por científicos de la Chinese University de Hong Kong, abordó una secuenciación metagenómica en muestras fecales de 1627 niños (de 1 a 13 años,

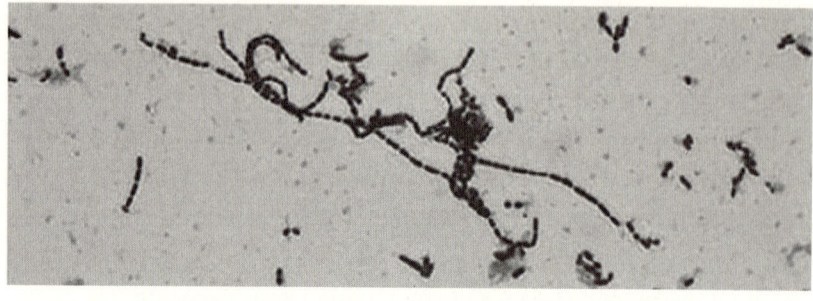

Tinción de Gram de *Streptococcus thermophilus* tomado de caldo de cultivo después de 16 horas de incubación [David P. J. Turner].

de los cuales un 24,4 % eran mujeres) con y sin TEA, en cinco cohortes independientes y con amplia diversidad fenotípica. Los investigadores observaron varias bacterias beneficiosas, como *Streptococcus thermophilus*, *Weissella confusa* y *Weissella cibaria*, que exhibieron asociaciones negativas con el TEA.

Los datos han revelado que numerosas arqueas, bacterias, hongos, virus, genes microbianos y vías metabólicas estaban alteradas en niños con TEA. De hecho, parece que las funciones microbianas específicas pueden contribuir a la patogénesis del TEA a través de la desregulación de la biosíntesis de ubiquinol y difosfato de tiamina. Un dato importante teniendo en cuenta que el ubiquinol y los metabolitos relacionados con la tiamina desempeñan un papel crucial en la salud mental y la transducción de señales neuronales.

El vínculo es novedoso y emocionante y, de confirmarse, podría facilitar el desarrollo de biomarcadores reproducibles del microbioma y modelos predictivos precisos de la enfermedad, que podrían constituir la base para futuras pruebas de diagnóstico clínico del trastorno del espectro autista.

Unas pocas revisiones sugieren que los trastornos bioquímicos y los hallazgos morfológicos cerebrales en el autismo están asociados con infecciones por el parásito *Toxoplasma gondii*. Sin embargo, hasta la fecha, no ha sido establecido un vínculo epidemiológico claro entre la toxoplasmosis y los niños autistas.

Es axiomático que la microbiota intestinal ejerce una notable influencia en la neuroquímica del hospedador, produciendo una diversidad de neurotransmisores, como la dopamina, la serotonina, la noradrenalina, la glicina y los ácidos gamma-aminobutíricos. Cada uno de ellos tiene un impacto específico y crucial en el sistema nervioso central de los humanos. Desequilibrios en este delicado concierto neuroquímico podrían precipitar o exacerbar trastornos como la enfermedad de Alzheimer, los trastornos de ansiedad y depresión y el trastorno del espectro autista.

En conjunto, algunos estudios refuerzan el concepto de que la microbiota afecta a la función neurológica en los seres humanos, influyendo, en última instancia, en el estado de ánimo y en el comportamiento y, quizá, de forma indirecta, también en la capacidad de conducir un vehículo.

📖 Para leer más:

- Curnow, Eleanor. 2023. «Mental health in autistic adults: A rapid review of prevalence of psychiatric disorders and umbrella review of the effectiveness of interventions within a neurodiversity informed perspective». *PLoS ONE* 18 (7): e0288275.
- Hassan, Zeinab. 2023. «Toxoplasmosis and cytomegalovirus infection and their role in Egyptian autistic children». *Parasitology Research* 122: 1177-1187.
- Hokanson, Kenton. 2024. «Sex shapes gut–microbiota–brain communication and disease». *Trends in Microbiology* 32 (2): 151-161.
- Love, Chloe. 2024. «Prenatal environmental risk factors for autism spectrum disorder and their potential mechanisms». *BMC Medicine* 22: 393.
- Taniya, Masuma Afrin. 2022. «Role of Gut Microbiome in Autism Spectrum Disorder and Its Therapeutic Regulation». *Frontiers in Cellular and Infection Microbiology* 12: 915701.
- Salia, Stephanie. 2025. «Gut microbiota transfer from the preclinical maternal immune activation model of autism is sufficient to induce sex-specific alterations in immune response and behavioural outcomes». *Brain, Behavior, and Immunity* 123: 813-823.
- Su, Qi. 2024. «Multikingdom and functional gut microbiota markers for autism spectrum disorder». *Nature Microbiology* 9: 2344-2355.
- Ying, Jiangbo. 2025. «Influential articles in autism and gut microbiota: bibliometric profile and research trends». *Frontiers in Microbiology* 9 (15): 1401597.

EL VUELO DEL ABEJORRO

Imagine una criatura alada, del tamaño de una chapa, rechoncha pero ágil; activa y robusta; velluda y ligera; de apariencia amenazante y con pinta de tanque volador; provista de patas fuertes adaptadas para recolectar polen; grandes ojos compuestos; un zumbido característico de barítono grave, y un aparato bucal diseñado para chupar el néctar de las flores. Ahora ponga música a la escena, y ¡vualá! *El vuelo del abejorro* es, quizás, una de las piezas musicales más queridas y reconocidas del canon clásico. La melodía, rápida y frenética, pretende imitar el zumbido y el patrón de vuelo, aparentemente caótico y cambiante, de una abeja.

La obra es un interludio orquestal, escrito por Nikolai Rimsky-Korsakov para la ópera *El cuento del zar Saltán*, en el que destaca el uso de instrumentos de tesitura aguda y media como el violín, la flauta, el clarinete y el oboe, que son capaces de ejecutar la composición con la agilidad y la brillantez requeridas.

Nikolai Rimsky-Korsakov, un deslumbrante compositor ruso de gran talento y miembro destacado del influyente grupo designado Los Cinco, desempeñó un papel crucial en la forja de un estilo nacionalista dentro de la música clásica rusa. Este enfoque distintivo evitó los métodos de composición tradicionales occidentales y empleó folclore y canciones populares rusas, junto con elementos armónicos, melódicos y rítmicos exóticos, en una práctica conocida como orientalismo musical.

El legado de Rimsky-Korsakov es colosal, por producción, maestría e influencia en diversos compositores posteriores como Prokófiev o Stravinski. Varias de sus composiciones orquestales más célebres, entre las que destacan el vibrante *Capricho Español*, la festiva *Obertura del Festival Ruso de Pascua* y la evocadora suite sinfónica *Scheherazade*, son pilares fundamentales del repertorio clásico. A estas habría que sumar

Retrato de Nikolái Rimski-Kórsakov (1844–1908), compositor ruso, miembro destacado del llamado Grupo de los Cinco y maestro indiscutible de la orquestación moderna. Autor de obras tan emblemáticas como *Scheherezade*, *El vuelo del moscardón* o *Capricho español*, su trabajo unió folklore eslavo, audacia armónica y un colorido orquestal que influyó decisivamente en generaciones posteriores. Además de su labor creativa, Rimski-Kórsakov formó a figuras clave como Stravinski, Prokófiev o Glazunov [Odessa, Ukraine, ca. 1890].

otras suites y fragmentos selectos de algunas de sus quince óperas, siendo *El cuento del zar Saltán* una de las más notables. Esta ópera en cuatro actos, precedida por un prólogo y dividida en siete escenas, con libreto de Vladímir Belski, está inspirada en el homónimo y exquisito poema en verso que Aleksandr Pushkin concibió en 1831 y que tituló *El cuento del zar Saltán, de su hijo, el célebre y poderoso bogatyr príncipe Gvidón Saltánovich, y de la bella Princesa-Cisne*. Rimsky-Korsakov compuso la ópera entre 1899 y 1900, en conmemoración del centenario del nacimiento de Pushkin. El estreno tuvo lugar en Moscú, en el Teatro Solodóvnikov, el 3 de noviembre de 1900.

   El vuelo del abejorro marca el final del primer cuadro del tercer acto de la ópera. En este momento, la misteriosa isla de Buyan, un lugar que en la mitología eslava emerge y desaparece en el océano, queda desolada tras la partida de los barcos mercantes. Allí, el príncipe Gvidón Saltánovich, hijo del zar, expresa un profundo pesar por la separación paterna. La bella princesa-cisne, conmovida, transforma a Gvidón en abejorro, para que pueda volar sobre el mar, abordar el barco de Saltán, viajar de polizón y visitar al zar de incógnito en Tmutarakan. Los instrumentos originales utilizados en la pieza incluían una abigarrada orquesta sinfónica que constaba de dos tubas, tres trombones, tres trompetas, cuatro trompas y contrafagotes, dos fagotes, tres clarinetes, dos oboes, dos flautas, un corno inglés y un flautín. La sección de cuerdas aportaba profundidad con contrabajo, violonchelos, violas, y los acordes entrelazados de primeros y segundos violines.

   El programa de radio estadounidense *The Green Hornet*, estrenado en 1936, adoptó *El vuelo del abejorro* como tema musical, mezclando la pieza con el zumbido de un avispón generado por *theremin*. La música quedó vinculada con fuerza al programa, cuyo éxito facilitó la producción de la serie televisiva homónima de la cadena estadounidense ABC. La adaptación para televisión, emitida por primera vez en 1966, contó con Van Williams en el papel del justiciero enmascarado Britt Reid/Green Hornet, y presentó a un jovencísimo Bruce Lee como Kato, el aplaudido y leal chófer-ayudante del héroe.

   La influencia de *El vuelo del abejorro* ha sido notable y continua en el ámbito del cine y de la televisión, ofreciendo momentos memorables. Quentin Tarantino, por ejemplo, empleó una versión en *Kill Bill: Volumen 1*, para musicalizar el viaje de venganza de Mamba Negra, que es interpretada por Uma Thurman, cuando busca a O-Ren Ishii, la líder del inframundo de Tokio y que es encarnada por Lucy Liu. En un episodio de *The Muppet Show* (*Los Teleñecos*), la melodía acompaña el intento cómico de Gonzo por devorar un neumático. Antes, la vivacidad de la pieza inspiró a Walt Disney a concebir un segmento para la película *Fantasía* (1940), en el que pretendía crear una sensación auditiva única, emulando el revoloteo y el zumbido de un abejorro en la sala de proyección. La idea, aunque descartada, anticipó la eventual invención del sonido envolvente.

Las abejas y abejorros zumban por dos razones. La primera es que los rápidos aleteos de muchas especies crean vibraciones en el aire que la gente percibe como zumbidos. Cuanto más grande es la abeja, más lento es el aleteo y más bajo el tono del zumbido resultante. Los abejorros baten sus alas unas 190 veces por segundo, más de cincuenta veces más rápido que el tiempo que utiliza un humano para parpadear. El fenómeno que produce el zumbido no es exclusivo de las abejas, y puede ser realizado por otros insectos de vuelo veloz como algunas moscas, mosquitos, escarabajos y avispas.

Abejorro [Shazia Photo Ghrapher/Shutterstock].

La segunda causa, es que algunas abejas, y en especial los abejorros, mientras visitan las flores, son capaces de hacer vibrar, con contracciones oscilatorias rítmicas, los músculos ubicados en el tórax. Los músculos torácicos ocupan la mayor parte del tórax y son responsables de proporcionar la potencia necesaria para batir las alas. Las vibraciones sacuden el polen de las anteras de la flor y lo depositan en el cuerpo del insecto. Luego, parte de ese polen es depositado en la siguiente flor que visita el bichillo, lo que facilita la polinización. La abeja almacena el resto del polen en estructuras especiales que lo transportan y lo lleva de regreso a la colmena para alimentar a las larvas.

El tamaño y la fuerza de los abejorros, combinados con sus peculiares características anatómicas, crean un zumbido poderoso que hace vibrar a las flores y facilita la liberación del polen. Algunas investigaciones han calculado que la frecuencia promedio de polinización por zumbido de los abejorros es de aproximadamente 270 hercios, que equivale, más o menos, a tocar un *do* central en el piano. Las abejas comunes (género *Apis*) son incapaces de polinizar por zumbido y suelen ser silenciosas cuando inspeccionan las flores. Algunas flores se han adaptado a la polinización por zumbido. Por ejemplo, los tomates, los pimientos verdes y los arándanos tienen anteras tubulares con el polen dentro del tubo. Cuando el abejorro hace vibrar la flor, el polen cae de la antera tubular sobre el insecto. En consecuencia, los abejorros polinizan estos cultivos de manera mucho más eficiente que las abejas. De hecho, los abejorros son los principales polinizadores utilizados para la mayoría de los tomates de invernadero. En el año 2021, el valor económico mundial de las ventas de tomate en general fue de 10 800 millones de dólares.

Por desgracia, la disminución de las poblaciones de abejas y abejorros ha sido documentada ampliamente en todo el mundo. Algunos de los factores, que parecen estar implicados en la alarmante disminución del número de individuos, son la intensificación agrícola, la pérdida de hábitat, el mayor uso de pesticidas y el ataque de patógenos. Algunos virus que infectan a las abejas melíferas incluyen el virus de la parálisis aguda de la abeja (ABPV), el virus de la celda negra de la reina (BQCV), el virus del ala deformada (DWV), el virus de la parálisis aguda israelí (IAPV), el virus de la abeja de Cachemira (KBV), el virus de la cría ensacada (SBV), el virus de la parálisis crónica de las abejas (CBPV) y los virus del lago Sinaí.

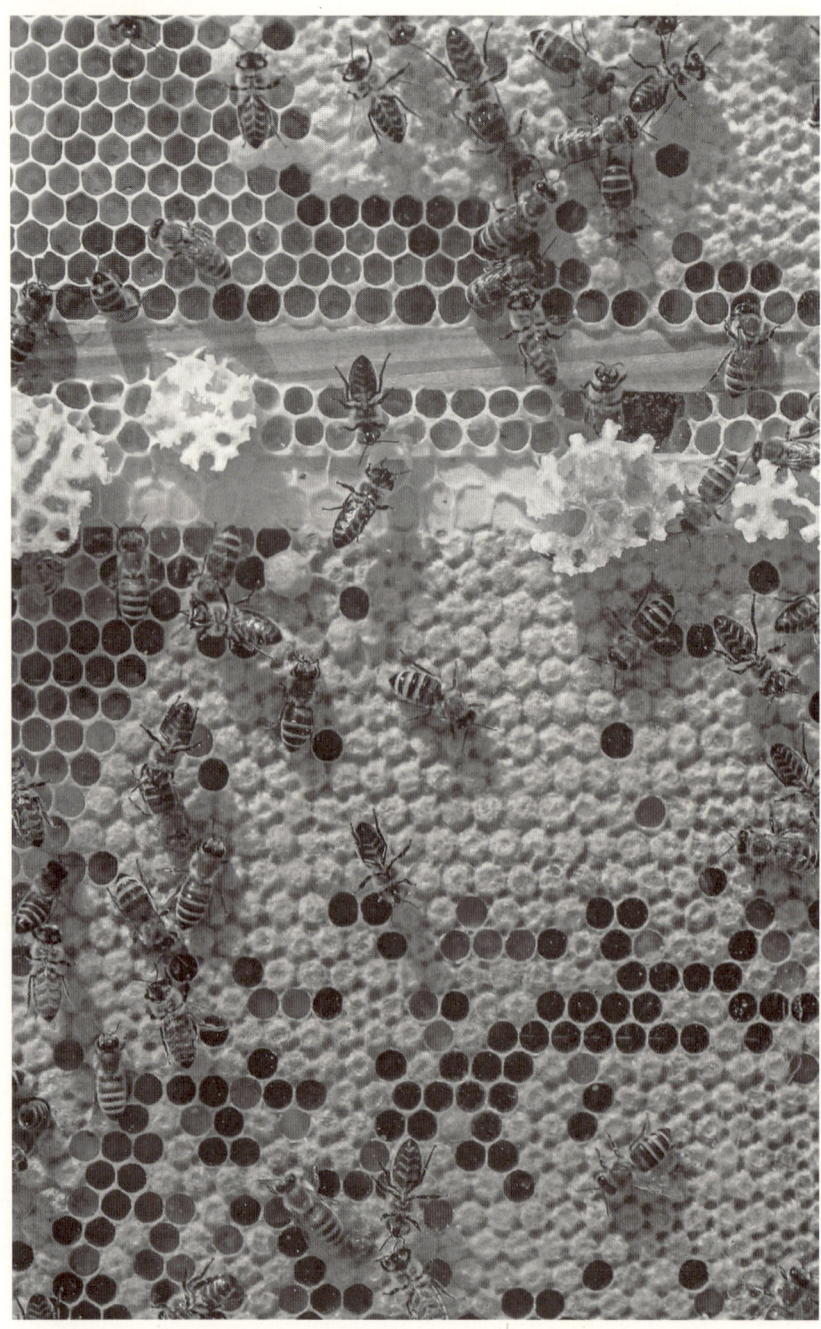

Panal de abejas con celdillas operculadas —selladas con una fina capa de cera— junto a celdillas desoperculadas, abiertas tras la emergencia de las abejas jóvenes o durante las tareas de limpieza y reutilización del nido. El contraste entre ambos tipos de alvéolos muestra el ciclo continuo de cría y almacenaje que sostiene la dinámica interna de la colonia [Riswan Iccang/Shutterstock].

La transmisión horizontal del virus de la parálisis aguda israelí (IAPV), un virus de ARN, ocurre mediante el contacto directo entre abejas o por el ácaro parásito *Varroa destructor,* mientras se alimenta de las pupas en desarrollo. El ácaro ectoparásito *Varroa destructor* es un enemigo natural de las abejas, porque al alimentarse de las larvas en desarrollo puede devastar una colonia y favorecer la transmisión de diversos virus entre los supervivientes. Un estudio estadounidense del año 2020 reveló que la inoculación experimental con IAPV provoca una reducción en los contactos sociales entre las abejas de la colonia, lo que sugiere una respuesta inmune social adaptativa del huésped para frenar la propagación del virus. Estos comportamientos, que parecen integrar una respuesta defensiva inmune social más amplia, son asociados a una alteración en los hidrocarburos cuticulares, las firmas químicas que las abejas utilizan para discriminar entre los miembros de la colonia y los intrusos. La especificidad de estas respuestas ante la infección por IAPV plantea la hipótesis de una posible manipulación del huésped por parte del patógeno.

La salud de las abejas puede ser comprometida por diversos patógenos importantes, incluyendo bacterias como *Paenibacillus larvae* y *Melissococcus plutonius,* responsables de las enfermedades de la loque americana y europea. Asimismo, patógenos eucariotas como el tripanosomátido *Lotmaria passim* (previamente conocido como *Crithidia mellificae*) y varias especies del género *Vairimorpha* (que antes eran clasificadas dentro de *Nosema*) también representan una amenaza. En concreto, los patógenos microsporidiales *Vairimorpha* (*Nosema*) *apis* y *Vairimorpha* (*Nosema*) *ceranae* han sido descritos en abejas melíferas (*Apis* spp.), mientras que *Vairimorpha* (*Nosema*) *bombi* ha sido descrito en abejorros (*Bombus* spp.).

En las abejas, la principal ruta de infección por *Vairimorpha* (*Nosema*) sp. es la vía oral, mediante la ingestión de esporas presentes en alimentos o agua contaminados. Otros medios de contagio incluyen la limpieza de panales contaminados y la trofalaxis, un mecanismo de intercambio de alimento boca a boca o cloaca a boca común en insectos sociales. Los brotes sintomáticos de esta infección son conocidos como nosemosis y son identificados por la presencia de manchas fecales características en la entrada e interior de la colmena. Estas manchas contienen millones de esporas infecciosas, lo que facilita la transmisión fecal-oral dentro de la colonia cuando las abejas adultas, al limpiar, ingieren las esporas y se infectan. Una vez dentro del huésped, las esporas proliferan en las células epiteliales del intestino medio, provocando la ruptura de las paredes celulares y la posterior excreción de más esporas a través de las heces. En casos de alta carga parasitaria, los síntomas son semejantes a la disentería. Un comportamiento distintivo de las abejas infectadas, naturalmente higiénicas y con tendencia a defecar fuera de la colmena, es la deposición de heces dentro y alrededor de la misma, lo que contribuye a la propagación de la infección.

La infección por *Vairimorpha (Nosema) ceranae* desencadena una cascada de efectos perjudiciales en la fisiología de las abejas melíferas. A nivel molecular, induce cambios en la expresión genética de rutas metabólicas, nutricionales y hormonales, en tejidos clave, como el intestino medio y el cuerpo graso, e incluso modifica la expresión génica en el cerebro. Al proliferar en el intestino medio, el patógeno priva de energía a la abeja, lo que deteriora sus células epiteliales y obstaculiza el desarrollo del insecto. Este daño origina un aumento del estrés oxidativo y provoca la disfunción de órganos sensibles a los nutrientes, como las glándulas hipofaríngeas, que se atrofian y pierden su capacidad funcional. Adicionalmente, el proteoma del intestino medio sufre alteraciones en componentes esenciales para la producción energética, la homeostasis proteica y la defensa antioxidante. En última instancia, la presencia de *Vairimorpha (Nosema) ceranae* compromete la digestión y el metabolismo de nutrientes en la abeja infectada. Como resultado, las abejas melíferas infectadas reflejan un incremento del apetito, una mayor respuesta al dulzor de la sacarosa y una reducción en la conducta de compartir alimento (trofalaxis). Estas alteraciones fisiológicas tienen implicaciones directas en el comportamiento de búsqueda de alimento de las abejas.

Las abejas infectadas con *Vairimorpha (Nosema) ceranae* tienden a iniciar la búsqueda de alimento a una edad más temprana que las abejas sanas. Esta precocidad altera la estructura de edad de la colonia y puede ocasionar una disminución de la población. Se ha observado que las abejas infectadas tienen dificultades para regresar a la colmena y, en general, muestran una menor eficiencia en la recolección. Además, son más propensas a comportamientos de riesgo, como aumentar sus salidas en condiciones climáticas desfavorables y practicar el robo de recursos entre colmenas. La infección también influye en la frecuencia y la duración media del vuelo.

Algunas hipótesis plantean la posibilidad de que *Vairimorpha* (*Nosema*) *ceranae* afecte al comportamiento de búsqueda de alimento a través de una disminución de la capacidad cognitiva de la abeja. Esta presunción está apoyada por diversas investigaciones que han advertido concentraciones alteradas de serotonina, octopamina, dopamina y L-dopa en los cerebros de las abejas parasitadas. Es oportuno informar que la octopamina, un neurotransmisor, neurohormona y neuromodulador crucial en invertebrados, participa en el aprendizaje y en la memoria de las abejas. Estos hallazgos sugieren que la infección por *Vairimorpha* (*Nosema*) *ceranae* ejerce un efecto perturbador sobre la neurobiología de las abejas, pudiendo alterar el comportamiento y derivando en el menoscabo de diversas tareas conductuales. En suma, ha sido observada una correlación significativa entre la infección y la presencia de (Z)-11-eicosen-1-ol, un componente conocido de la feromona de alarma. El aumento de esta sustancia podría funcionar como una señal de reconocimiento para que las abejas sanas cuiden, eliminen o aíslen a sus compañeras infectadas.

Por otra parte, la infección del parásito tripanosomátido *Crithidia bombi* tiene consecuencias significativas para los abejorros. En primer lugar, perjudica la capacidad de los abejorros para aprender cuál es el color de las flores gratificantes. Este patógeno, que afecta a diversas especies de abejorros, está asociado a un incremento en la mortalidad de los individuos bajo condiciones de estrés y a una reducción del 40 % en la tasa de éxito de las reinas al fundar nuevas colonias. Además, conduce a reducciones significativas en el tamaño de las colonias, la producción de machos y la condición física general de los abejorros infec-

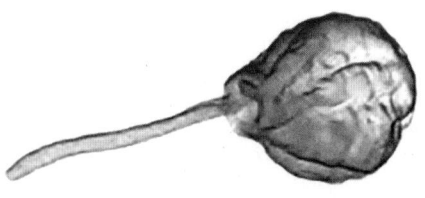

El parásito *Crithidia bombi*.

Abejorro de cola blanca (*Bombus lucorum*) libando [Daniel Prudek/Shutterstock].

tados. Por si fuera poco, los abejorros infectados con *Crithidia bombi* tienen deterioro cognitivo y son recolectores menos eficientes, porque dedican más tiempo a aprender la información floral y, en consecuencia, alargan las visitas florales. En última instancia, la infección parasitaria altera las vías neuronales centrales responsables de la cognición, disminuyendo la capacidad de los abejorros para gestionar los recursos florales y tomar decisiones óptimas de alimentación.

Adaptados al frío y dotados de capacidades termorreguladoras, los abejorros son polinizadores esenciales en ambientes de bajas temperaturas y altitudes elevadas, donde la actividad polinizadora de otros insectos está limitada. Desafortunadamente, el cambio climático contribuye a la disminución generalizada de los abejorros en todos los continentes. Así, en cualquier área de América del Norte, es casi un 50 % menos probable ver a un abejorro que antes de 1974, mientras que en Europa son un 17 % menos abundantes que a principios del siglo xx. Recuerde que, debido a que son polinizadores esenciales de especies de plantas silvestres y agrícolas en hábitats fríos, como los sistemas montañosos y las zonas templadas, la pérdida de abejorros puede tener consecuencias ecológicas nefastas y de gran alcance.

📖 PARA LEER MÁS:

- Figueroa, Laura. 2019. «Bee pathogen transmission dynamics: deposition, persistence and acquisition on flowers». *Proceedings of the Royal Society B* 286: 20190603.
- Geffre, Amy. 2020. «Honey bee virus causes context-dependent changes in host social behavior». *Proceedings of the National Academy of Sciences (PNAS)* 117 (19) 10406-10413.
- Grupe, Arthur. 2020. «A growing pandemic: A review of *Nosema* parasites in globally distributed domesticated and native bees». *PLoS Pathogens* 16 (6): e1008580.
- MacInnis, Courtney. 2023. «A tale of two parasites: Responses of honey bees infected with *Nosema ceranae* and *Lotmaria passim*». *Scientific Reports* 13: 22515.
- Nekoei, Shahin. 2023. «A systematic review of honey bee (*Apis mellifera*, Linnaeus, 1758) infections and available treatment options». *Veterinary Medicine and Science* 9: 1848-1860.
- Schüler, Vivian. 2023. «Significant, but not biologically relevant: *Nosema ceranae* infections and winter losses of honey bee colonies». *Communications Biology* 6: 229.
- Snow, Jonathan. 2022. «*Nosema apis* and *N. ceranae* Infection in Honey bees: A Model for Host-Pathogen Interactions in Insects». *Experientia Supplementum* 114: 153-177.
- Soroye, Peter. 2020. «Climate change contributes to widespread declines among bumble bees across continents». *Science* 367 (6478): 685-688.
- Tokarev, Yuri. 2020. «A formal redefinition of the genera *Nosema* and *Vairimorpha* (Microsporidia: Nosematidae) and reassignment of species based on molecular phylogenetics». *Journal of Invertebrate Pathology* 169: 107279.
- Vallejo-Marín, Mario. 2022. «How and why do bees buzz? Implications for buzz pollination». *Journal of Experimental Botany* 73 (4): 1080-1092.
- Webster, Victoria. 2024. «Revealing the genome of the microsporidian *Vairimorpha bombi*, a potential driver of bumble bee declines in North America». *G3 (Bethesda)* 14(4): jkae029.
- Xiong, Xiao. 2023. «New insights into the genome and transmission of the microsporidian pathogen *Nosema muscidifuracis*». *Frontiers in Microbiology* 14: 1152586.

Retrato de Tiziano Vecellio grabado por William Holl y publicado en Londres por Charles Knight en la primera mitad del siglo xix. Esta estampa, difundida en colecciones biográficas y volúmenes ilustrados de la época, contribuyó a fijar la imagen romántica del gran maestro veneciano, celebrado por su dominio del color, sus retratos de corte y su influencia decisiva en la pintura europea del Renacimiento tardío.

LA ENFERMEDAD DEL SUEÑO

Baco y Ariadna es una vibrante y dinámica pintura al óleo, concebida y realizada en el siglo XVI por Tiziano. El lienzo, conservado en la National Gallery de Londres, es considerado una obra maestra y captura el momento en que Baco salta de su carro, tirado por guepardos, hacia Ariadna. La estampa pertenece a un ciclo de pinturas sobre temas mitológicos producidas para Alfonso I de Este, el duque de Ferrara, y estaba encaminada a embellecer el Camerino d'Alabastro, una habitación privada construida en la Via Coperta en Ferrara, al norte de Italia, que une el Castello Estense al Palacio Ducal. El camerino fue desmontado y sus obras dispersadas en 1598, cuando la familia D'Este entregó el territorio de Ferrara al papado.

Tiziano domina el arte de la luz y del color, explotando al máximo el fulgor de los pigmentos para conseguir que *Baco y Ariadna* luzcan con un colorido armónico, rico y pleno. El azul de ultramar predomina en la obra, ya sea en estado puro, para conseguir el tono intenso del ropaje de la bacante con címbalos y las zonas más oscuras del manto de Ariadna, o bien mezclado, en distintas proporciones, con albayalde, para conformar el cielo, las colinas distantes o las zonas de tonos claros y medios de los ropajes. Tiziano empleó otro mineral azulado, la azurita, para obtener el color del mar, las zonas verdosas del paisaje más distante y, combinado con varios pigmentos, conseguir el follaje de los árboles que hay en segundo plano, a la izquierda de Baco.

El pintor veneciano recurría con frecuencia al azul ultramar, pero adoptando un criterio cuidadoso y ahorrativo en la aplicación, porque era un pigmento increíblemente caro, a veces incluso más valioso que el oro. El desorbitado precio venía dado porque era obtenido a partir de la piedra semipreciosa lapislázuli. El nombre «ultramar» proviene del latín

Baco y Ariadna, Tiziano, c. 1520
[National Gallery, Londres].

«*ultramarinus*», que significa «más allá del mar», en referencia al origen del pigmento, pues, durante los siglos XIV y XV, era importado a Europa por comerciantes italianos desde las remotas minas de Afganistán.

Las minas afganas de Sar-i Sang, en la provincia de Badakhshan, son las fuentes más antiguas y de mayor calidad de lapislázuli. Han estado en explotación durante más de siete mil años. De hecho, ha sido hallado lapislázuli procedente de Afganistán en artefactos que datan del año 7570 a. C.

Tiziano era residente en Venecia, un importante puerto comercial del Renacimiento, y contaba con el apoyo constante de varios mecenas importantes. Por tanto, tenía un acceso viable y sencillo a pigmentos de alta calidad, incluido el ultramar.

En la actualidad, las minas de lapislázuli son una fuente importante de financiación no controlada para los talibanes y otros grupos armados. La explotación ilegal de lapislázuli alimenta el conflicto en la región y socava la estabilidad de Afganistán. La extorsión a mineros y comerciantes es habitual. Las noticias apuntan a que la industria afgana del lapislázuli está plagada de conflictos, lucro ilícito, corrupción y desafíos comerciales. Esta situación impide que el país sea beneficiario íntegro de este valioso recurso natural. Para solventar este problema comercial y muchos otros, en el año 2018 comenzó a estar operativo el moderno corredor logístico lapislázuli, que es un acuerdo de tránsito, comercio y transporte establecido para mejorar la cooperación económica y la conectividad entre Afganistán, Turkmenistán, Azerbaiyán, Georgia y Turquía. El nombre está inspirado en las antiguas rutas de la seda utilizadas durante más de dos mil años para exportar el lapislázuli y otras piedras preciosas desde Afganistán a través del Cáucaso, Rusia, los Balcanes, Europa y el norte de África.

Los principales objetivos son mejorar la infraestructura y los procedimientos de transporte, incluidos el transporte por carretera, ferroviario y marítimo, aumentar las exportaciones, reducir las barreras comerciales y los tiempos de tránsito y ampliar las oportunidades económicas para los países participantes. El corredor comienza en Afganistán; pasa por el puerto de Turkmenbashi, en Turkmenistán; cruza el Mar Caspio hasta Bakú, en Azerbaiyán; después conecta con Tbilisi, en Georgia, y continúa hasta Turquía para terminar alcanzando el corazón de Europa.

El colorido que aporta el azul de ultramar es una delicia. Causa suficiente para que haya sido empleado, con más o menos restricciones, por varios de los más famosos pintores europeos. Existen ejemplos significativos y copiosos, suficientes para llenar una piscina olímpica. El azul de ultramar es el único pigmento azul que aparece en *La lechera* de Johannes Vermeer. Algunos de los tonos azules de la icónica *La joven de la perla*, también de Vermeer, están hechos con azul de ultramar. En el panel central del tríptico *El Juicio Final*, el Bosco aplicó azul de ultramar en el círculo azulado que rodea a Cristo. Jan van Eyck utilizó el azul de ultramar de forma magistral para resaltar la figura de la Virgen María en la obra *Virgen del canciller Rolin*. El mismo Jan van Eyck insistió con el azul de ultramar para destacar zonas importantes del retablo *La Adoración del Cordero Místico*, incluido el manto de la Virgen María.

Debido al alto costo y sorprendente belleza, el azul de ultramar era asociado a menudo con la realeza, la nobleza y lo divino. El empleo de este pigmento para el manto de la Virgen María simbolizaba la condición de figura sagrada, pura y conectada con el cielo. En una carta fechada el 26 de agosto de 1509, y dirigida al mecenas y comerciante alemán Jakob Heller, el influyente pintor y grabador Alberto Durero menciona que, en la pintura acordada con el comprador, ha utilizado ultramar de buena calidad para conseguir los mejores colores, e insinúa al cliente que debería pagar un precio mayor. Durero fue el primer artista en poner sus dibujos al alcance del público general. Utilizó el método de la xilografía para replicar sus obras y venderlas en los mercados. Una xilografía podía producir alrededor de doce mil estampas y Durero creó unas trescientas xilografías durante su trayectoria profesional. Además de artista, Durero era un empresario de éxito. Mercadeaba con habilidad aquí y allá, tratando y negociando con pericia y soltura. Tenía la capacidad financiera y la movilidad necesarias para buscar y probar los mejores pigmentos disponibles en aquel momento. Cuando tenía ocasión, recorría Europa buscando el azul de ultramar, que usaba para las peticiones solicitadas por el emperador Maximiliano I y otros mecenas adinerados. En el siglo XVI, una onza de ultramar costaba doce florines o treinta gramos de oro. Si tenemos en cuenta que una onza son veintiocho gramos, es evidente que el azul de ultramar era más caro que el propio oro.

Fachada neoclásica del Royal Exchange con la estatua ecuestre del duque de Wellington, situada frente al Banco de Inglaterra en Bank Junction, corazón del distrito financiero de la City de Londres, donde bajo las bóvedas subterráneas del Banco se custodian aproximadamente 400 000 barras de oro con un valor superior a 200 000 millones de libras, la segunda mayor reserva de oro del mundo después de la Reserva Federal de Nueva York. Londres [IR Stone/Shutterstock].

El precio actual de una onza de oro ronda los 2900 €. El primer precio oficial del oro fue fijado en Londres, en las oficinas de NM Rothschild, el 12 de septiembre de 1919. El precio global del oro está determinado por una compleja interacción de fuerzas del mercado, principalmente a través de transacciones extrabursátiles y precios de referencia establecidos en mercados clave. El precio del oro fijado por la London Bullion Market Association (LBMA) sirve como referencia crucial a nivel mundial. La LBMA establece el valor del oro dos veces al día, a las 10:30 h y a las 15:00 h, hora de Londres.

En joyería, es posible obtener oro de color azul mediante la aleación con otros metales como el hierro o el indio. Los porcentajes para obtener oro azul de calidad suelen variar y son guardados en secreto por los artesanos joyeros. Al parecer, es posible conseguir oro azul con un 75 % de oro puro de 18 quilates y un 25 % de hierro. Otra opción es una aleación de 46 % de oro puro de 11 quilates con un 54 % de indio puro, aunque este azul metálico es muy frágil. Si queremos conseguir una tonalidad más clara y una mayor dureza, la alternativa puede ser mezclar un 58 % de oro puro de 14 quilates con un 42 % de galio.

Numerosos pintores ilustres han sondeado la versatilidad y el poder expresivo del color azul en sus obras. Monet, en las series de nenúfares, exploró las sutiles variaciones del azul en el agua. Con frecuencia, Marc Chagall utilizaba tonos azules oníricos y etéreos en las composiciones surrealistas y llenas de simbolismo que concebía, creando atmósferas de ensueño y espiritualidad. El período azul de Pablo Picasso está caracterizado por el uso casi monocromático de tonos azules y azul verdosos. Yves Klein patentó un tono propio de azul intenso, conocido como International Klein Blue (IKB), que utilizó de forma monocroma para crear numerosas pinturas, esculturas y *performances.*

La lista es extensa, al igual que el número de pigmentos que proporcionan diferentes tonalidades vinculadas al color azul. Al grupo de pigmentos azules presentes en obras pictóricas, además del azul de ultramar, podemos adicionar el azul egipcio, el azul maya, el azul de Prusia, el azul cobalto, el azul cerúleo, el ultramar francés o artificial y el azul de ftalocianina, entre otros. El azul YInMn, nombrado por los símbolos químicos del itrio (Y), del indio (In) y del manganeso (Mn), es conocido como azul de Oregón o azul Yin Min y fue descubierto accidentalmente en el año 2009. El azul de Oregón es el primer pigmento azul inorgánico descubierto en doscientos años, desde que fue identificado el azul de cobalto en 1802.

Décadas de investigación han establecido que los humanos tienen preferencias por algunos colores, como por ejemplo el azul, y aversión por otros, como por ejemplo el *chartreuse* oscuro, que es un color que puede variar del verde amarillento al amarillo grisáceo. Hay tres atributos perceptuales básicos del color que son el tono, el colorido y el brillo. El tono es lo que los profanos llaman color, por ejemplo, azul, rojo, naranja, etc. Para la luz monocromática, los tonos corresponden a diferentes longitudes de onda dentro de la zona visible del espectro electromagnético, por ejemplo, de rojo, 700 nm, a violeta, 400 nm. El colorido o vivacidad es un atributo referido a la percepción visual del color, según el cual un color muestra más o menos su tono. En el extremo inferior de esta dimensión aparecen los colores acromáticos gris, negro y blanco. El brillo es la dimensión de claroscuro del color, según la cual un color es percibido más o menos claro.

Varias encuestas y estudios en psicofísica realizados en humanos adultos de muchos países indican que el azul es el color favorito de la mayoría de las personas, independientemente del género o el lugar de origen. Además de los humanos, otros animales también son atraídos o sienten predilección por el color azul.

La atracción por los objetos azules es una característica casi universal entre las moscas picadoras diurnas. Este apego hacia el azul es manifiesto en una prole considerable, incluidos los hipobóscidos, dípteros parásitos obligados de mamíferos y aves, también conocidos como moscas de los establos; los múscidos, una vasta familia de casi cuatro mil especies que tiene a la mosca doméstica como su prototipo más popular; los tabánidos, comúnmente llamados tábanos; los simúlidos o moscas negras; y el género *Glossina*, que agrupa a las diversas especies africanas de moscas tsé-tsé, todas ellas hematófagas.

Las moscas tsé-tsé son vectores clave de enfermedades devastadoras en África. Transmiten los tripanosomas causantes de la enfermedad del sueño en humanos y la nagana en el ganado, patologías que están limitadas a la distribución africana de la mosca, entre las arenas del Sahara (14° de latitud norte) y los pastizales del Kalahari (20° de latitud sur). La enfermedad del sueño o tripanosomiasis africana humana es una causa importante de morbilidad y mortalidad en humanos y amenaza a más de setenta millones de personas en treinta y seis países subsaharianos. Sin tratamiento, tiene una letalidad cercana al 100 %, y las estimaciones apuntan a que entre 50 000 y 500 000 personas mueren cada año a causa de esta enfermedad.

Por otra parte, la nagana o tripanosomiasis animal africana es una enfermedad ruinosa que diezma la ganadería y los recursos de la población en una cuarta parte del continente africano. Esta afección es mortal para caballos, mulas, camellos y perros. En general, el ganado vacuno, ovino y caprino sobrevive, salvo que sea parasitado por cepas específicas. Curiosamente, muchos ungulados silvestres nativos de África no muestran síntomas de daño. El costo anual de la nagana, una palabra zulú que significa «estar deprimido o alicaído», se estima entre 1.200 y 4.500 millones de dólares. Un enfoque clave para combatir tanto la enfermedad del sueño como la nagana es el control de la mosca tsé-tsé, a menudo mediante trampas de color azul.

El azul es, al parecer, un color irresistible para las moscas tsé-tsé. Para explicar esta atracción, han sido propuestas tres hipótesis principales. La primera de ellas postula que los objetos azules son confundidos con los huéspedes animales. La explicación está fundamentada en la clasificación de los espectros de reflectancia en hábitats terrestres con vegetación.

Los espectros de reflectancia de las superficies naturales son divididos en tres clases. La primera clase corresponde a aquellos de hojas verdes con un pico de reflectancia a aproximadamente 555 nm y que es denominado «verde hoja». La segunda clase es para la mayoría de las superficies inorgánicas y muchas orgánicas, incluidos los tegumentos animales pigmentados con melanina, para los cuales la reflectancia aumenta monótonamente con la longitud de onda y que puede ser denominado «gris-marrón». La tercera clase incumbe a aquellos colores de señalización como frutas, flores y adornos, que no siguen un patrón particular, pero que contrastan con un fondo de hojas y que es denominado «contraste de hojas». Dentro de este entorno, una mosca hematófaga debe discernir los espectros «gris-marrón» en medio de un predominante fondo «verde hoja». Los estímulos azules, al contrastar con este paisaje, desorientan a la mosca, activando sus señales preceptivas y mecanismos de localización y atracción. Así, la mosca percibe la trampa azul como un animal disimulado entre el follaje y acude rauda a picar y chupar la sangre de la supuesta víctima.

La segunda hipótesis plantea que las superficies azules son percibidas por las moscas tse-tsé como refugios sombreados. La sombra producida bajo copas abiertas, o árboles aislados y otros objetos, denominada «sombra del bosque», tiende a ser más rica en longitudes de onda cortas, lo que le confiere un distintivo matiz azulado. En consecuencia, ciertas investigaciones sugieren que los objetos de color azul resultan atractivos para estas moscas, porque replican tanto el tono azulado como la oscuridad de las sombras que guían a los dípteros hacia grietas y cavidades en la corteza de los árboles, donde buscan reposo.

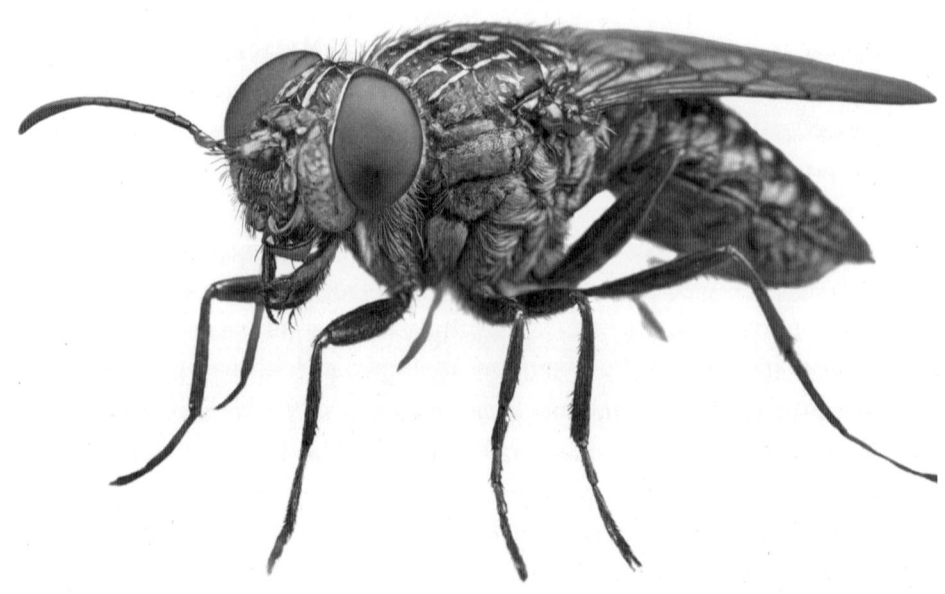

Mosca tse-tsé del género *Glossina*, insecto hematófago vector del protozoo *Trypanosoma brucei* causante de la tripanosomiasis africana o enfermedad del sueño, endémica en treinta y seis países del África subsahariana. Se distingue por sus alas que se pliegan completamente una sobre otra en reposo y su aparato bucal perforador adaptado para alimentarse de sangre de mamíferos [Shahid Photogharapher/Shutterstock].

La tercera hipótesis es más controvertida y plantea que la seducción del color azul es un subproducto de la atracción de la mosca tsé-tsé hacia la luz polarizada. En conclusión, el color azul es una atrayente visual muy potente para la mosca tsé-tsé y constituye una herramienta fundamental en la estrategia para acabar con la enfermedad del sueño.

La enfermedad del sueño es causada por protozoos del género *Trypanosoma*, que casi siempre son transmitidos al ser humano por la picadura de moscas tsé-tsé que han adquirido los parásitos de humanos o animales infectados. Tanto machos como hembras de la mosca tsé-tsé son ávidos hematófagos y pueden transmitir al parásito. La enfermedad tiene una distribución focal que va desde aldeas aisladas hasta regiones enteras, y la incidencia puede variar de un poblado a otro. En mujeres embarazadas, los tripanosomas pueden atravesar la placenta e infectar al feto. Aunque es poco común y no está bien documentado, el parásito también puede propagarse a través del contacto sexual, la transfusión de sangre, el trasplante de órganos y la exposición accidental en el laboratorio. La enfermedad del sueño forma parte de las llamadas enfermedades tropicales desatendidas, que son un grupo de diversas afecciones, causadas por diferentes patógenos cuyas consecuencias sociales, económicas y para la salud son asoladoras.

Existen dos variantes principales de la enfermedad, que dependen de la subespecie de parásito implicada. La forma más prevalente, responsable de una afección crónica, es causada por *Trypanosoma brucei gambiense*. Esta variedad domina en veinticuatro naciones de África occidental y central, acaparando un 92 % de los casos reportados. En contraste, la forma menos común, provocada por *Trypanosoma brucei rhodesiense*, origina una infección aguda de rápida evolución y está presente en trece países de África oriental y meridional, constituyendo el 8 % restante de los casos notificados.

En la primera fase de la enfermedad, denominada hemolinfática, los tripanosomas se multiplican en el tejido subcutáneo, la sangre y la linfa. Esta etapa presenta síntomas inespecíficos que pueden ser leves y aparecer y desaparecer, lo que dificulta el diagnóstico precoz. Los síntomas incluyen fiebre intermitente, que puede no ser muy alta; dolor de cabeza y dolores musculares; malestar general; picazón; hinchazón transitoria de la cara; ganglios linfáticos inflamados; pérdida de peso inexplicable, y erupción cutánea.

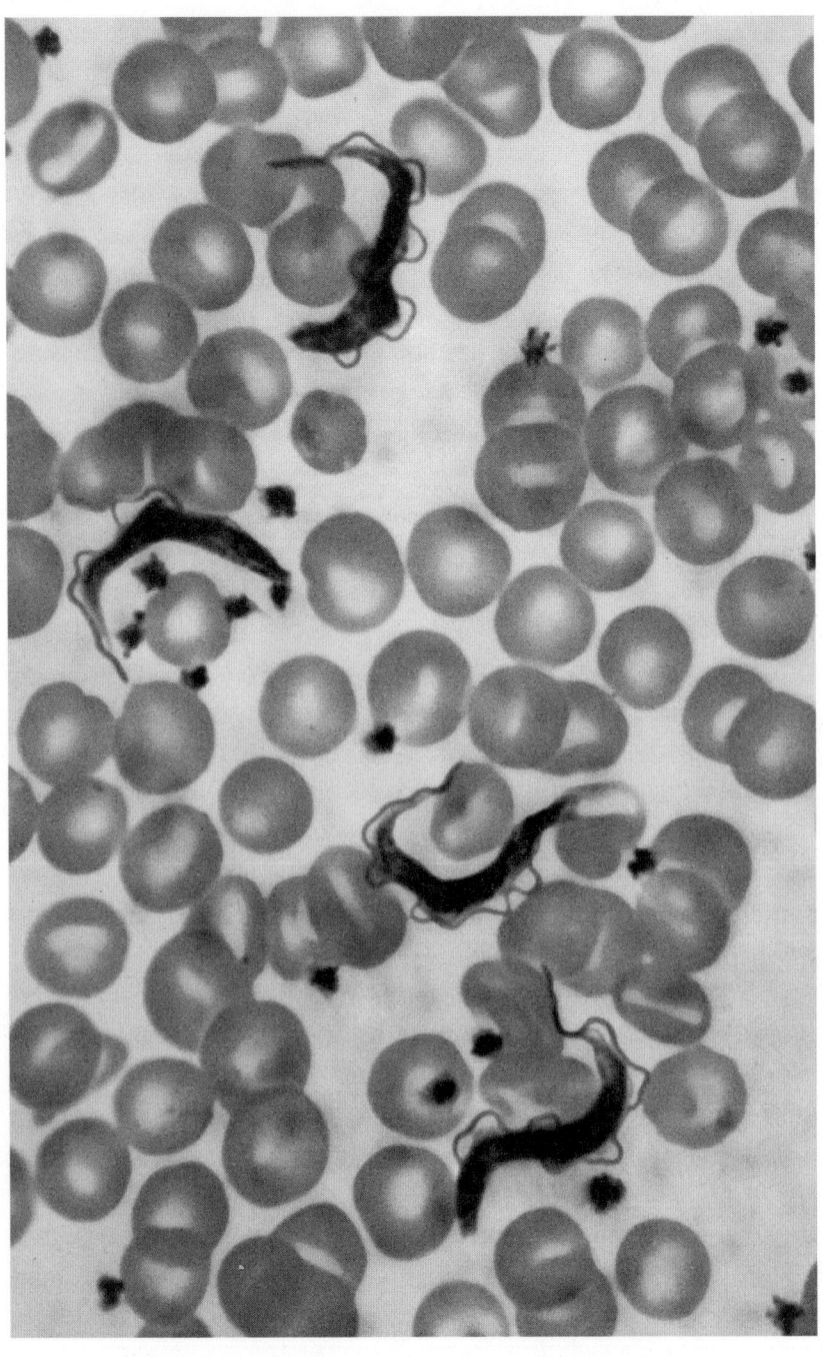

Trypanosoma spp. en tejido sanguíneo [Shahid Photogharapher/Shutterstock].

La segunda etapa, denominada fase neurológica o meningoencefalítica, comienza cuando los parásitos cruzan la barrera hematoencefálica e invaden el sistema nervioso central. Puede ocurrir meses o incluso años después de la infección inicial. En este momento aparecen los signos y síntomas más evidentes de la tripanosomiasis africana humana como son los cambios de comportamiento y personalidad, incluyendo irritabilidad, apatía, confusión y lasitud progresiva, las convulsiones, las alteraciones sensoriales y la falta de coordinación, los temblores, las alucinaciones y los delirios, el habla arrastrada y los trastornos del sueño. La alteración del ciclo sueño-vigilia, que da nombre a la enfermedad, produce somnolencia diurna e insomnio nocturno y es una característica destacada. Las etapas avanzadas derivan en el coma. Sin tratamiento, la enfermedad del sueño suele ser mortal.

El ciclo sueño-vigilia es un proceso biológico fundamental que regula los períodos de sueño y vigilia en los seres vivos, incluyendo a los humanos. Este ciclo está regulado por una compleja interacción de factores internos y externos, y está ligado de manera intrínseca a los ritmos circadianos, que son oscilaciones de unas veinticuatro horas en diversos procesos biológicos, influenciados principalmente por la luz y la oscuridad. Un ciclo sueño-vigilia saludable es esencial para la salud física y mental. Por desgracia, el parásito que provoca la enfermedad del sueño altera este ciclo y el comportamiento de las personas que infecta, pero ¿por qué lo hace y qué beneficio obtiene?

La alteración de los patrones de sueño incrementa las posibilidades de transmisión del parásito, porque las personas dormidas durante las horas de luz son muy visibles, permanecen quietas y no se defienden, por lo que tienen una probabilidad mayor de ser mordidas por una mosca tsé-tsé. Los cambios en los patrones de actividad de las personas infectadas coinciden con las horas de alimentación de la mosca.

Por otra parte, estudios en ratones han demostrado que la infección por el parásito acelera el reloj interno del hospedador, pudiendo acortar el período del ritmo circadiano de actividad del huésped. Es decir, en las personas infectadas, *Trypanosoma brucei* acelera el metabolismo para obtener nutrientes con mayor frecuencia, creando un entorno metabólico más favorable para la supervivencia y replicación del parásito en ciertos momentos del día. Los cambios en los patrones de alimentación y el metabolismo del huésped, debido a la alteración

Imágenes pertenecientes al álbum fotográfico recopilado durante el servicio en la Sleeping Sickness Commission en Uganda y Nyasaland entre 1908 y 1913. En las imágenes, tomadas por el teniente coronel Ernest Hamerton, se observa la alimentación controlada de moscas tsé-tsé sobre un animal vivo, un procedimiento empleado para estudiar la biología de *Glossina* y su papel en la transmisión del tripanosoma causante de la enfermedad del sueño. Este documento forma parte del fondo histórico de Archives & Manuscripts, testimonio excepcional del trabajo de campo y de las primeras investigaciones médicas en África oriental.

del sueño, podrían influir en la disponibilidad de nutrientes específicos en la sangre, lo que potencialmente beneficia al parásito.

Además, la alteración del funcionamiento del sistema inmunitario del huésped, que puede estar vinculada a los ritmos circadianos, podría proporcionar al parásito una mayor probabilidad de supervivencia. El sistema inmunológico humano y los ritmos circadianos están muy relacionados. Numerosos componentes y funciones del sistema inmunitario, como la producción y concentración de citocinas, presentan fluctuaciones diarias influenciadas por el ritmo circadiano. Las hormonas que siguen patrones circadianos, como el cortisol y la melatonina, también juegan un papel en la modulación de la función inmune. Por tanto, al alterar los ritmos circadianos, el parásito desregula diversos aspectos del sistema inmunitario. Así, tiene más posibilidades de burlar y superar las defensas del organismo. En definitiva, el parásito ha desarrollado estrategias notables para evadir la eliminación inmunitaria, lo que resulta en una infección crónica y de compleja patología. Comprender esta interacción es crucial para el desarrollo de nuevas estrategias de diagnóstico, tratamiento y prevención de la enfermedad.

Es evidente que el parásito altera el comportamiento humano al invadir y dañar directamente el sistema nervioso central, alterando los ciclos sueño-vigilia, causando desequilibrios en los neurotransmisores y provocando diversos síntomas neurológicos y psiquiátricos. La gravedad y la naturaleza específica de estos cambios dependen de la progresión de la enfermedad.

En el año 2020, Togo se convirtió en el primer país de África en eliminar la enfermedad del sueño como problema de salud pública. La Organización Mundial de la Salud (OMS) ha establecido el objetivo de eliminar la enfermedad del sueño para el año 2030. Esta meta forma parte del «Plan de acción para las enfermedades tropicales desatendidas 2021-2030» y requerirá un esfuerzo continuo y sostenido, y quizás, también una buena cantidad de pintura de color azul.

📖 Para leer más:

- Abera, Adugna. 2024. «Reemergence of Human African Trypanosomiasis Caused by *Trypanosoma brucei rhodesiense*, Ethiopia». *Emerging Infectious Diseases* 30 (1): 125-128.
- Adden, Andrea. 2023. «Tsetse flies (*Glossina morsitans morsitans*) choose birthing sites guided by substrate cues with no evidence for a role of pheromones». *Proceedings of the Royal Society B: Biological Sciences* 290 (1997): 20230030.
- Barrett, Michael. 2025. «Transforming the chemotherapy of human African trypanosomiasis». *Clinical Microbiology Reviews* 38 (1): e0015323.
- Boisson-Walsh, Alix. 2024. «Chad eliminates gambiense sleeping sickness». *The Lancet Infectious Diseases* 24 (9): e551.
- Crump, Ronald. 2024. «Modelling timelines to elimination of sleeping sickness in the Democratic Republic of Congo, accounting for possible cryptic human and animal transmission». *Parasites & Vectors* 17: 332.
- Emmanuel, Rolayo. 2025. «Toward the elimination of HAT in Nigeria: leaving no community behind». *International Journal of Infectious Diseases* 152: 107808.
- Franco, Jose. 2024. «The elimination of human African trypanosomiasis: Monitoring progress towards the 2021–2030 WHO road map targets». *PLOS Neglected Tropical Diseases* 18 (4): e0012111.
- Ouma, Johnson. 2025. «Bold strides towards the elimination of gambiense human African trypanosomiasis (gHAT) as a public health problem-A case study of Angola». *PLOS Neglected Tropical Diseases* 19 (2): e0012847.
- Steverding, Dietmar. 2013. «Visible spectral distribution of shadows explains why blue targets with a high reflectivity at 460 nm are attractive to tsetse flies». *Parasites & Vectors* 6: 285.

SIN SACRIFICIO NO HAY VICTORIA

El concepto de sacrificio, complejo y multifacético, ha sido explorado por destacados pensadores y artistas desde diversas perspectivas. El filósofo español Miguel de Unamuno abordó la noción de sacrificio de manera existencial, agónica y ligada a una obsesión central, que consistía en la lucha contra la aniquilación y la búsqueda de la inmortalidad alcanzando la trascendencia. La obra de la poetisa chilena Gabriela Mistral está impregnada de un profundo sentido del sacrificio, en especial el maternal. El poeta mexicano Octavio Paz encara la idea de sacrificio aplicando una óptica filosófica y ritualista que permite la transfiguración, la comunión o la renovación. Más allá de la esfera humana, la naturaleza ofrece ejemplos fascinantes, y a menudo perturbadores, de sacrificio como estrategia evolutiva implacable al servicio de la supervivencia y la propagación de las especies.

Es el caso de determinados trematodos que infectan el conducto biliar y el hígado de los seres humanos y de numerosos animales. Algunos de los principales trematodos hepáticos que infectan a las personas son *Fasciola hepatica*, *Fasciola gigantica*, *Clonorchis sinensis*, *Opisthorchis felineus*, *Opisthorchis viverrini* y *Dicrocoelium dendriticum*.

Dado que el lugar predilecto de los trematodos hepáticos es el hígado o el conducto biliar, las manifestaciones clínicas que producen, en general, están relacionadas con problemas hepáticos y gástricos. La etapa temprana de la infección está caracterizada por dolor epigástrico, fiebre y eosinofilia. Después, el paciente presenta diarrea, anorexia, fiebre prolongada y dolor abdominal. En casos crónicos, la enfermedad puede provocar ictericia, cirrosis del hígado y de las vías biliares, ascitis y caquexia. En ocasiones, la persona parasitada puede morir, debido a complicaciones hepáticas graves.

De todos estos males, la dicrocoeliosis es bastante curiosa. Esta enfermedad es causada por diferentes especies del género *Dicrocoelium*, unos parásitos que viven en los conductos biliares hepáticos y en la vesícula biliar de rumiantes domésticos y salvajes, especialmente bovinos y ovinos. Han sido descritas lesiones hepáticas por dicrocoeliosis, como abscesos, granulomas y fibrosis, así como proliferación de vías biliares en los camélidos del Nuevo Mundo (llamas y alpacas). Aunque es menos común, *Dicrocoelium* sp. también puede infectar a conejos, cerdos, perros, caballos, e incluso han sido identificadas infecciones aberrantes en varias especies de primates no humanos. Para colmo, también puede afectar a los humanos. ¡Vaya por Dios! Si bien en algunos pacientes la infección por *Dicrocoelium dendriticum* es asintomática, en casos severos aparecen signos clínicos agudos como eosinofilia, colecistitis, abscesos hepáticos, distensión abdominal, dolor en la parte superior derecha del abdomen, diarrea, estreñimiento y anemia.

Las diversas especies de *Dicrocoelium* presentan distribuciones geográficas variadas. *Dicrocoelium dendriticum* es la más extendida a nivel mundial, hallándose en Europa, Asia (China y la región indomalaya), Japón, norte de África y Australia. La mayoría de los casos clínicos conocidos han ocurrido en el norte de África y en Oriente Medio. Otras especies como *Dicrocoelium hospes*, *Dicrocoelium chinensis* y *Dicrocoelium suppereri* tienen distribuciones limitadas en África, Asia y algunas zonas de Europa occidental, respectivamente. Diversos estudios demuestran una alta prevalencia de *Dicrocoelium* en distintas regiones endémicas, alcanzando, por ejemplo, el 11 % en Irán, el 22 % en Japón y el 30 % en Canadá.

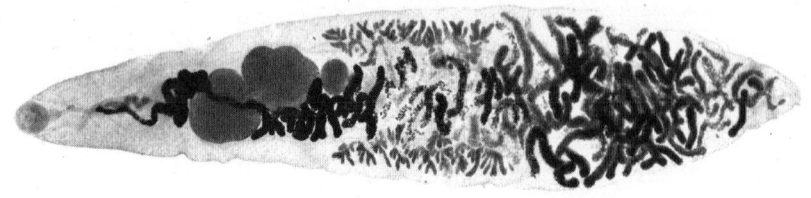

Dicrocoelium dendriticum [D. Kucharski K. Kucharska/Shutterstock].

Dicrocoelium dendriticum es un parásito antiguo, cuya historia probablemente está entrelazada con la aparición de las ovejas y las cabras euroasiáticas. La evidencia más remota de dicrocoeliosis, hallada en coprolitos de una cueva cercana a la comuna francesa de Tautavel, está datada con una edad aproximada de 550 000 años.

La diversificación de los caprinos ocurrió hace 14,7 a 14,5 millones de años, y la divergencia entre el género *Ovis*, que incluye a la oveja doméstica, y el género *Capra*, que engloba a las cabras, hace 11,3 millones de años. La diversificación de especies posterior, dentro de estos dos géneros, data de hace 5,1 a 6,8 millones de años.

La domesticación de los herbívoros silvestres comenzó hace unos 10 000 años, en los albores del Neolítico. La domesticación de especies ganaderas, en especial ovejas y cabras, dio lugar a la transición de un modo de vida nómada a otro sedentario. La cercanía entre humanos y rumiantes de tamaño mediano, y de fácil movilidad, propició también la proliferación de sus parásitos.

Los hallazgos paleoparasitológicos de *Dicrocoelium* aparecen en yacimientos de 5259 años a. C. en Alemania; de 3917-1750 años a. C. en Francia, Alemania y Suiza; de 3365-2600 años a. C. en Sudán, y de la Edad del Hierro en Sudáfrica. Más tarde, ya en diferentes siglos d. C., existen evidencias en estos países europeos más otros como Austria e Inglaterra, y también en el siglo XVII en Canadá.

El parásito tiene un ciclo de vida excepcional de tres huéspedes, que tarda varios meses en ser completado. La duela hepática lanceolada, *Dicrocoelium* sp., durante la etapa adulta, vive en los conductos biliares de numerosos mamíferos, incluyendo el ganado vacuno, bóvidos en general, así como cabras, ovejas y ciervos. El ciclo de vida completo fue desentrañado entre 1952 y 1953, revelando la necesidad de dos huéspedes intermediarios para el desarrollo pleno del parásito. El primer huésped es un caracol terrestre, por ejemplo, de los géneros *Zebrina*, *Helicella* o *Cionella*, y el segundo una hormiga, como las de los géneros *Formica* o *Lasius*.

Los huéspedes definitivos infectados, que suelen ser rumiantes, eliminan, con las heces, los huevos embrionados del parásito, los cuales contienen miracidios, que es un estado larvario ciliado y diminuto de los trematodos. Luego, los huevos son ingeridos por el primer huésped intermediario (caracol terrestre). Cuando los miracidios eclosionan, migran a través de la pared intestinal y se asientan en el tejido conectivo vascular adyacente, transformándose en esporocistos madre. Estos migran a la glándula digestiva donde originan varios esporoquistes hijos. Dentro del caracol, los esporocistos evolucionan a cercarias, que son expulsadas al exterior agrupadas en una masa de moco pegajoso. Las bolas de baba con cercarias son ingeridas por las hormigas, el segundo huésped intermediario. En el intestino de las hormigas, las cercarias se liberan y migran al hemocele, donde se convierten en metacercarias.

Las hormigas infectadas albergan metacercarias enquistadas en el gáster, que es una zona bulbosa del abdomen, y una o dos metacercarias no enquistadas en el ganglio subesofágico (SOG). Este ganglio, resultado de la fusión de tres pares de ganglios, inerva las mandíbulas, maxilas, labio y conducto salival del insecto. La infección provoca un contacto físico entre el parásito y el tejido cerebral de la hormiga en la parte más anterior del ganglio subesofágico (SOG). Esta región específica contiene las neuronas que controlan los músculos responsables del cierre mandibular, utilizados por las hormigas para sujetarse, por ejemplo, al césped.

La infección induce una modificación del comportamiento del huésped, porque impulsa a las hormigas infectadas a trepar y a utilizar las mandíbulas para morder con fuerza la vegetación, hasta quedar en un estado de tetania temporal, en espera de que un herbívoro las ingiera de forma accidental. Las temperaturas inferiores a los 15 °C provocan tetania en los músculos mandibulares de la hormiga, lo que impide que el insecto suelte la hierba u hoja a la que está asido. Por esta razón, las hormigas infectadas se aferran a la vegetación durante las franjas horarias más tempranas o tardías del día, lo que suele corresponder con bajas temperaturas y alta humedad relativa, presumiblemente coincidiendo con la actividad de pastoreo de posibles huéspedes herbívoros definitivos. Esta tesitura tiene el doble propósito de exponer a las hormigas infectadas al siguiente huésped en el momento idóneo, al tiempo que las protege de la exposición a las altas temperaturas, que podrían aumentar la mortalidad del huésped, por dejarlo más seco que una uva pasa, y, en consecuencia, matar también al parásito.

Para solventar posibles desgracias poco llevaderas, en base a la temperatura ambiental, el parásito activa y desactiva la manipulación a lo largo del día. Si la temperatura invita al jaleo, el parásito obliga a que la hormiga suba a lo alto de una planta o a una brizna de hierba para maximizar las posibilidades de que el insecto sea engullido por algún herbívoro que pace distraído. Si la hormiga no es devorada, y al comenzar el día siguiente sigue anclada a la planta, cuando empieza a calentar, abandona esa tesitura, baja y vuelve a trabajar con normalidad entre sus compañeras de colonia. Al llegar la tarde, baja la temperatura y el trematodo toma de nuevo el control para que la hormiga vuelva a estar en el menú. La hormiga parasitada repite la excursión diaria una y otra vez, hasta que muere o por fin es engullida por algún animal que pasta. Alucinante.

El mecanismo exacto por el cual el parásito controla a la hormiga no está del todo claro. Una hipótesis postula que existe una acción mecánica y física, ya que la metacercaria no enquistada ocupa una parte significativa del ganglio subesofágico de la hormiga, estando en contacto directo con las células nerviosas. Es relevante destacar que la ubicación precisa donde está ubicada la metacercaria, en la región anterior y ventral del ganglio subesofágico, coincide con el lugar donde la avispa esmeralda (*Ampulex compressa*) inyecta un cóctel químico a la cucaracha americana (*Periplaneta americana*) para paralizarla y alimentar a su descendencia.

La domesticación de ovejas y cabras acercó a los humanos a rumiantes de tamaño mediano, de fácil movilidad, lo que favoreció también la proliferación de sus parásitos. En la imagen una oveja pasta en un prado [Piaffe Photography/Shutterstock].

Aparte de la opción física, otra posibilidad es que *Dicrocoelium* controle a la hormiga mediante una interferencia química. Los comportamientos cooperativos pueden estar regulados por aminas biogénicas, que funcionan como neurotransmisores, neuromoduladores o neurohormonas, y regulan diversos comportamientos en el sistema nervioso de los insectos. Entre estas aminas, en los insectos, la octopamina promueve los sistemas olfativos, visuales, reproductivos y motores, además de algunos tipos de aprendizaje. Es posible que la metacercaria produzca alguna sustancia que altere o module la actividad sináptica en el cerebro de la hormiga.

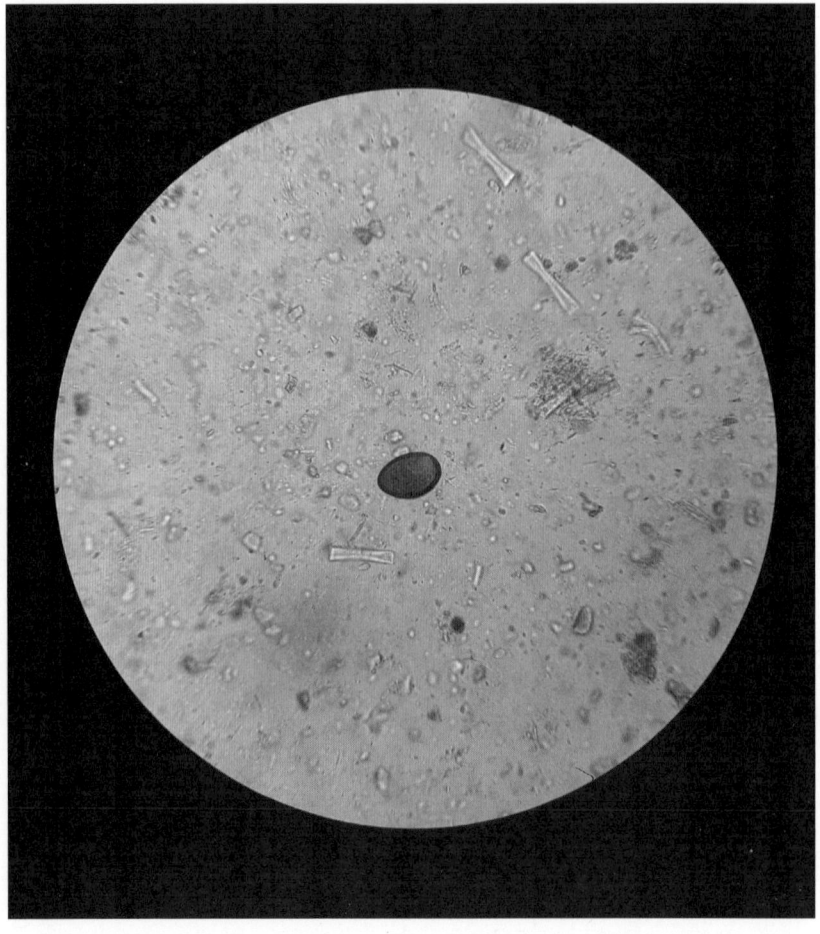

Huevo de *Dicrocoelium lanceatum* [Rovshan Agayev/Shutterstock].

Lo cierto es que los parásitos que están dentro de la hormiga son, muy a menudo, clones genéticamente idénticos. Sin embargo, no todos tienen el mismo destino. La duela hepática apoltronada en el ganglio subesofágico, es decir, la que toma el control de la hormiga, muere, pero el resto de metacercarias permanecen viables en el abdomen del insecto. Una vez ingeridas por algún mamífero, las metacercarias se exquistan en el intestino delgado y los trematodos juveniles migran por el conducto biliar principal y luego hacia conductos más pequeños. Comienzan a poner huevos entre diez y doce semanas después de la infección. El ciclo de vida completo de estos parásitos dura, más o menos, unos seis meses.

Excepcionalmente, los humanos pueden actuar como huéspedes definitivos tras la ingestión accidental de hormigas infectadas o de alimentos contaminados con ellas. Esta eventualidad debe ser distinguida del pseudoparasitismo, que corresponde a la detección de huevos en heces producto de la ingestión de hígado de animales parasitados.

Hay algo fascinante en este fenómeno parasitario que evoca una frase del dramaturgo español Enrique Jardiel Poncela, quien decía que «el sacrificio es una virtud que siempre nos parece admirable... en los demás». Al parecer, tras tanto ajetreo y trasiego por caracoles, hormigas y vaya usted a saber que otros antros de perdición, algo similar a lo que mencionaba Poncela ocurre aquí con los parásitos, porque uno de ellos, el más pelagatos o quizás algún voluntario forzoso o a la postre al que le toque cargar con el mochuelo, se sacrifica para permitir que el resto alcancen al huésped definitivo, completen así el ciclo vital y salvaguarden el patrimonio genético. ¡Bendito mamón!

Ahora bien, a medida que aumentan las temperaturas globales, consecuencia del cambio climático, es posible que, el tiempo disponible en el que una hormiga parasitada esté a merced de un herbívoro glotón, quede reducido. ¿Qué ocurrirá entonces? ¿El parásito modificará su ciclo vital? Si el parásito desempeña un papel regulador en las poblaciones de hormigas, ¿puede aparecer una alteración inesperada? ¿Aumentará el número de hormigas? ¿Variará el paisaje? Los efectos en cascada del impacto humano son impredecibles, y a menudo pueden empezar con cambios sutiles en lugares y organismos insospechados, como el cerebro de una hormiga.

- Criscione, Charles. 2020. «Clonemate cotransmission supports a role for kin selection in a puppeteer parasite». *Proceedings of the National Academy of Sciences (PNAS)* 117 (11): 5970-5976.
- Geier, Benedikt. 2023. «Multiplexed neuropeptide mapping in ant brains integrating microtomography and three-dimensional mass spectrometry imaging». *PNAS Nexus* 2: 1-13.
- Königová, Alžbeta. 2024. «Efficacy of a single-dose albendazole against lancet liver fluke *Dicrocoelium dendriticum* and liver enzymes activity in naturally infected sheep». *Experimental Parasitology* 256: 108656.
- Lavilla-Salgado, Carmen. 2021. «True *Dicrocoelium spp.* Infection in an Immigrant Traveler (VFR)». *The American Journal of Tropical Medicine and Hygiene* 104 (6): 1949-1950.
- Lucius, Richard. 2022. «*Dicrocoelium dendriticum*». *Trends in Parasitology* 38 (12): 1089-1090.
- Martín-Vega, Daniel. 2018. «3D virtual histology at the host/parasite interface: visualisation of the master manipulator, *Dicrocoelium dendriticum*, in the brain of its ant host». *Scientific Reports* 8 (1): 8587.
- Mowlavi, Gholamreza. 2015. «*Dicrocoelium dendriticum* found in a Bronze Age cemetery inwestern Iran in the pre-Persepolis period: The oldest Asian palaeo finding in the present human infection hottest spot region». *Parasitology International* 64: 251-255.
- Nordstrand Gasque, Simone. 2023. «Expression of trematode-induced zombieant behavior is strongly associated with temperature». *Behavioral Ecology* 34 (6), 960-968.
- Rana, Amit. 2023. «Parasitoid wasp venom re-programs host behavior through downmodulation of brain central complex activity and motor output». *Journal of Experimental Biology* 226 (3): jeb245252.
- Scala, Antonio. 2019. «Dicrocoeliosis in extensive sheep farms: a survey». *Parasites & Vectors* 12: 342.

CON EL AGUA AL CUELLO

¿Conoce la leyenda del nudo gordiano? El mito, que es confuso e involucra a Alejandro Magno, recoge una historia que fue divulgada por varios escritores clásicos griegos y romanos. Arriano de Nicomedia, Quinto Curcio Rufo, Plutarco, Marco Juniano Justino y Marsias de Filipos aportan distintas versiones personales, cargadas de matices particulares y de detalles propios, pero que, a la postre, son coincidentes y, en conjunto, similares.

El origen de la leyenda parte de la misma persona, un hombre llamado Gordias, que, por cierto, es el padre del famoso rey Midas, aquel que convertía en oro todo aquello que tocaba. Según menciona Aristóteles en su obra *La Política*, el extraño poder concedido al insaciable y codicioso Midas era en realidad una maldición, porque el rey murió de hambre, ya que transformaba, con apenas un roce, cualquier alimento en el preciado metal y, por tanto, no podía ingerir vianda alguna.

No obstante, para que Midas apareciera en escena, ni que decir tiene, Gordias tuvo que participar en alguna cuestión previa, probablemente agradable y satisfactoria, que derivó en la gestación y el florecimiento del chaval. Por tanto, encauzo el tema y prosigo con la historia de Gordias, porque tiene enjundia.

Según parece, Gordias era un nombre usado por la realeza en la historia mítica de Frigia, una antigua región de Asia Menor que ocupaba la mayor parte de la península de Anatolia, en el territorio que actualmente corresponde a Turquía.

El primer Gordias conocido, que es el que atañe a esta leyenda, era un pobre campesino frigio. Un día, mientras araba, Gordias observó a un águila majestuosa posada en el yugo de su carro. El animal permaneció allí, inmutable, durante el resto de la jornada. Gordias, ató-

Alejandro Magno cortando el nudo gordiano con su espada [Theodor Matham].

nito y turbado por el posible significado de aquella circunstancia, creyó que pudiera ser un presagio y, receloso, consultó el hecho al pueblo de Telmesio, una antigua raza de profetas.

En Telmesio topó con una mujer que, de pie en el umbral de una puerta, ordenó a Gordias que ofreciera un sacrificio a Zeus, pues era el principal y el más grande de los dioses y había tomado al águila como un símbolo personal de su propia grandeza y autoridad. El campesino aceptó y obró de inmediato. Después, sopesando los pros y los contras, contrajo matrimonio con la profetisa telmesiana con la que, tiempo más tarde, practicados el necesario acercamiento y las oportunas fricciones, tuvo un hijo al que nombraron Midas.

Con el casamiento todavía en plazo de garantía, Gordias y la pitonisa entraron, montados en un carro, a una ciudad en guerra y sin mando. Los alucinados habitantes acogieron a los forasteros con gran alborozo y satisfacción. La razón del entusiasmo era debida a que, poco antes, un oráculo había predicho que un carro, tirado por bueyes, pondría fin al conflicto, porque traería encaramado al nuevo líder. ¡Diantre!, ¿qué sentido común va a echar al traste una buena profecía? Vítores aquí, palmas allá y loas acullá fermentaron un caldo espeso que los ciudadanos saborearon complacidos. Sin titubeos proclamaron rey a Gordias, que aceptó el cargo. La ciudad, que fue erigida capital de Frigia, pasó a ser conocida como Gordium o Gordion.

En la actualidad, los restos de la ciudad de Gordion configuran el yacimiento de Yassihüyük, en la provincia de Ankara, en el distrito de Polatli, y a unos noventa y seis kilómetros al sudoeste de la capital turca. Debido a la importancia histórica y cultural, Gordion fue añadida a la Lista del Patrimonio Mundial de la UNESCO en el año 2023.

Seguro que el otrora campesino batió algún récord, como mínimo provincial, porque fue llegar y besar el santo. Tiene pinta de que en el extremo opuesto está el monarca británico Carlos III, que esperó más de setenta años de servicio para ascender al trono del Reino Unido. Con el alborozo del momento, Gordias consagró el carro en el templo de Zeus, como ofrenda de agradecimiento al dios y como reconocimiento del signo del águila, el ave sagrada que había vaticinado su reinado. Además, Gordias ató el yugo al carro mediante un complejo e intrincado nudo, enredado con fuerza y destreza, hecho de corteza de cornejo y provisto de gran cantidad de correas, que estaban estrechamente enmarañadas entre sí y que ocultaban las entrelazadas. Los nativos, que debían ser adictos a los presagios, declararon que el oráculo había augurado que quien soltara el enrevesado cierre gobernaría sobre Asia. Durante siglos, innumerables personas intentaron deshacer el nudo gordiano, pero ninguna tuvo éxito.

El reto aguantó firme hasta que colonizó la mente de Alejandro Magno, que estaba deseoso de cumplir el vaticinio. Decidido, en el año 333 a. C., tras tres años de campaña dedicados a expandir el Imperio macedonio, el conquistador, acompañado de un gran ejército, marchó hacia Gordion. Una vez allí, el pecho de Alejandro ardió con fuerza al ver el carro y el nudo gordiano, porque el afán de poder y el apetito por dominar nuevas tierras eran inmensos en el rey macedonio. Quería gobernar sobre Asia, y el augurio indicaba que, para ello, antes debía desligar aquel nudo del demonio.

Hizo varios intentos, luchó con el nudo, sudó y despotricó, pero no pudo encontrar ninguno de los dos extremos de la cuerda para empezar a desenredarlo. De repente, inspirado, declaró que no importaba el modo utilizado para desbaratar el nudo. Acto seguido, desenvainó la espada y de un tajo solemne cortó las cuerdas. El nudo se deshizo más rápido que un terrón de azúcar sumergido en té caliente.

Otra versión apunta a que Alejandro sacó un pasador que atravesaba el yugo y consiguió aflojar el nudo lo suficiente para poder deshacerlo. Fuera como fuese, Alejandro Magno consta como la primera persona en lograr resolver el rompecabezas, aunque el método empleado tuviera poco de ortodoxo. La noche en la que el nudo fue vencido, la ciudad de Gordion sufrió la embestida de una gran tormenta de truenos y relámpagos, que fue interpretada como una señal de que los dioses estaban complacidos. Fiel a la profecía, Alejandro Magno conquistó grandes franjas del oeste de Asia antes de morir a la edad de treinta y dos años.

Algunos autores consideran que los elementos iconográficos principales de los Reyes Católicos y el famoso lema «tanto monta, monta tanto», recogido por Fernando el Católico, rey de Aragón, e incorporado a su escudo de armas, aluden a la historia de Alejandro Magno y a la leyenda del nudo gordiano.

El yugo y las flechas constituyen los símbolos heráldicos más conocidos de los Reyes Católicos. Es probable que la elección de estos elementos estuviera condicionada por el juego cortesano de escoger como emblema un objeto cuyo nombre comenzara por la misma letra inicial que el nombre de la pareja. Así, el rey habría elegido un yugo, con la «y» de Ysabel, y la reina, las flechas, con la «f» de Fernando. Además, estas divisas fueron asociadas a colores emblemáticos. Los de Isabel eran el verde y el azul y los de Fernando, el blanco y el negro.

El distintivo de Fernando es el yugo, acompañado de las correas utilizadas para atar a los bueyes, y que en el escudo aparecen anudadas en un complejo nudo y junto al lema «tanto monta». Este eslogan alude a la frase «tanto monta cortar como desatar», aplicada por Alejandro Magno para justificar la manera, algo deshonesta, que empleó para soltar el nudo gordiano.

Hoy en día, la expresión «nudo gordiano» es aplicada para representar un obstáculo que parece insuperable. La locución ha perdurado en el lenguaje como una metáfora para describir los problemas complejos y difíciles de resolver, que demandan una solución rápida y que requieren de un ingenio especial o de un enfoque poco convencional para superar la situación. Es probable que el dicho haya pasado a formar parte del léxico moderno por el impacto mediático de la obra de William Shakespeare y de Miguel de Cervantes.

En la escena inicial de *Enrique V,* un drama histórico escrito por Shakespeare durante los primeros meses de 1599, el arzobispo de Canterbury, emplazado en la antecámara del palacio del rey, menciona al obispo de Ely la capacidad del soberano titular para manejar políticas complejas, diciendo: «volvedlo hacia cualquier causa política, él desatará el nudo gordiano, tan familiar como su liga: que, cuando habla, el aire, un libertino con carta de por medio, se aquieta, y el mudo asombro acecha en los oídos de los hombres, para robar sus dulces y melosas frases». El nudo gordiano también es mencionado por Cervantes en el capítulo LX de la *Segunda parte del ingenioso caballero Don Quijote de la Mancha,* durante un discurso, yendo a Barcelona, en el que Don Quijote reflexiona sobre cuántos azotes debe recibir Sancho. Es evidente que, con el tiempo, la historia del nudo gordiano ha trascendido a sus orígenes mitológicos e incluso ha servido para nombrar a un llamativo y curioso grupo de gusanos parásitos, los nematomorfos.

Los nematomorfos (Nematomorpha), que también son conocidos como gusanos de crin de caballo, gusanos pilosos, gusanos gordianos o gordiáceos, son un tipo de gusanos parasitoides similares a los nemátodos. El apelativo de gusanos gordianos o gordiáceos viene dado porque, a menudo, durante la cópula, los machos y las hembras adultas se retuercen y entrelazan unos sobre otros, formando una maraña compacta semejante a un nudo enrevesado.

Estos animales pueden medir hasta más de un metro de longitud, con un diámetro que varía de uno a tres milímetros. Existen aproximadamente 360 especies descritas de gusanos gordianos, pero como es un grupo de animales poco estudiado, es probable que la verdadera diversidad sea mucho mayor en términos de número de especies.

Algunos de los géneros tienen una distribución global, mientras que otros aparecen en zonas más restringidas. Por ejemplo, *Gordius* y *Paragordius* están distribuidos en todo el mundo, mientras que *Chordodes* es abundante en regiones tropicales y subtropicales. En esencia, existen dos clases de gusanos gordiaceos, una marina (Nectonematida) y otra de agua dulce (Gordiida). Es común encontrar a los gusanos crin de caballo en ambientes húmedos como abrevaderos, arroyos o charcos. Los gusanos adultos viven libremente, ya sea en ambientes de agua dulce o marina, pero las larvas son parásitas y dependen de artrópodos como grillos, saltamontes u otros insectos y crustáceos.

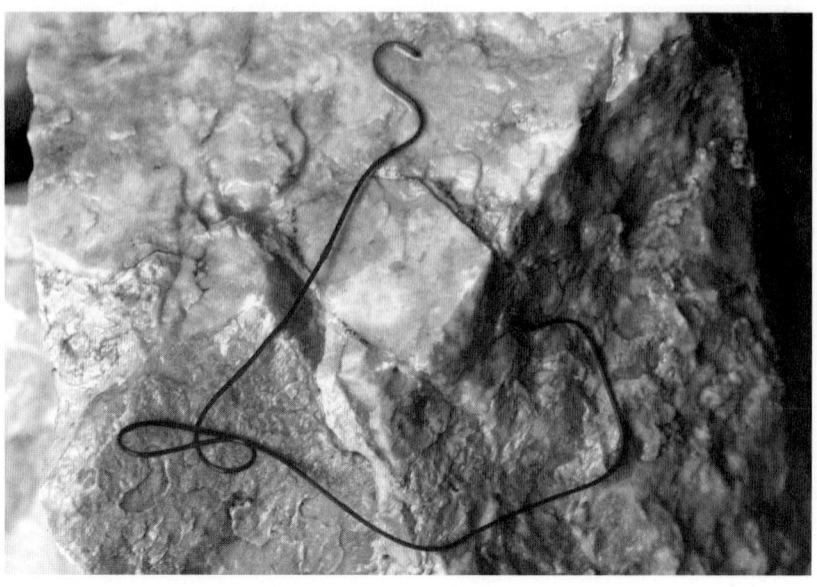

Gusano nematomorfo [Tomasz Grygorowicz].

Dado el estilo de vida parásito, los nematomorfos tienen peculiaridades morfológicas muy aparentes, como son la pérdida de los sistemas circulatorio, excretor y digestivo. De hecho, el único objetivo de los adultos parece ser la reproducción, porque han perdido la boca y la capacidad de consumir cualquier tipo de alimento. Los sexos están separados, es decir, los individuos son machos o hembras, y todo el cuerpo de un adulto está ocupado por órganos sexuales voluminosos y cilíndricos que contienen huevos o esperma. Los gusanos se aparean en ambientes acuáticos. Una sola hembra puede poner hasta diez millones de huevos y las larvas eclosionan en el agua después de dos a cuatro semanas.

Tras eclosionar, las larvas microscópicas de estos parásitos especializados infectan huéspedes paraténicos, donde forman quistes latentes. Los huéspedes paraténicos son larvas de insectos acuáticos que, al emerger como adultos, abandonan arroyos y ríos, transportando así los quistes de los gusanos pilosos del medio acuático al terrestre. Fuera del agua, los insectos terrestres carroñeros o depredadores consumen a estos huéspedes paraténicos, permitiendo que los gusanos gordianos continúen su maduración y desarrollo. Dentro del sistema digestivo del artrópodo, la larva del gusano piloso se desenquista y penetra en el hemocele del huésped, donde aprovecha sus recursos para crecer y desarrollarse hasta la etapa adulta.

Las especies marinas del género *Nectonema* están especializadas en parasitar a huéspedes crustáceos bajo el agua. En marco contraste, los gordiáceos de agua dulce, infectan artrópodos terrestres, como grillos, escarabajos, saltamontes, cucarachas y mantis. Aunque las larvas microscópicas apenas miden entre cuarenta y sesenta micrómetros, estos gusanos experimentan un crecimiento asombroso, y algunas especies de gordiáceos norteamericanos alcanzan los setenta y seis centímetros, y en los trópicos, ciertos gusanos gordianos pueden llegar a los estratosféricos dos metros. Este desarrollo exponencial significa un aumento de más de cinco mil veces la masa corporal del parásito dentro de su huésped. Tal crecimiento tiene un impacto notorio, ya que el gusano puede constituir entre el 8 % y el 42 % de la masa corporal total de, por ejemplo, un grillo.

Los grillos infectados dejan de grillar, es decir, de cantar. El famoso *cri, cri, cri,* de las noches veraniegas es un sonido que el grillo macho suele producir para atraer a la hembra con el fin de aparearse con ella. El canto es originado por estridulación, al frotar la parte endurecida y granulada de un ala con el lado plano de la otra ala. En términos energéticos, esta actividad es muy costosa, y puede ser aún mayor si es seguida de intentos reproductivos. Además, puede atraer la atención de potenciales depredadores, por lo que no es interesante para el parásito, que necesita todos los recursos y la viabilidad del insecto, así es que la corta de raíz.

Resulta significativo que, al madurar, los gusanos pilosos manipulan, de modo muy aparente, el comportamiento del huésped, induciendo que el insecto infectado busque con insistencia el contacto con una masa de agua abundante, donde los parásitos son liberados y comienza la fase adulta acuática de vida libre. El desenlace para el insecto terrestre infectado es trágico, porque en muchas ocasiones suele terminar ahogado. Después, el gusano, que parece un larguísimo spaghetti al dente, emerge del huésped muerto y comienza a nadar, buscando a otros parásitos adultos para reproducirse y cerrar su ciclo biológico.

Cuando los hospedadores manipulados están cerca de los hogares humanos, a menudo terminan en lavabos, inodoros, jacuzzis, piscinas, platos de agua para mascotas y otras fuentes de agua estancada en las casas o cerca de ellas ¿Induce el parásito un comportamiento suicida en el hospedador?

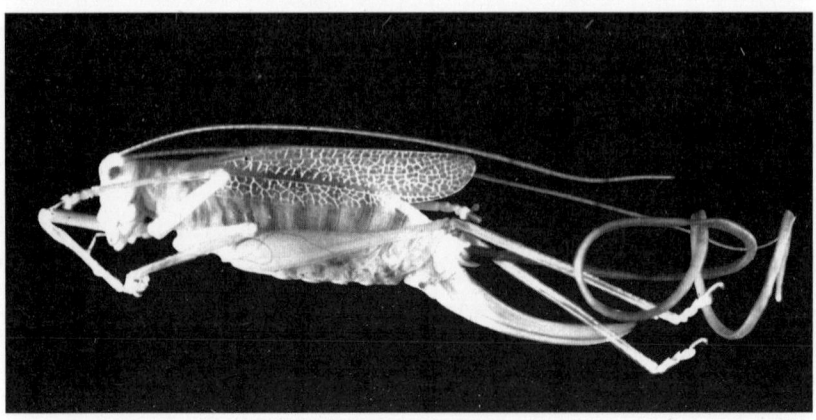

Un ejemplar de *Spinochordodes tellinii* emergiendo de su huésped, la eclímera verde (*Meconema thalassinum*). Este gusano nematomorfo completa su desarrollo dentro del insecto y, llegado a la madurez, induce cambios conductuales que facilitan su salida para continuar su ciclo vital en el medio acuático [Dr. Andreas Schmidt-Rhaesa].

En el año 2023, se suicidaron en España 3952 personas. El suicidio ocurre en todo el mundo y afecta a personas de todas las naciones, culturas, religiones, géneros y clases. Más de 725 000 personas mueren cada año por suicidio. En 2019, Lesoto tuvo la tasa de suicidio más alta, 72,4 personas por cada 100 000 habitantes. El suicidio es la tercera causa principal de muerte entre los jóvenes de quince a veintinueve años. Las razones del suicidio son multifacéticas y están influenciadas por factores sociales, culturales, biológicos, psicológicos y ambientales presentes a lo largo de la vida. La posibilidad de que algún tipo de parásito pueda influir en el comportamiento suicida de las personas es inquietante. Por suerte, la asociación entre humanos y gusanos gordianos es accidental, y de momento estos parásitos no representan una amenaza para la salud de las personas ni son un problema grave de salud pública.

Ha sido demostrado que los insectos que albergan gusanos pilosos maduros muestran, durante la primera franja horaria nocturna, un comportamiento que en origen no está presente en el repertorio del hospedador y que consiste en buscar agua y lanzarse a ella. La probabilidad de sobrevivir al chapuzón es escasa. Este rasgo del ciclo de vida del parásito explica por qué los huéspedes infectados con gusanos gordiáceos maduros presentan movimientos noctámbulos erráticos.

En un estudio dedicado a desentrañar las alteraciones bioquímicas que transforman al grillo *Nemobius sylvestris* en un buscador incansable de agua, impulsado por el enigmático gusano piloso *Paragordius tricuspidatus*, los científicos hicieron descubrimientos fascinantes. Los investigadores caracterizaron los proteomas del hospedador y del parásito durante la manifestación de este comportamiento compulsivo de búsqueda de agua. Lo sorprendente fue el hallazgo de que el gusano produce moléculas de la familia Wnt, capaces de incidir directamente en el desarrollo del sistema nervioso central (SNC) del grillo. De hecho, en la cabeza del grillo manipulado, observaron una expresión diferencial de proteínas crucialmente ligadas a la neurogénesis, el ritmo circadiano y la actividad de los neurotransmisores.

Investigaciones recientes han logrado caracterizar, de forma simultánea, los proteomas del saltamontes terrestre *Meconema thalassinum* y de su parásito nematomorfo *Spinochordodes tellinii* a lo largo de tres fases críticas de la manipulación: antes, durante y después. Los resultados obtenidos sugieren que el gusano adulto altera las funciones normales del sistema nervioso central (snc) del saltamontes. Además, en el cerebro de los insectos manipulados, se encontró una expresión diferencial de proteínas específicamente vinculadas a actividades relacionadas con neurotransmisores. La evidencia obtenida también sugirió que el parásito sintetiza moléculas de la familia Wnt que actúan directamente sobre el desarrollo del snc.

El comportamiento suicida de los insectos infectados es un enigma fascinante que intenta ser explicado por diversas hipótesis. Algunas conjeturas sugieren que la manipulación cerebral del gusano gordiáceo puede infundir que el insecto tenga una sensación extrema de sed y que trate de encontrar agua. También es posible que los circuitos neuronales alterados interfieran en el análisis de las señales ambientales y provoquen respuestas anómalas. Los nematomorfos promueven la fototaxis positiva, que podría ayudar a los anfitriones a localizar arroyos y estanques que reflejen la luz nocturna en el agua.

En particular, las mantis infectadas con el gusano gordiáceo *Chordodes fukuii* sienten atracción por la luz, como la proyectada por la superficie brillante del agua. Este comportamiento surge de cambios a nivel de proteínas, tanto en el parásito como en el cerebro del huésped, que muestran mimetismo molecular. Esta situación podría ser explicada mediante la transferencia horizontal de genes de la mantis al parásito o por la evolución convergente. Un estudio ha descubierto que 1420 genes del gusano *Chordodes fukuii* son muy parecidos a los de su hospedador, la mantis *Tenodera angustipennis*, y que estos genes son más activos cuando el parásito manipula al huésped. En definitiva, que de una u otra forma, en la mayoría de las ocasiones, un insecto infectado por un gusano gordiano, tarde o temprano, acaba estando con el agua al cuello.

📖 PARA LEER MÁS:

- Anaya, Christina. 2021. «Field and Laboratory Observations on the Life History of *Gordius terrestris* (Phylum Nematomorpha), A Terrestrial Nematomorph». *Journal of Parasitology* 107 (1): 48-58.
- Cunha, Tauana. 2023. «Rampant loss of universal metazoan genes revealed by a chromosome-level genome assembly of the parasitic Nematomorpha». *Current Biology* 33 (16): 3514-3521.
- De Vivo, Mattia. 2023. «Testing the efficacy of different molecular tools for parasite conservation genetics: a case study using horsehair worms (Phylum: Nematomorpha)». *Parasitology* 150 (9): 842-851.
- Doherty, Jean-François. 2022. «Infection patterns and new definitive host records for New Zealand gordiid hairworms (phylum Nematomorpha)». *Parasitology International* 90: 102598.
- Kakui, Keiichi. 2021. «First report of marine horsehair worms (Nematomorpha: *Nectonema*) parasitic in isopod crustaceans». *Parasitology Research* 120: 2357-2362.
- Mishina, Tappei. 2023. «Massive horizontal gene transfer and the evolution of nematomorph-driven behavioral manipulation of mantids». *Current Biology* 33 (22): 4988-4994.

Póster original de *Poltergeist* (1982), el clásico del cine de terror producido por Steven Spielberg y dirigido por Tobe Hooper. La imagen de la niña frente al televisor, convertida en icono cultural de los años ochenta, sintetiza la mezcla de inocencia doméstica y amenaza sobrenatural que convirtió la película en una referencia del género [SLM Production Group, Metro-Goldwyn-Mayer, Amblin Entertainment].

CORRE HACIA LA LUZ

«Corre hacia la luz, Carol Anne. Corre lo más rápido que puedas», suplica con voz desesperada Diane Freeling, la madre de la niña. Al fondo de la habitación, junto a la puerta, la doctora Lesh y la médium Tangina Barrons urgen a la mujer para que guíe a la pequeña hacia un lugar seguro, lejos de las entidades sobrenaturales que la mantienen cautiva. Esta escena pertenece a la inquietante *Poltergeist*, una película de terror sobrenatural que fue producida por Steven Spielberg y estrenada en junio de 1982. *Ipso facto*, la famosa frase entró en el olimpo cinematográfico, consiguiendo marcar a varias generaciones y amedrentar a millones de espectadores.

Con independencia de haber visto la película *Poltergeist*, o alguna de las desafortunadas descendientes bautizadas como *Poltergeist II* y *Poltergeist III*, es posible que haya recibido de forma inesperada y bienintencionada, quizás con tintes espirituales y emocionales y bajo los efluvios etílicos de un sábado por la noche o el aroma a incienso de la misa dominical, la consigna de que corra hacia la luz o de que huya de la oscuridad. Aunque no haya hecho caso, por estar en babia, inconsciente o en cualquier otra circunstancia de desconexión absoluta, sepa que en la naturaleza es el pan nuestro de cada día.

Muchos organismos son atraídos por la luz, mientras que otros huyen de ella como alma que lleva el diablo. Este fenómeno recibe el nombre de fototaxis, que en el sentido más amplio significa desplazamiento positivo o negativo a lo largo de un gradiente o vector de luz. La relevancia global de la fototaxis es brutal. Por ejemplo, la fototaxis de las larvas de invertebrados contribuye a la migración vertical del plancton marino, que representa uno de los mayores transportes de biomasa en la Tierra.

El comportamiento fototáctico es, en esencia, adaptativo, porque regula la exposición a la luz y facilita la orientación en el espacio. De hecho, la fototaxis positiva puede favorecer la conducta de búsqueda de alimento o de escape en los organismos voladores, y la fototaxis negativa puede proteger a los animales de los depredadores, orientándolos hacia lugares sombríos en los que permanecen ocultos. En ocasiones, un organismo puede presentar fototaxis positiva o negativa según las necesidades. Por citar algunos casos, los polluelos de las aves cambian de fototaxis negativa a positiva a lo largo del tiempo en el que están listos para emplumar, y el alga verde unicelular *Chlamydomonas reinhardtii* nada en dirección a una fuente lumínica para aumentar su capacidad fotosintética, pero también escapa de la luz brillante para evitar daños en los complejos moleculares que emplea para realizar la fotosíntesis.

La percepción de la luz es crucial para una gran variedad de respuestas conductuales en animales. La intensidad luminosa suele ser la propiedad más estudiada en relación con la fototaxis, aunque las cualidades espectrales también han sido investigadas. Por ejemplo, la anémona de mar *Anthopleura* solo responde a longitudes de onda de entre 250 y 400 nm y entre 340 y 600 nm. Los estudios de comportamiento del anfípodo *Hyalella azteca* identificaron una preferencia por la luz de longitud de onda más larga sobre las longitudes de onda más cortas. El anfípodo *Talorchestia longicornis* utiliza receptores sensibles a longitudes de onda cortas para la orientación celestial y receptores sensibles a longitudes de onda largas para el seguimiento de los ritmos circadianos. Por si desconocía el dato, aviso de que la fototaxis es una característica típica y esencial de los anfípodos, que son unos crustáceos de pequeño tamaño; casi siempre acuáticos; con el cuerpo comprimido lateralmente; el abdomen encorvado hacia abajo; antenas largas; siete pares de patas torácicas, locomotoras, y seis pares de extremidades abdominales, algunas de ellas aptas para saltar.

Los anfípodos, con más de nueve mil especies, ocupan una posición fundamental en la cadena trófica porque son un grupo clave y vital para la dinámica de los ecosistemas acuáticos. Por desgracia, los anfípodos albergan una amplia gama de parásitos puñeteros y tocapelotas, entre los que hay algunos que incluso son capaces de alterar la capacidad fototáctica y la respuesta ante una fuente luminosa y, por tanto, el comportamiento del huésped. De estos últimos destacan el trematodo

Microphallus papillorobustus y el acantocéfalo *Polymorphus minutus*, que parasitan a varias especies de gamáridos, un grupo de crustáceos anfípodos que con frecuencia son comercializados secos como alimento para tortugas.

Microphallus papillorobustus tiene un ciclo de vida complejo que incluye a varios huéspedes intermediarios y finales. Los caracoles del género *Hydrobia* actúan como primeros huéspedes intermediarios y los anfípodos gamáridos, en especial la especie *Gammarus insensibilis*, como segundos huéspedes intermediarios. Las aves marinas y playeras son los huéspedes definitivos de *Microphallus papillorobustus*. El ciclo de vida de *Polymorphus minutus* muestra amplias similitudes ecológicas con *Microphallus papillorobustus*, ya que también involucra a un crustáceo, el gamárido *Gammarus lacustris*, como huésped intermediario, y a las aves acuáticas, principalmente a los patos, como huéspedes definitivos.

Las larvas infecciosas del trematodo *Microphallus papillorobustus*, que reciben el nombre de metacercarias, se enquistan en el protocerebro de *Gammarus insensibilis* y modifican las respuestas del gamárido a diversos estímulos ambientales, en particular a la luz y a estímulos mecánicos, lo que provoca conductas de escape aberrantes. Los gamáridos parasitados exhiben fototaxis positiva y geotaxis negativa, por lo que suelen nadar cerca de la superficie del agua, un comportamiento que favorece la depredación por parte de pequeñas aves zancudas. Los individuos infectados tienen, en promedio, el doble de probabilidades que los no infectados de ser depredados por las aves, los huéspedes definitivos del trematodo. En definitiva, estos múltiples cambios de comportamiento aumentan la vulnerabilidad de los gamáridos a la depredación por las aves acuáticas y, por tanto, promueven la transmisión del parásito.

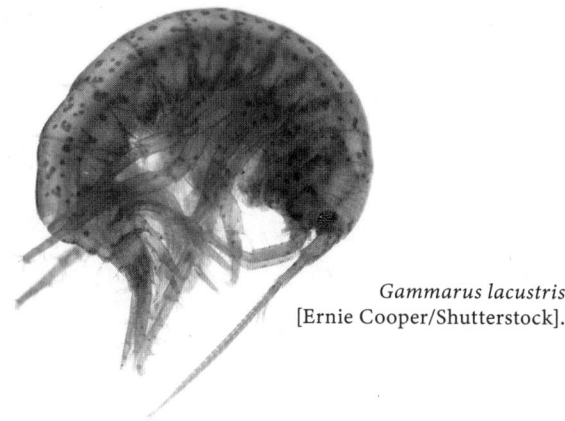

Gammarus lacustris
[Ernie Cooper/Shutterstock].

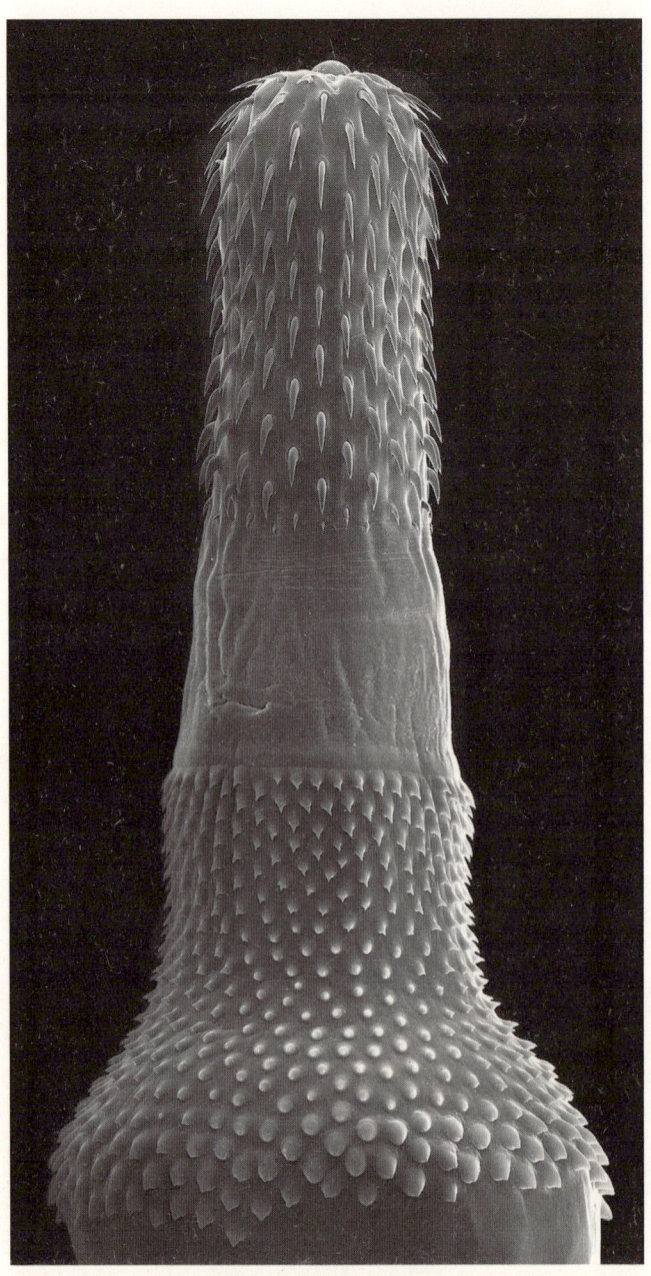

Probóscide, cuello y espinas del tronco en un juvenil de la familia *Polymorphidae*, mostrando el armamento característico de los acantocéfalos: una probóscide retráctil provista de ganchos, seguida de un cuello corto y de varias hileras de espinas corporales que facilitan la fijación del parásito al intestino del huésped definitivo. Estos rasgos morfológicos permiten distinguir a los estadios tempranos y son esenciales para la identificación taxonómica del grupo [Fonseca, Michelle Cristie Gonçalves da, Knoff, Marcelo, Felizardo, Nilza Nunes, Torres, Eduardo José Lopes, Di Azevedo, Maria Isabel Nogueira, Gomes, Delir Corrêa, Clemente, Sérgio Carmona de São, & Iñiguez, Alena Mayo].

El acantocéfalo larvario *Polymorphus paradoxus*, que invade el hemocele de *Gammarus lacustris*, altera el comportamiento de escape de los gamáridos infectados. En el caso de que un crustáceo sea molestado de forma mecánica, un individuo no infectado es fototáctico negativo y se sumerge hacia el fondo para buscar escondite en el fango. Por el contrario, al ser perturbado, un gamárido infectado es fototáctico positivo, y por lo tanto nada hacia la superficie, roza el agua y luego utiliza las garras de los gnatópodos, que son los primeros apéndices torácicos, para aferrarse al material flotante, permaneciendo inmóvil en una postura flexionada. Es decir, a merced de los depredadores. Además, los gamáridos infectados son más fotófilos que los no infectados. En conclusión, el cambio de hábitat hacia zonas de mayor iluminación y un comportamiento de escape defectuoso hacen que los gamáridos infectados con *Polymorphus paradoxus* sean más susceptibles a la depredación por patos silvestres, huéspedes definitivos del parásito.

Los gamáridos desempeñan un papel importante en el funcionamiento y el equilibrio de la naturaleza, y exhiben una acusada sensibilidad a diversos factores estresantes, lo que convierte a estos pequeños crustáceos en un indicador valioso de la salud de los ecosistemas. Por esta razón, son utilizados en estudios ecotoxicológicos de hábitats marinos, estuarinos y de agua dulce. De hecho, el camarón de agua dulce *Gammarus pulex* ha sido empleado como organismo modelo para investigar gran variedad de temas dentro de la ecotoxicología, como, por ejemplo, respuestas hormonales y metabólicas o el efecto de los pesticidas y de los metales pesados. Debido a que este animal exhibe una dieta variable, es muy útil para investigar el impacto de los microplásticos en el ambiente, porque, aunque la alimentación de *Gammarus pulex* está basada principalmente en detritos vegetales, también es capaz de depredar varios taxones de invertebrados e incluso de consumir carroña. Además, son una fuente de alimento esencial para muchos peces pequeños, y por ello representan un vector significativo para que los plásticos entren en la cadena alimentaria de los vertebrados.

Existe evidencia sólida de que los parásitos inducen alteraciones de las vías sensoriomotoras en los huéspedes gamáridos. Los datos indican que la serotonina, un neurotransmisor, subyace al comportamiento de adherencia y al fototactismo positivo de los ejemplares infectados. Los parásitos, al parecer, modifican el comportamiento del hospedador al regular los niveles de serotonina o mediante la producción de metabolitos anaeróbicos como el lactato y el succinato. Entre los sistemas neuromoduladores potencialmente implicados en la manipulación parasitaria de los invertebrados, los sistemas serotoninérgico y dopaminérgico son importantes debido a sus múltiples implicaciones en la regulación metabólica; la respuesta al estrés; la evitación condicionada; el aprendizaje y la memoria; la toma de decisiones, y el estado emocional, en una amplia gama de especies de invertebrados y vertebrados.

En algunas especies de *Gammarus*, las neuronas serotoninérgicas de los especímenes infectados muestran una inmunorreactividad aumentada en comparación con las mismas neuronas de individuos no infectados, lo que indica que los gamáridos parasitados tienen una mayor actividad de serotonina en sus cerebros. Los gamáridos infectados que muestran la fotofilia más fuerte también tienen la inmunorreactividad de serotonina más alta en sus cerebros.

En el año 2006, el ecólogo conductual Frank Cézilly, de la Universidad de Borgoña, comprobó que existía un aumento del 40 % en la actividad serotoninérgica general en los cerebros de los gamáridos manipulados, y demostró que la aplicación directa de inyecciones de serotonina en los pequeños crustáceos puede recrear la fototaxis alterada y el comportamiento de adherencia inducido por los parásitos. Varias investigaciones han comunicado que las neuronas serotoninérgicas de los gamáridos infectados tienen varicosidades de serotonina aumentadas, que pueden servir como lugares de almacenamiento para el neurotransmisor.

No está claro si los parásitos manipulan de forma activa el metabolismo serotoninérgico de sus hospedadores o si el metabolismo alterado de la serotonina constituye parte de la respuesta del hospedador a la infección parasitaria. Sea una u otra la alternativa, si un comportamiento alterado del hospedador aumenta de alguna manera la aptitud del parásito, es normal que exista una selección de todos los rasgos parasitarios asociados con esos cambios de comportamiento del hospedador. A pesar de las diferencias entre *Microphallus papillorobustus* y *Polymorphus minutus*, es evidente que estos parásitos inducen varios cambios en el comportamiento del huésped, cuyo objetivo es facilitar situaciones en las que los crustáceos están más expuestos a la depredación, que es un paso esencial para que los minúsculos manipuladores aumenten la probabilidad de completar su ciclo vital.

«En busca de luz, un río nació», escribió el músico y poeta brasileño Vinicius de Moraes en el libro *Antología Poética*, publicado en 1954. Pues en este caso, en busca de luz, un gamárido murió. Acabó devorado por un pato avispado, porque estaba infectado y confundido por un parásito, pequeñín pero matón.

📖 Para leer más:

- Kennedy, Melissa. 2022. «Differential effects of fluoxetine on the phototactic behavior of 3 amphipod species (Crustacea; Amphipoda)». *Environmental Toxicology and Pharmacology* 93: 103889.
- Kochmann, Judith. 2023. «Infection with acanthocephalans increases tolerance of *Gammarus roeselii* (Crustacea: Amphipoda) to pyrethroid insecticide deltamethrin». *Environmental Science and Pollution Research* 30: 55582-55595.
- Labaude, Sophie. 2020. «Increased temperature has no consequence for behavioral manipulation despite effects on both partners in the interaction between a crustacean host and a manipulative parasite». *Scientific Reports* 10: 11670.
- Perrot-Minnot, Marie-Jeanne. 2024. «Contrasting alterations in brain chemistry in a crustacean intermediate host of two acanthocephalan parasites». *Experimental Parasitology* 265: 108821.
- Rothe, Louisa. 2022. «Parasite infection influences the biomarker response and locomotor activity of *Gammarus fossarum* exposed to conventionally-treated wastewater». *Ecotoxicology and Environmental Safety* 236: 113474.
- Shaw, Jenny. 2020. «High parasite diversity in the amphipod *Gammarus lacustris* in a subarctic lake». *Ecology and Evolution* 10 (21): 12385 12394.
- Vogel, Sebastian. 2023. «Intermediate host patterns of acanthocephalans in the Weser river system: co-invasion vs host capture». *Parasitology* 50 (5): 426-433.

Dibujo preparatorio realizado por José Maea hacia 1795 para la colección Retratos de los españoles ilustres, conservado en la Calcografía Nacional. Ejecutado a lápiz negro sobre papel, representa a Diego Velázquez de más de medio cuerpo, de pie y ligeramente de perfil, con la Cruz de Santiago en el pecho y sosteniendo paleta, tiento y pincel; en el cinto lleva la llave de su cargo de aposentador [Real Academia de Bellas Artes de San Fernando].

TELARAÑAS EXTRAÑAS

Diego Velázquez pintó *Las hilanderas* a mediados del siglo XVII, en la etapa de mayor esplendor del artista. La soberbia obra, también conocida como *La fábula de Aracne*, es rebuscada, magistral, desde el punto de vista técnico, y está abigarrada de personajes, objetos y acciones que conjugan dos escenas combinadas, y que provocan que el cuadro sea uno de los máximos exponentes de la pintura barroca española.

Velázquez traza dos historias ligadas con sutileza narrativa y sitúa la escena secundaria, de aire costumbrista, en el primer plano, para confinar la secuencia principal, de componente mitológico, al fondo. A primera vista, engañando a los ojos poco entrenados, el cuadro muestra una jornada cotidiana de trabajo con cinco hilanderas bregando en un taller de tapicería. La destreza de Velázquez es extraordinaria. Ilumina el ambiente utilizando la blusa blanca de la mujer de la derecha y alcanza la categoría premium cuando logra imitar el movimiento de la rueca situada a la izquierda de la pintura. Sin embargo, el meollo de la obra, que aporta la pista sobre la temática principal, está instalado en la retaguardia, en una estancia que aparece más elevada y donde varias damas de pie, engalanadas con vestidos suntuosos, observan un tapiz que representa una escena mitológica, la del rapto de Europa. En realidad, la pintura, cargada de simbolismo y significado, es un juego teatral en el que confluyen varias representaciones vinculadas al mito grecorromano de Aracne, que es narrado por Ovidio en el «Libro VI» de *Metamorfosis*.

Según cuenta Ovidio, Aracne, que era hija de un tintorero que teñía la lana con púrpura de Tiro, era famosa en Lidia, una región histórica situada en el oeste de la península de Anatolia, en lo que hoy son las provincias turcas de Esmirna y Manisa, por su extraordinaria habilidad para tejer y bordar. Aracne, engreída por recibir alabanzas habituales, afirmó que poseía aptitud y destreza superiores a la de Palas Atenea, la diosa griega de la guerra, las artes y la sabiduría que, en 1898, fue representada, armada y provista de símbolos iconográficos, por el pintor austriaco Gustav Klimt, en un maravilloso óleo sobre lienzo inspirado en la gran escultura de doce metros que custodiaba el templo griego del Partenón, en la Acrópolis de Atenas.

Baladronada arriba, jactancia abajo, los elogios llegaban en racimos y provocaban que la chulería de Aracne engordara más rápido que los cerdos a las vísperas de San Martín. Aracne estaba endiosada y el ambiente chispeaba. Olía a derbi. Atenea, disfrazada de anciana, y furiosa por el fanfarroneo de Aracne, advirtió a la joven de que no enfadara a los dioses. Altiva, Aracne siguió en sus trece y propuso una competición, para discernir quién era la mejor tejedora. Atenea aceptó y comenzó el concurso. Velázquez encarna a ambas figuras en el primer plano de *Las hilanderas*. Aracne es simbolizada joven y de espaldas, ataviada con blusa blanca, a la derecha del cuadro y tejiendo con maestría, mientras que Atenea aparece a la izquierda, junto a la rueca y disfrazada de vieja.

Las hilanderas o la fábula de Aracne, Velázquez [Museo Nacional del Prado].

La disputa fue enérgica. Palas Atenea tejió la escena de su victoria sobre Poseidón, que inspiró a los ciudadanos de Atenas para bautizar la ciudad en honor a la diosa. Aracne subió la apuesta e hiló un tapiz que representaba veintidós episodios de infidelidades de los dioses disfrazados de animales. Velázquez también recoge este episodio en *Las hilanderas*. Aparece al fondo del cuadro, en la escena reflejada en el tapiz, donde la diosa Palas, hija de Zeus, armada con casco, discute con Aracne tras competir en el arte de la tapicería. El tapiz reproduce una interpretación de *El rapto de Europa* que pintó Tiziano para Felipe II y que a su vez copió Rubens durante un viaje, en misión diplomática, a Madrid entre 1628 y 1629.

Concluido el torneo, Atenea, atribulada, admitió que la pericia de Aracne era superior a la suya, pero encolerizó por la irrespetuosa elección del motivo, que revelaba, entre otras, la infidelidad de Zeus a Hera con Europa. Atenea estaba furibunda, perdió los estribos y rompió con saña el tapiz de Aracne, para después golpear en la frente, en varias ocasiones, a la muchacha. Aracne advirtió que había sido una insensata y huyó infeliz, embargada por la vergüenza y humillada, con la finalidad de ahorcarse. Atenea encontró a Aracne pendida por un lazo que tenía asido a la garganta y se compadeció de ella. Salvó a la joven y alivió el sufrimiento de Aracne, pero dijo: «Vive pues, pero cuelga, aun así, malvada, y esta ley misma de tu castigo, para que no estés libre de inquietud en el futuro, declarada para tu descendencia y tus tardíos nietos sea». Después, asperjó la soga y a la propia Aracne con jugos de la hierba de Hécate. La transformación comenzó al instante. La bella Aracne perdió el pelo, la nariz y las orejas. De inmediato empequeñeció, y de ambos costados, ocupando todo el vientre, surgieron un total de ocho dedos descarnados que sustituyeron a los brazos y a las piernas, y con los cuales trabajaría la urdimbre que ella misma producía. Así, por decisión de Atenea, condenada a vivir colgada, la hermosa Aracne quedó metamorfoseada en una espeluznante y diminuta araña. Conforme a la leyenda, es por ello que las arañas son unas tejedoras excelentes.

Todas las arañas producen seda, pero no todas tejen telarañas. Las arañas utilizan la seda para diversos fines críticos, como la búsqueda de alimento, la locomoción, la anidación, el apareamiento, la protección de los huevos y la comunicación. Las funciones son múltiples y dispares, porque, por ejemplo, la araña de agua (*Argyroneta aquatica*) emplea la seda para fabricar, bajo el agua, una cámara de buceo de forma acampanada que sujeta a una planta acuática y que llena con burbujas de aire de la superficie. Resulta evidente que dos de los componentes claves y esenciales del importante éxito evolutivo de las arañas, en el papel de magníficos depredadores, son la seda y el veneno, que requieren sistemas fisiológicos complejos con una diversidad molecular extraordinaria. Las arañas comenzaron a tejer seda hace aproximadamente cuatrocientos millones de años, mucho antes de que los dinosaurios dominaran el planeta.

Existen unas 50 000 especies de arañas, clasificadas en 130 familias y más de 4000 géneros. Casi todas son venenosas, pero solo un pequeño porcentaje puede causar daños relevantes a las personas, porque los quelíceros de la mayoría de las especies son demasiado cortos y frágiles para penetrar la piel humana. Entre las más peligrosas e importantes, desde el punto de vista médico, destacan las incluidas en los géneros *Loxosceles*, *Latrodectus*, *Phoneutria* y *Atrax*.

Loxosceles laeta [Ana y Erik/Shutterstock].

140

Las arañas del género *Loxosceles* son conocidas con los apelativos de arañas violinistas o arañas del rincón, y algunas especies, como *Loxosceles laeta*, poseen un veneno potentísimo que tiene propiedad necrotizante, hemolítica, vasculítica y coagulante. En la piel provoca graves alteraciones vasculares, con áreas de vasoconstricción y otras de hemorragia, que llevan con rapidez a la isquemia local y a la constitución de una placa gangrenosa. Si el veneno alcanza la circulación sistémica, ya sea por inoculación directa en un capilar o por alteración en la permeabilidad, ejerce un gran poder hemolítico, que es el aspecto central del loxoscelismo cutáneo-visceral.

El loxocelismo es un síndrome clínico causado por la mordedura de las arañas del género *Loxosceles*. Este síndrome tiene dos subtipos, el cutáneo, que comienza con dolor y eritema local que evoluciona típicamente a una úlcera necrótica de extensión y profundidad variables, y el cutáneo-visceral o sistémico, que a las manifestaciones cutáneas agrega anemia hemolítica y en casos graves compromiso renal. La necrosis cutánea suele ser aparente alrededor del tercer día de evolución, en forma de una placa violácea llamada «placa livedoide». El cuadro clínico de las mordeduras de *Loxosceles* puede variar desde leve, con dermonecrosis local, hasta grave, con manifestaciones sistémicas que pueden acarrear la muerte, como hemólisis intravascular, coagulación intravascular diseminada e insuficiencia renal. Estas arañas no son agresivas y tienen un tamaño reducido, pero resultan una amenaza debido a que su veneno contiene esfingomielinasas D, unas enzimas que ya han sido descritas como las principales protagonistas del desarrollo de lesiones locales y manifestaciones sistémicas observadas en el loxoscelismo.

A pesar del pequeño número de especies de *Latrodectus*, en comparación con otros grupos de arañas, este género es bien conocido y resulta muy temido por ser el que engloba a las famosas e inquietantes viudas negras. El envenenamiento por estas arañas está marcado por una liberación masiva de neurotransmisores que conduce a manifestaciones neurotóxicas de alta morbilidad. El veneno contiene un grupo de neurotoxinas llamadas latrotoxinas, que se unen a las proteínas de las membranas presinápticas (latrofilina y neurexina), desencadenando la liberación masiva de neurotransmisores. Existen diferentes latrotoxinas, pero solo la α-latrotoxina es tóxica para los seres humanos y los animales domésticos. Esta toxina se une a los tejidos de los mamíferos, mientras que las otras latrotoxinas son específicas de otros grupos zoológicos.

Hay más de treinta tipos diferentes de arañas viuda negra en todo el mundo. La más conocida y característica es la especie *Latrodectus mactans*, que tiene el cuerpo negro brillante y una llamativa marca roja, en forma de reloj de arena, en el abdomen. Las hembras tienen glándulas venenosas más prominentes; colmillos de mayor longitud; un tamaño corporal que puede llegar a ser hasta veinte veces superior al de las contrapartes masculinas, y devoran a las arañas macho después del apareamiento, lo que técnicamente las convierte en viudas. Las picaduras de las viudas negras provocan un dolor intenso en el sitio de inoculación del veneno, que irradia provocando calambres musculares, espasmos, inquietud motora, salivación, sudoración, opresión precordial, hipertensión, abdomen en tabla, oliguria, ansiedad, excitación mental y dolores agonizantes. Además, estos síntomas son responsables tanto del *pallor mortis* que experimentan algunos pacientes después de la mordedura, como de la convalecencia prolongada. La muerte no es común, pero si ocurre, generalmente es debida a edema pulmonar e insuficiencia cardíaca. La viuda negra europea (*Latrodectus tredecim-guttatus*) también es de color negro brillante, similar a la mayoría de las otras especies de viudas, y puede ser identificada con facilidad porque presenta trece manchas en el abdomen, que suelen ser de color rojo, aunque en algunas ocasiones lucen tonos amarillos o naranjas.

Las especies del género *Phoneutria*, llamadas arañas errantes brasileñas o arañas del banano, son consideradas agresivas y están entre las arañas más venenosas del mundo. La mayoría de las picaduras clínicamente importantes de este género ocurren en Brasil, donde son informados unos cuatro mil casos por año, aunque solo el 0,5 % son graves. El dolor local es el síntoma principal, pero otras características observadas en pacientes envenenados incluyen edema, eritema, dolor irradiado, sudoración, fasciculación y parestesia. Las manifestaciones sistémicas son menos comunes y pueden incluir diaforesis, taquicardia, hipertensión arterial, agitación, postración, sialorrea, vómitos, taquipnea, palidez, hipotermia, cianosis, diarrea y priapismo, es decir una erección prolongada del pene. El shock y el edema pulmonar, las principales complicaciones graves, son poco frecuentes.

El género *Atrax* contiene a algunas de las denominadas arañas de tela en embudo australianas, que son de considerable interés sanitario, porque producen venenos extraordinariamente complejos que pueden provocar un síndrome de envenenamiento fatal en los humanos. De hecho, los envenenamientos graves eran comunes antes de la introducción del antiveneno en la década de 1980, con más de una docena de muertes humanas registradas.

De todas las arañas conocidas, hay al menos 41 000 especies descritas que tejen seda en todos los ecosistemas terrestres conocidos, excepto en la Antártida. Muchas de estas arañas producen de siete a ocho tipos distintos de sedas, que son utilizadas para crear gran variedad de telarañas.

Las telarañas pueden ser clasificadas en grandes tipos genéricos como son orbe, lámina, enredo, embudo, encaje, radial o bolsa, y van desde madrigueras revestidas de seda en el suelo, hasta telarañas aéreas en forma de orbe, pasando por las telarañas tridimensionales aparentemente caóticas.

La seda con la que las arañas construyen sus redes es una fibra natural típica de alto rendimiento que muestra una combinación específica de propiedades, como son alta resistencia, gran extensión y alta capacidad de amortiguación, lo que resulta en una mayor tenacidad en comparación con otros materiales. Por ejemplo, la seda utilizada para construir el borde y los radios de una telaraña de tipo orbe, la típica con forma de espiral, tiene una resistencia a la tracción similar a la del acero, pero con una densidad mucho menor, y además puede estirarse hasta un 30 % sin romperse. Aun así, las telarañas orbiculares son más frágiles que, por ejemplo, las que tienen forma de embudo. El viento y la lluvia suelen dañar la estructura de las telarañas orbiculares, mientras que el revestimiento pegajoso del hilo espiral que atrapa a los insectos voladores se vuelve ineficaz, porque adhiere polen y polvo. Como resultado, las telarañas deben ser construidas cada día, una operación que requiere la fabricación de unos veinte metros de seda. El coste energético es alto, y para reciclar los aminoácidos que componen las proteínas de la seda, algunas arañas tejedoras de telaraña, mientras desmantelan las estructuras dañadas, ingieren la seda con la que construyeron las redes.

Erigir telarañas es un hito al alcance de algunos organismos entre los que no están las avispas adultas. En el fondo esto es una faena para las avispas, porque las telarañas vienen de perlas a varias especies parasitoides. Algunas de estas avispas pertenecen al género *Hymenoepimecis* que, aunque tampoco pueden construir telarañas, han encontrado la solución perfecta, que consiste en esclavizar arañas. Parece increíble, pero una vez más, la realidad supera a la ficción.

La especie *Hymenoepimecis argyraphaga* es una avispa costarricense cuyo huésped es la araña *Plesiometa argyra*. El ciclo de vida de *Hymenoepimecis argyraphaga* es flipante. Comienza con la avispa acechando a la incauta araña. Luego, una vez en el punto de mira, en un periquete la avispa hembra ataca a la confiada *Plesiometa argyra*, mientras la araña descansa en el centro de la telaraña, y la pica con el aguijón para dejarla paralizada temporalmente, de diez a quince minutos.

En ese intervalo, la avispa pega un huevo al abdomen del arácnido. Tras pasar ese mal trago, la araña parece recuperada sin consecuencias, y reanuda la actividad habitual, construyendo telarañas de tipo orbe, que en apariencia son normales y con las que podrá capturar presas durante los siguientes de siete a catorce días, hasta que el huevo de la avispa eclosiona y la larva crece. A continuación del nacimiento, la larva de la avispa permanece adherida a la superficie del abdomen del huésped y se alimenta succionando hemolinfa a través de pequeños orificios que hace en la cutícula abdominal de la araña. En este periodo la araña actúa como si no ocurriera nada, repara la telaraña y captura insectos. Esta fase dura de una a dos semanas, y con el paso de los días la larva va madurando camino del desenlace. Cuando la larva está lista para formar la pupa, la noche antes en la que matará a la araña, inyecta un cóctel químico al arácnido que cambia el comportamiento del animal. La inyección de la larva provoca que la araña empiece a construir una nueva y particular telaraña, muy diferente a cualquiera otra que haya fabricado antes.

La araña manipulada rectifica la arquitectura de la telaraña de diversas maneras. La red de tipo orbe habitual de la araña es alterada para crear una telaraña modificada que recibe el nombre de «red del capullo» y cuya misión es sustentar el capullo donde la avista realizará la metamorfosis. En la telaraña transformada algunos de los componentes son reducidos, como por ejemplo la espiral de la red y algunos radios, y otros son reforzados, como varios radios clave, el eje central o el marco, e incluso algunos elementos son multiplicados y fortificados, como por ejemplo los hilos. La red del capullo es más fuerte y está diseñada de manera efectiva para proporcionar un soporte robusto y más duradero para el capullo de la avispa que la red normal. Los efectos son persistentes porque, aunque la larva sea retirada de la araña, el arácnido sigue tejiendo redes modificadas durante un tiempo. Si la larva ha permanecido aferrada a la araña, una vez alcanzado el propósito y construida la extraña red del capullo, la larva muda al siguiente estadio: mata y consume a la araña, descarta el exoesqueleto exánime y pupa, quedando colgada de la telaraña modificada, hasta que la avispa completa la metamorfosis y emerge en forma adulta. Llegado este momento, el ciclo de vida de la avispa vuelve a empezar.

Con la manipulación, la avispa consigue que la araña construya un soporte muy fuerte y perdurable, que sostiene de forma eficaz al capullo y que es esencial para que la larva pueda concluir la metamorfosis. Al parecer, la estrategia de protección de la pupa, en las avispas parasitoides asociadas a las arañas, está compuesta de dos líneas defensivas, que combinan las defensas tanto del parasitoide como de la araña huésped. La larva parasitoide produce un capullo protector y la araña huésped produce una red. Ambos deben servir como protección para el parasitoide durante la etapa de pupa. Las telarañas de capullo modificadas que tejen las arañas parasitadas utilizan las líneas de armazón preexistentes de las telarañas de captura, pero carecen del orbe característico y contienen un único hilo central fuerte, en el que el parasitoide ancla o suspende su capullo. Esto, en apariencia, reduce el acceso de los depredadores al parasitoide y también quizás la aproximación de posibles y peligrosos hiperparasitoides.

En diversos sistemas hospedador-parasitoide, las manipulaciones análogas pueden resultar de mecanismos subyacentes similares, como la inyección de compuestos psicotrópicos relacionados con los ecdisteroides o precursores de ellos. Los ecdisteroides, como hormonas clave del crecimiento, regulan la muda, la metamorfosis y la reproducción en los artrópodos. La biosíntesis de ecdisteroides es catalizada por una serie de monooxigenasas del citocromo P450 (CYP450), codificadas por los genes de Halloween, incluidos *spook* (*spo*), *phantom* (*phm*), *disembodied* (*dib*), *shadow* (*sad*) y *shade* (*shd*). Varias investigaciones sugieren que existe una probabilidad considerable de que el uso de ecdiesteroides esté muy extendido, por parte de las avispas, y con el fin de manipular el comportamiento de las arañas hospedadoras.

La relación entre las avispas parásitas y las arañas es antigua, profunda y diversa, de tal forma que manifiesta paradigmas dispares y múltiples, donde unas actúan de titiriteros y otras de marionetas. Por citar algunos pocos ejemplos, la araña tetragnátida *Leucauge argyra* también es manipulada por la larva de *Hymenoepimecis argyraphaga*, para construir una red del capullo que consiste en un número bajo de hilos radiales que irradian en un plano desde un eje central. Las avispas *Sinarachna pallipes*, *Polysphincta tuberosa* y *Polysphincta boops* manipulan arañas del género *Araniella* de manera similar, con el fin de que construyan redes modificadas. La araña de seda dorada (*Trichonephila clavipes*) es mangoneada por la avispa *Hymenoepimecis robertsae* para construir una red del capullo, que consiste en una plataforma con forma de cubo. Así podríamos seguir un buen rato.

Por otra parte, en algunas especies de avispas parásitas, el parasitoide también induce un comportamiento de hibernación en la araña huésped y completa su desarrollo el año siguiente. En ocasiones, la naturaleza brinda ligeras variantes. La especie *Brachyzapus niookensis*, otra avispa parasitoide de arácnidos, induce a que el huésped, la araña

Leucauge argyra [Judith R.S./Shutterstock].

Agelena limbata, que construye redes en embudo, coloque hilos adicionales o velos de seda fina y espesa, cubriendo y protegiendo la entrada de la telaraña, con lo cual evita el ingreso de depredadores generalistas como son las hormigas.

Las avispas del género *Zatypota* inducen a los juveniles de la especie *Anelosimus eximus*, que es un tipo de araña terídida social, a dispersarse de las redes comunales y construir telarañas completamente nuevas, compuestas de seda mucho más densa y con aberturas limitadas, lo que brinda un acceso reducido a los depredadores o a los hiperparasitoides. El aislamiento de la red comunitaria parece ser adaptativo, porque reduce el riesgo de que el parasitoide adulto sea atacado por otras arañas durante la eclosión. Las avispas de género *Zatypota* consiguen parasitar a las arañas de la familia *Dictynidae*, que son constructoras de redes aéreas y producen telarañas enredadas tridimensionales en las copas de los árboles, arbustos o en la vegetación más alta.

Dentro de esta familia, los géneros *Dictyna*, *Lathys* y *Nigma* son abundantes en Europa central, comparten un nicho ecológico similar y a menudo coexisten en el dosel vegetal. El único parasitoide conocido que está asociado con la familia *Dictynidae* es la avispa *Zatypota anomala*, que está distribuida a lo largo del holártico, y vinculada, específicamente, con el género *Mallos* en América del Norte y con el género *Dictyna* en Europa. Esta avispa es también el único parasitoide conocido capaz de ovipositar en arañas cribeladas, cuyas telas contienen hilos enredados. Este tipo de seda requiere que la araña peine los hilos, empleando el calamistrum y el cribelo, que son estructuras utilizadas para formar las bandas de seda con vellosidades características de las redes de estas arañas. La red cribelada es muy adhesiva y algunas investigaciones sugieren que fija a las presas mediante fuerzas de van der Waals, disuadiendo así los ataques de depredadores y parasitoides.

¿Recuerda la canción infantil en la que un elefante se balanceaba sobre la tela de una araña y como veía que resistía fue a llamar a otro elefante? Pues, quizás, la telaraña era tan firme y capaz de aguantar a una pila de paquidermos porque había sido tejida por una araña parasitada o, incluso, vete tú a saber si aquella araña de España, la que recitaba Gloria Fuertes y que ni picaba ni arañaba, sino que bailaba flamenco en la pestaña, también estaba manipulada por alguna avispa canalla. ¡Tacatá, tacatá!

📖 Para leer más:

- Campili Pereira, Luis. 2022. «Behavioral manipulation in two sheet web weaver-spider by the parasitoid wasp, *Eruga unilabiana* Pádua & Sobczak, 2018 (hymenoptera: Ichneumonidae)». *Entomological Science* 25 (4): e12523.
- Fei, Minghui. 2023. «The Biology and Ecology of Parasitoid Wasps of Predatory Arthropods». *Annual Review of Entomology* 23 (68):109-128.
- Hernandez-Duran, Linda. 2023. «Exploring behavioral traits over different contexts in four species of Australian funnel-web spiders». *Current Zoology* 69 (6): 766-774.
- Herzig, Volker. 2020. «Australian funnel-web spiders evolved human-lethal δ-hexatoxins for defense against vertebrate predators». *PNAS* 117 (40) 24920-24928.
- Hopfe, Charlotte. 2024. «Impact of environmental factors on spider silk properties». *Current Biology* 34 (1): 56-67.
- Kloss, Thiago. 2017. «Proximate mechanism of behavioral manipulation of an orb-weaver spider host by a parasitoid wasp». *PLoS ONE* 12 (2): e0171336.
- Korenko, Stanislav. 2015. «Modification of *Tetragnatha montana* (Araneae, Tetragnathidae) web architecture induced by larva of the parasitoid *Acrodactyla quadrisculpta* (Hymenoptera, Ichneumonidae, Polysphincta genus-group)». *Zoological Studies* 54: 40.
- Velasco-Cárdenas, Andrés. 2024. «Behavioral Modification of *Leucauge mariana* Induced by an Ichneumonid Spider-Parasitoid, *Hymenoepimecis castilloi*, in the Colombian Andes». *Neotropical Entomology* 53: 364-371.

PSICOSIS

Camille estaba en tal estado de ira que tomó todos los modelos de cera que encontró y los arrojó al fuego. Las llamas, hambrientas, devoraron los prototipos con avidez, creando un resplandor intenso, mágico y cálido, que Camille utilizó para caldear sus pies. La salud física y mental de Camille había empeorado y anunciaba un destino aciago.

La magnífica escultora francesa Camille Claudel desarrolló, alrededor de los cuarenta años, una enfermedad psicótica crónica. Padeció delirios de persecución, centrados en el famoso Auguste Rodin, antiguo mentor y amante. Camille Claudel era una joven y prometedora artista cuando conoció a Rodin, a principios de la década de 1880. Auguste Rodin, que es considerado el padre de la escultura moderna, quedó prendado de Camille, veinticuatro años más joven que él, y decidió acogerla como alumna, aunque pronto pasó a ser colaboradora, amante y musa.

Auguste Rodin era un gigante y Camille Claudel una virtuosa capaz de esculpir majestuosas formas fluidas y simbólicas, que revelaban un gusto exquisito por la técnica y un talento abrumador. La pareja tenía un lugar especial que mantenían en secreto y donde podían pasar tiempo juntos. El emplazamiento era el castillo de l'Islette, una construcción renacentista ubicada a dos kilómetros de Azay-le-Rideau, en la región francesa de Touraine. Allí, Camille Claudel modeló el busto de *La Petite Châtelaine* y Rodin perfiló la estatua del novelista Honoré de Balzac, compartiendo largas sesiones y exigentes posados con un carretero de Azay-le-Rideau que actuó de modelo. El *Monumento a Balzac* es considerado la concepción artística que inaugura el lenguaje plástico del siglo xx.

Camille y Auguste mantuvieron una relación intensa, apasionada y problemática, reflejada en algunas cartas personales aún conservadas. El viaje en la montaña rusa duró hasta 1892, cuando la artista dejó al escultor. Es muy probable que la euforia que impregnaba esta historia de amor fuera esencial en la creación de maravillosas y delicadas esculturas como son *La Eterna Primavera* y *Fugit Amor*. Tras la ruptura, las obras de Camille fueron mencionadas con frecuencia en revistas de arte y la autora comenzó a disfrutar de cierto reconocimiento individual. Por desgracia, las dichas caducaron pronto. Pasados unos años, Camille enfermó. De la nada, aparecieron las primeras crisis nerviosas y emocionales. Varias, que fueron agudas, presagiaron la llegada de una borrasca negra y profunda, que persistió asida, con uñas y dientes, a la mente de Camille. Aislada, desgastada y recluida, malvivió encerrada en su casa-taller, rodeada de miseria y destruyendo las obras que amaba. En menos que canta un gallo, la pujante trayectoria de la escultora descarriló.

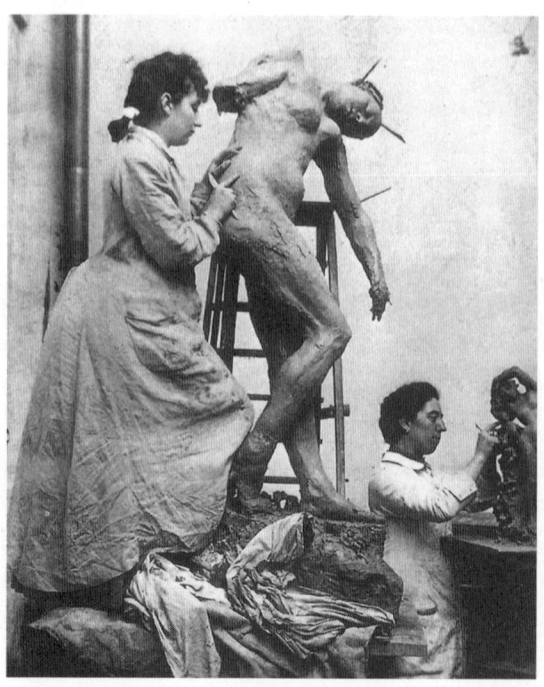

Camille Claudel en su estudio de París. La fotografía refleja el ambiente de intensa concentración y búsqueda formal que marcó su trayectoria, en un momento en que la escultora trabajaba con una libertad creativa poco común para una mujer en la Francia de fin del siglo xix.

El 10 de marzo de 1913, una semana después de morir su padre, principal apoyo y protector, Camille fue internada en el hospital psiquiátrico francés de Ville-Évrard, en Neuilly-sur-Marne. Los médicos creían que Camille no necesitaba institucionalización, pero la familia insistió. Pasados unos meses, fue trasladada al asilo de Montdevergues, cerca de Avignon, donde permaneció treinta años, hasta el 19 de octubre de 1943, fecha en la que murió. Según los datos y las observaciones recogidas durante el internamiento de Camille, es probable que el diagnóstico actual de la escultora hubiera sido un trastorno psicótico relacionado con la esquizofrenia paranoide.

La esquizofrenia es un trastorno neuropsiquiátrico generalizado, de etiología desconocida, que afecta alrededor del 1 % de la población mundial, y que está situada entre las diez principales causas de discapacidad a nivel global. La esquizofrenia se caracteriza por la psicosis y la pérdida de contacto con la realidad; las alucinaciones; las ideas delirantes; el habla y las conductas desorganizadas; el rango restringido de emociones; los déficits cognitivos, y la disfunción laboral y social.

Los déficits cognitivos son una característica común de la esquizofrenia. El grado de disfunción cognitiva varía entre los individuos afectados y, en general, es persistente durante el curso de la enfermedad esquizofrénica. Pueden ocurrir antes de la aparición de los otros síntomas de la esquizofrenia o del inicio de la terapia antipsicótica.

La extensión de los déficits cognitivos tiene poca correlación con la gravedad de los síntomas característicos de la esquizofrenia, como son las alucinaciones o los delirios. En el contexto del deterioro cognitivo generalizado en la esquizofrenia, la evidencia sugiere que algunos aspectos de la función cognitiva están específicamente deteriorados, en particular la memoria episódica y la velocidad de procesamiento, pero también han sido observados déficits en otras habilidades de la memoria y en el funcionamiento ejecutivo, incluidas las tareas de razonamiento, abstracción y fluidez. La disfunción cognitiva en la esquizofrenia es un factor importante que contribuye a las profundas discapacidades sociales que acompañan a la enfermedad. Los déficits cognitivos han sido asociados con impedimentos de los pacientes para realizar actividades diarias, responder a intervenciones de rehabilitación, conseguir empleo y establecer relaciones sociales.

La etiología de los deterioros cognitivos en la esquizofrenia es desconocida. Los análisis genéticos han identificado algunas regiones cromosómicas asociadas con una disminución del funcionamiento cognitivo en personas con esquizofrenia. Sin embargo, no han sido identificados genes individuales de gran efecto, lo que sugiere que los factores ambientales también pueden contribuir a los déficits cognitivos en esta población.

En el contexto de los factores ambientales, algunos patógenos, como es el virus del herpes simple de tipo 1 (VHS-1), pueden estar implicados en los trastornos estructurales y cognitivos que caracterizan a las enfermedades mentales graves.

El VHS-1 es uno de los ocho virus del herpes humano (VHH). El resto son el VHS-2, el virus de la varicela-zóster (HHV-3), el virus de Epstein-Barr (HHV-4), el citomegalovirus (HHV-5), el HHV-6, el HHV-7 y el HHV-8. Los herpesvirus son virus grandes de ADN bicatenario que están bien adaptados a la infección humana, ya que establecen una infección de por vida, rara vez causan la muerte del huésped y se propagan con facilidad entre individuos.

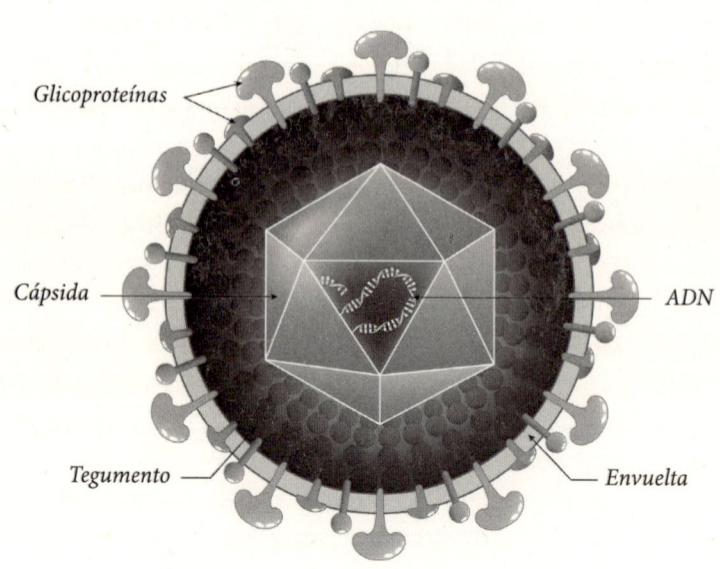

Esquema de la estructura del VHS-1 [Designua/Shutterstock].

Las estimaciones apuntan a que, a nivel global, el virus del herpes simple de tipo 1 (VHS-1), la principal causa de herpes labial, infecta a 3800 millones de personas menores de cincuenta años. La mayoría de las personas no presentan síntomas o cursan solo con síntomas leves. La infección puede causar vesículas o úlceras dolorosas que pueden reaparecer periódicamente al cabo de un tiempo. Los medicamentos pueden reducir los síntomas, pero no curan la infección. Algunos de los antivíricos habituales administrados para combatir el VHS-1 son el aciclovir, el famciclovir y el valaciclovir.

Durante mucho tiempo, el virus del herpes simple tipo 1 (VHS-1) ha sido considerado, en gran medida, inocuo, pero ahora existen sospechas de que tiene efectos nocivos sobre la cognición y el comportamiento humanos. Además, es la causa más comúnmente identificada de encefalitis esporádica en todo el mundo, representando del 5 % al 15 % de las encefalitis infecciosas en niños y adultos. Las terapias antivirales reducen la tasa de mortalidad de los pacientes con encefalitis por herpes simple. Sin embargo, una gran proporción de pacientes recuperados muestran secuelas neurológicas, que van de moderadas a graves. Una posible explicación de la lesión cerebral es la neuroinflamación provocada por el virus.

Inicialmente, el virus obtiene acceso a los tejidos del huésped a través de las membranas mucosas o la piel dañada. Después de la infección primaria del epitelio de la mucosa o la piel, el virus infecta las neuronas sensoriales. Tras la replicación primaria en las células epiteliales, el VHS-1 establece una latencia en los ganglios del trigémino y las infecciones latentes pueden persistir durante décadas. Sin embargo, estímulos como las señales de estrés y la inmunidad debilitada pueden provocar la reactivación del VHS-1 desde las neuronas sensoriales en cualquier momento. El VHS-1 es neurotrópico y se replica predominantemente en las regiones frontal y temporal del cerebro, donde, en potencia, podría conducir a deterioros cognitivos y alteraciones de la memoria similares a los observados en personas con esquizofrenia.

Varias investigaciones apuntan a que los patógenos neurotrópicos latentes podrían contribuir a deterioros cognitivos y a cambios de comportamiento. El VHS-1 establece infecciones latentes de por vida y puede, durante los períodos de reactivación, inducir una respuesta inflamatoria que influye en el tejido cerebral y que potencialmente contribuye, años o décadas después de la infección primaria, a la aparición de trastornos psiquiátricos o de comportamiento suicida. De hecho, algunos estudios científicos apoyan que la infección por VHS-1 puede ser un factor que contribuye a la conducta suicida.

Desconocemos en qué medida, o bajo qué circunstancias, la inflamación desencadena la aparición de enfermedades psiquiátricas. La edad, el estrés, las infecciones coexistentes y los determinantes genéticos y ambientales de la respuesta inmunitaria son posibles factores reactivadores.

Lo cierto es que las investigaciones sugieren que el VHS-1 está involucrado en la aparición de algunas enfermedades psiquiátricas, quizás porque el virus sería el responsable de desencadenar una respuesta inflamatoria elevada, crónica y decisiva, durante uno o más brotes inflamatorios graves a lo largo de la vida.

📖 PARA LEER MÁS:

- Andreou, Dimitrios. 2024. «Increased Herpes simplex virus 1, *Toxoplasma gondii* and Cytomegalovirus antibody concentrations in severe mental illness». *Translational Psychiatry* 14: 498.
- Dickerson, Faith. 2020. «The association between exposure to herpes simplex virus type 1 (HSV-1) and cognitive functioning in schizophrenia: A meta-analysis». *Psychiatry Research* 291: 113157.
- Klein, Hans. 2023. «Inflammation and viral infection as disease modifiers in schizophrenia». *Frontiers in Psychiatry* 14: 1231750.
- Komaroff, Anthony. 2020. «Human Herpesviruses 6A and 6B in Brain Diseases: Association versus Causation». *Clinical Microbiology Reviews* 34 (1): e00143-20.
- Linard, Morgane. 2020. «Interaction between APOE4 and herpes simplex virus type 1 in Alzheimer's disease». *Alzheimer's & Dementia* 16 (1): 200-208.
- Nissen, Janna. 2019. «Herpes Simplex Virus Type 1 infection is associated with suicidal behavior and first registered psychiatric diagnosis in a healthy population». *Psychoneuroendocrinology* 108: 150-154.
- Rybak-Wolf, Agnieszka. 2023. «Modelling viral encephalitis caused by herpes simplex virus 1 infection in cerebral organoids». *Nature Microbiology* 8: 1252-1266.

LOS SEIS GRADOS DE KEVIN BACON

Los seis grados de Kevin Bacon es un juego popular estadounidense que consiste en encontrar la ruta más corta para conectar, a través de la aparición en películas cinematográficas, a cualquier actor o actriz de Hollywood con Kevin Bacon. Según las reglas, alguien que haya actuado en un filme con Kevin Bacon tiene un número de Bacon de 1. Si no ha actuado con Bacon, pero ha trabajado con otro intérprete que sí lo ha hecho, su número de Bacon es de 2, y así sucesivamente. De este modo, Meryl Streep, que coincidió con Kevin Bacon en *Río Salvaje*, tiene un número de Bacon de 1, mientras que, a fecha de septiembre de 2025, Denzel Washington posee un número de Bacon de 2, porque protagonizó, junto a Gary Oldman, *El libro de Eli*, y Oldman actúo con Bacon en *JFK: Caso abierto*.

En realidad, el pasatiempo resalta, en tono humorístico, la vasta red de contactos que posee el consolidado y versátil actor Kevin Bacon, y está basado en la idea de los seis grados de separación, una teoría que defiende que una persona del planeta puede estar conectada a cualquiera mediante una cadena de no más de seis conocidos. Esta reflexión cobró fuerza en 1990, con el estreno de la obra teatral *Seis grados de separación*. La producción, escrita por el dramaturgo John Guare, explora la premisa existencial de que todos estamos interconectados, y cuenta la historia de un joven estafador que, para engañar a una pareja adinerada de Nueva York, finge ser estudiante de Harvard y el hijo del actor Sidney Poitier.

Aunque parezca inverosímil, existe un gen, el CG14109 de la mosca de la fruta (*Drosophila melanogaster*), que se denomina *gen de los grados de separación de Kevin Bacon (dobk)*. Este gen influye en la centralidad de intermediación en *Drosophila melanogaster*. La centralidad de intermediación, al igual que otras medidas de centralidad, cuantifica la importancia de los individuos para facilitar las interacciones dentro de una red social, y es definida como el número de rutas más breves que atraviesan un nodo/individuo. En esencia, identifica los nodos o individuos que actúan como puentes o intermediarios cruciales en el flujo de información, recursos o interacciones dentro de la red. En algunos animales, como los delfines y los damanes de roca, las medidas altas de centralidad están correlacionadas con mejores resultados de salud.

En el caso de *Drosophila melanogaster,* algunos individuos actúan como líderes centrales, de modo que hay una mosca, que podemos designar con el número 1, por la que pasan todas las decisiones. Así, gracias a la mosca 1, el individuo más alejado de la red social que establecen estos dípteros está a seis grados de separación como máximo. El *gen de los grados de separación de Kevin Bacon (dobk)* regula los tipos de conexiones entre las moscas de la fruta y es clave en la estructura social de estos insectos.

No obstante, tener alta centralidad de intermediación puede ser la base de resultados beneficiosos o perjudiciales. Por ejemplo, tener alta centralidad de intermediación en una red de investigación científica aumenta los colaboradores potenciales, pero en una red de enfermedades, puede aumentar la probabilidad de infección. Diversos estudios han demostrado que la centralidad de intermediación es, con notable probabilidad, hereditaria en varias especies, incluidas las marmotas, los macacos, las moscas de la fruta y los humanos.

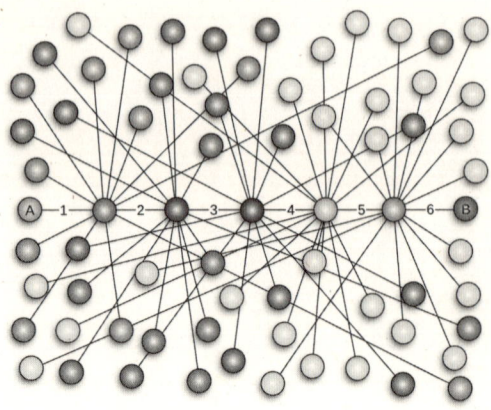

Dibujo que ilustra la teoría de los seis grados de separación [Wikimedia Commons].

El nombre dado al *gen de los grados de separación de Kevin Bacon* (*dobk*), subraya, con un cariz jocoso, la importancia de la mosca en la investigación de redes genéticas y cómo los genes interactúan entre sí, de manera similar a la idea de los «seis grados de separación» que vinculan a las personas con el actor Kevin Bacon.

A principios del siglo XX, el trabajo con la mosca de la fruta de Thomas Hunt Morgan y sus estudiantes de la Universidad de Columbia condujo a grandes revelaciones, como la herencia ligada al sexo y el hallazgo de que la radiación ionizante causa mutaciones genéticas. Desde entonces, *Drosophila melanogaster* ha sido empleada como un invaluable y robusto organismo modelo en genética, neurociencia, biología del desarrollo, envejecimiento y otras áreas de la investigación biomédica, contribuyendo a descubrimientos que han mejorado nuestra comprensión de la biología básica y la salud humana.

Alrededor del 75 % de los genes que causan enfermedades en humanos tienen equivalentes en la mosca de la fruta. Esta peculiaridad convierte a *Drosophila melanogaster* en un modelo muy valioso para estudiar patologías humanas como el cáncer, el Alzheimer, el Parkinson y diversos trastornos metabólicos. La versatilidad, el bajo coste, el ciclo de vida corto, el genoma bien caracterizado y la viabilidad de la manipulación genética han hecho de la mosca de la fruta un organismo modelo indispensable para la investigación básica.

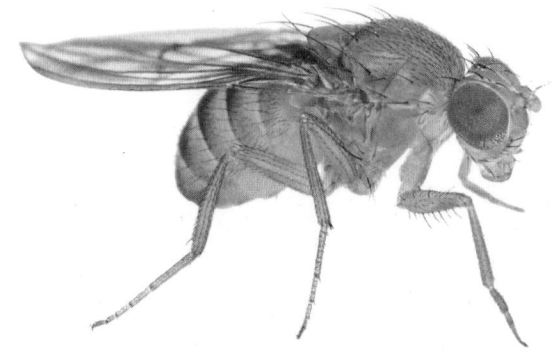

Drosophila melanogaster [Nechaevkon/Shutterstock].

En los últimos años, *Drosophila melanogaster* ha adquirido relevancia en los estudios de la interacción huésped-patógeno y del control de enfermedades infecciosas.

Las enfermedades fúngicas invasivas tienen profundos efectos en la salud humana y están aumentando a nivel mundial. En el año 2022, la Organización Mundial de la Salud (OMS) publicó la lista de prioridades para hongos, instando a mejorar las intervenciones de salud pública y a avanzar en la investigación. *Drosophila melanogaster* constituye un excelente modelo para analizar las interacciones huésped-patógeno y ha demostrado ser valiosa para el estudio de la inmunopatogenia de las enfermedades fúngicas, porque comparte las vías de señalización Toll y NF-κB con los vertebrados.

Cabe destacar que el descubrimiento del receptor Toll de la mosca de la fruta, hace casi tres décadas, dilucidó la función de la vía análoga del receptor tipo Toll (TLR) de los mamíferos, que es indispensable para la inmunidad innata. Los receptores tipo Toll (TLR) desempeñan un papel crucial en el reconocimiento de infecciones fúngicas y en la modulación de la respuesta inmunitaria del huésped.

Hay más de 125 000 especies de hongos descritas, pero solo unos pocos cientos son patógenos para los humanos. Las estimaciones varían entre unas doscientas y casi trescientas especies. Sin embargo, la carga anual mundial de enfermedades fúngicas es enorme. Los datos apuntan a que las infecciones superficiales, por ejemplo, de la piel, el cabello, las uñas y los ojos, afectan a mil millones de personas. Además, las infecciones de las mucosas, por ejemplo, orales y vaginales, perjudican a unos 135 millones de individuos y las infecciones alérgicas provocadas por hongos aquejan a alrededor de 23,3 millones de humanos. Las infecciones fúngicas invasivas crónicas graves y agudas afligen a varios millones de personas más y tienen tasas de mortalidad extremadamente altas. Las tasas de mortalidad en ciertos grupos de pacientes con inmunodepresión grave y aspergilosis invasiva pueden alcanzar el 50 %. De hecho, las enfermedades fúngicas son responsables de más de 1,6 millones de muertes al año, una tasa similar a la de la tuberculosis y más de tres veces superior a la de la malaria.

Drosophila melanogaster también es susceptible a una amplia gama de hongos patógenos, entre los que destaca la especie *Entomophthora muscae*. Las especies del género *Entomophthora* son hongos entomopatógenos de diversos insectos, incluidos varios tipos de moscas. Muchas especies de *Entomophthora* provocan cambios drásticos en el comportamiento del huésped que benefician al patógeno invasor.

El ciclo vital de *Entomophthora muscae* comienza cuando una espora del hongo entra en contacto con una mosca. La espora germina y penetra la cutícula del insecto en pocas horas. Una vez dentro de la mosca, el hongo crece formando hifas y absorbiendo nutrientes del cuerpo graso y otros tejidos del díptero. A medida que la infección progresa, el hongo manipula el comportamiento del huésped interfiriendo las vías neuronales, las respuestas al estrés y los ritmos circadianos de la mosca.

Horas antes de morir, la mosca afectada por el hongo exhibe un comportamiento llamativo conocido como «subida a la cima». La mosca infectada trepa a una posición elevada, como la punta del tallo de una planta o incluso una ventana. Allí, extiende la probóscide y secreta una sustancia pegajosa que fija a la mosca al lugar. Después abre las alas, gira el cuerpo y adopta una postura específica hasta que muere. Cuando la mosca está muerta, el hongo desarrolla estructuras especializadas llamadas conidióforos que emergen del cadáver. Los conidióforos son capaces de liberar de forma rápida numerosas esporas al medio ambiente, lo cual facilita la dispersión del hongo hacia nuevos huéspedes potencia-

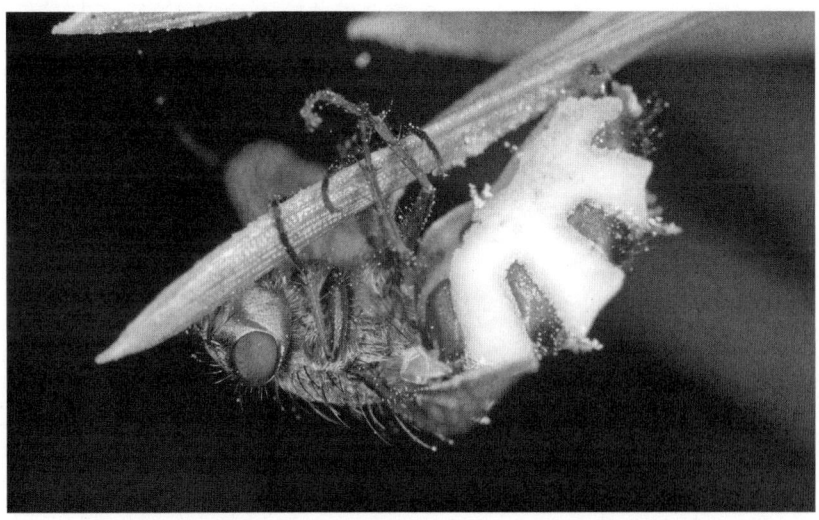

Díptero infectado por *Entomofthora muscae* [Tomasz Klejdysz/Shutterstock].

les. Por tanto, el comportamiento de ascenso y la postura particular de muerte son cruciales para la estrategia de dispersión del hongo. Al colocar el cadáver en un emplazamiento alto y expuesto, y obligar a la mosca a que adopte una postura propicia para la descarga activa de conidios fúngicos infecciosos, el hongo maximiza las posibilidades de que sus esporas sean liberadas al aire e infecten a nuevas víctimas.

Díptero infectado por *Entomofthora muscae* [Henri Koskinensss/Shutterstock].

Por si esto fuera poco, *Entomophthora muscae* genera una mezcla química de sesquiterpenos volátiles y altera el perfil de los hidrocarburos cuticulares naturales en cadáveres de moscas domésticas hembras infectadas (*Musca domestica*). Los compuestos fúngicos emitidos actúan como feromonas que atraen a las moscas domésticas macho sanas. Estas sustancias incitan a los machos no infectados a aparearse con los cadáveres de las hembras.

La mosca doméstica es carroñera y siente atracción por restos de comida, basura, heces de animales y otros materiales orgánicos en descomposición. Debido a estos hábitos alimenticios generalistas y oportunistas y a la capacidad para transportar patógenos en las patas y en el aparato bucal, la mosca doméstica es un vector mecánico de numerosas enfermedades, incluyendo la disentería, el cólera y la salmonelosis.

«Escuché el zumbido de una mosca cuando morí», escribió la apasionada y grandísima Emily Dickinson. El mórbido y gótico poema *Oí el zumbido de una mosca cuando morí* refleja la profunda obsesión de Emily con la enfermedad y la muerte. Las moscas juegan un papel crucial en la descomposición de los cadáveres. Las moscas de la carne son de los primeros insectos en colonizar un cuerpo sin vida, mientras que las moscas domésticas llegan en las etapas media a tardía de la descomposición, especialmente en ambientes interiores o protegidos. La mosca doméstica realiza la puesta de huevos en materiales orgánicos en descomposición.

Antes de eso, en las moscas domésticas, el cortejo comienza con el macho saltando sobre la hembra con el llamado «golpe de apareamiento», en el que el macho coloca las patas delanteras en la base de las alas de la hembra. Al instante, la hembra extiende las alas de forma horizontal desde el cuerpo, en una pose parecida a la posición de vuelo. Según parece, tanto los machos como las hembras eligen el sexo en las moscas domésticas, porque los machos varían bastante en sus esfuerzos de cópula y las hembras pueden ejercer la elección de apareamiento pateando a los machos que las cortejan. Los machos de mosca doméstica suelen iniciar ataques de cortejo y apareamiento hacia cadáveres de hembras infectadas. Por lo tanto, los machos responden a una señal de atracción química amplificada y novedosa de los cadáveres infectados por hongos. Este mecanismo es similar a la atracción específica que ejerce la orquídea araña australiana, *Caladenia drummondii*, en sus polinizadores especiales, que son avispas pompílidas macho del género *Calopompilus*. Aquí, la seducción a larga distancia puede estar facilitada por volátiles emanados de la planta que provocan comportamientos sexuales repentinos y el acercamiento de las avispas, aunque la polinización ocurre durante la búsqueda de néctar.

En el año 2024, investigadores estadounidenses informaron sobre la descripción de un nuevo virus que infecta al hongo *Entomophthora muscae*. El virus, denominado Entomophthovirus de Berkeley, es un virus de ARN de cadena positiva de la familia Iflaviridae, que son virus conocidos por infectar principalmente a insectos. Algunos miembros de la familia Iflaviridae causan cambios en el comportamiento de los insectos, por lo que existe la posibilidad, aún por dilucidar, de que el Entomophthovirus de Berkeley desempeñe un papel en la manipulación del comportamiento de las moscas infectadas con *Entomophthora muscae*.

La naturaleza es asombrosa y muestra situaciones pasmosas. Por ejemplo, la bacteria *Morganella morganii*, que es un patógeno oportunista en humanos, otros mamíferos, reptiles y en las larvas de la mosca de la fruta mexicana, tiene una relación simbiótica mutualista con la larva hembra del gusano de la hierba (*Costelytra zealandica*). La bacteria *Morganella morganii* desempeña un papel crucial en la reproducción de este escarabajo, porque proporciona a las hembras la feromona sexual necesaria para atraer a los machos.

Otro caso interesante es la infección que causa el Rhopalosiphum padi virus (RHPV) en el pulgón de la avena (*Rhopalosiphum padi*), porque aumenta la sensibilidad de los pulgones a la feromona de alarma, lo que podría afectar al comportamiento defensivo del insecto.

Las bacterias patógenas *Pseudomonas entomophila* y *Serratia marcescens* aumentan la emisión de feromonas en las moscas de la fruta infectadas. Esto atrae a moscas sanas, facilitando la propagación de la infección. Las heces de las moscas infectadas también emiten mayores cantidades de feromonas de agregación, que son señales químicas utilizadas por los insectos para atraer a otros individuos de su especie, tanto machos como hembras, con el objetivo de formar grupos o colonias.

También ha sido demostrado que la infección por la bacteria patógena *Vibrio cholerae* altera el perfil de compuestos orgánicos volátiles liberados por la pulga de agua (*Daphnia magna*) y que estos cambios en la química del huésped podrían influir en las interacciones sociales y reproductivas de los crustáceos.

El virus HZ-2V, que infecta a la polilla del gusano cogollero (*Helicoverpa zea*), causa esterilidad en las polillas, en lugar de mortalidad. El virus se replica en los tejidos reproductivos de las polillas, tanto en machos como en hembras, lo que provoca malformaciones en las gónadas. En las hembras, esto origina la proliferación celular y la hipertrofia de estos tejidos. En el orificio reproductivo de las hembras infectadas se puede formar un tapón ceroso con una alta concentración de partículas virales, lo que facilita la transmisión a machos sanos. Los machos infectados pueden transmitir el virus a hembras sanas durante los apareamientos posteriores. La infección por Hz-2V altera la fisiología y el comportamiento de las polillas infectadas, facilitando así la transmisión del virus. Por ejemplo, las hembras infectadas pueden presentar una modificación en el comportamiento de llamada de apareamiento y una mayor producción de feromonas, lo que atrae a más machos. Los machos infectados, a pesar de ser estériles, intentan copular y, al mismo tiempo, transmiten el virus.

En el caso de la mosca doméstica, los compuestos orgánicos volátiles producidos por *Entomophthora muscae* cumplen claramente una función conductual manipulativa para atraer huéspedes susceptibles sanos. En el momento en el que el macho intenta copular con la hembra muerta, queda cubierto por las esporas del hongo. Este contacto estrecho facilita la transmisión de las esporas de *Entomophthora muscae* a nuevos huéspedes no infectados, asegurando así la supervivencia y propagación del hongo. En definitiva, el hongo entomopatógeno *Entomophthora muscae* representa un ejemplo único, en el sentido de que no solo manipula conductualmente a su huésped inmediato, la mosca doméstica (*Musca domestica*), sino que también parece manejar a distancia a los congéneres no infectados.

📖 PARA LEER MÁS:

- Coyle, Maxwell. 2024. «Entomophthovirus: an insect-derived iflavirus that infects a behavior-manipulating fungal pathogen of dipterans». *G3 (Bethesda)* 14 (10): jkae198.
- Dorogova, Natalia. 2025. «*Drosophila* as a Promising In Vivo Research Model for the Application and Development of Targeted Protein Inactivation Technologies». *Archives of Insect Biochemistry and Physiology* 118 (3): e70046.
- Edwards, Sam. 2025. «Patterns of genotype-specific interactions in an obligate host-specific insect pathogenic fungus». *Journal of Evolutionary Biology* 38: 225-239.
- Elya, Carolyn. 2024. «*Entomophthora muscae*». *Trends in Parasitology* 40 (5): 427-428.
- Naundrup, Andreas. 2022. «Pathogenic fungus uses volatiles to entice male flies into fatal matings with infected female cadavers». *The ISME Journal* 16 (10): 2388-2397.
- Rooke, Rebecca. 2024. «The gene "degrees of kevin bacon" (dokb) regulates a social network behaviour in *Drosophila melanogaster*». *Nature Communications* 15: 3339.
- Stajich, Jason. 2024. «Signatures of transposon-mediated genome inflation, host specialization, and photoentrainment in *Entomophthora muscae* and allied entomophthoralean fungi». *Elife* 12: RP92863.

SACCULINA, EL PARÁSITO PERFECTO

—Ash, ¿puedes oírme? —preguntó Ellen Ripley, la suboficial de vuelo del Nostromo, un carguero espacial que viajaba rumbo a la Tierra.

—¡Ash! —gritó de nuevo Ripley, golpeando la mesa con ambas manos.

—Sí, te oigo —balbuceó, con voz metálica, la desarticulada cabeza robótica de Ash, que era un androide Hyperdyne Systems 120-A/2 y estaba descuajeringado tras la reyerta.

—¿Cuál era tu orden especial? —interrogó Ripley.

—Ya la leíste, creí que estaba muy claro —contestó Ash.

—¿Cuál era? —insistió Ripley.

—Regresar con ese organismo vivo. Prioridad absoluta. Las demás consideraciones anuladas —respondió Ash.

—Vaya encargo. ¿Qué pasa con nuestras vidas, hijo de puta? —interpeló Parker, el ingeniero jefe.

—Repito, las demás consideraciones anuladas —reiteró Ash.

—¿Cómo lo mataremos? Tiene que haber alguna forma de acabar con él. ¿Cómo lo hacemos? —inquirió Ripley.

—No podéis —advirtió Ash.

—Eres una puta mierda —sentenció Parker.

—Aún no habéis comprendido a qué os enfrentáis. Al organismo perfecto. Su perfección estructural solo es igualada por su hostilidad —relató Ash.

—Tú lo admiras —dijo sorprendida Lambert, la oficial de navegación.

—Admiro su pureza. Es un superviviente al que no afectan la conciencia, los remordimientos ni las fantasías de moralidad —explicó Ash.

El diálogo pertenece a una secuencia clave de la película *Alien, el octavo pasajero*, un taquillazo de ciencia ficción, estrenado en 1979, que mantiene una atmósfera de constante tensión y suspense. El filme gira

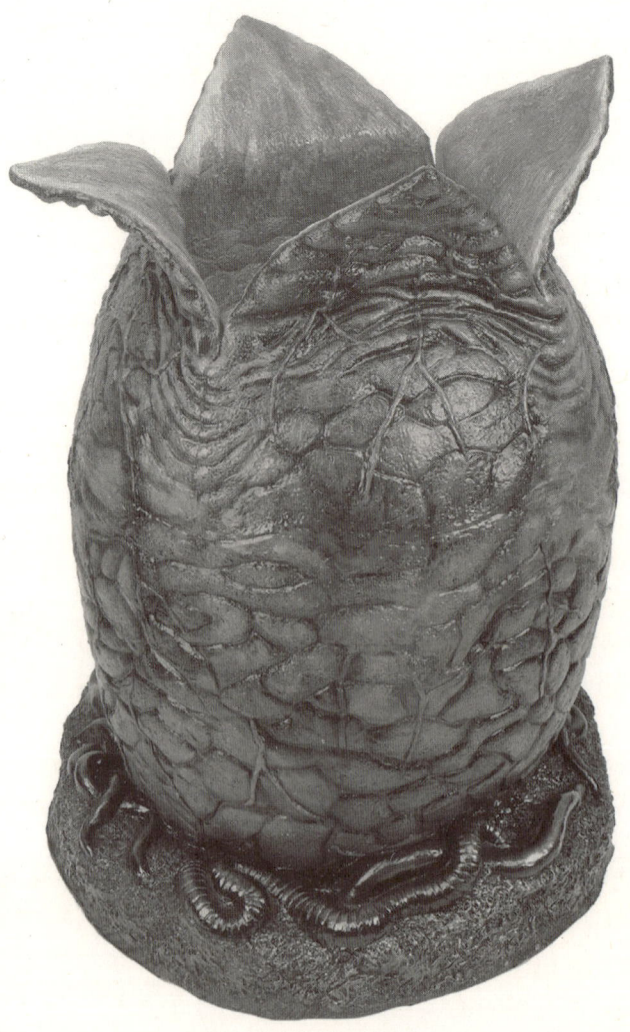

Modelo en resina de uno de los característicos huevos del xenomorfo de la saga *Alien*, cap-
tado en el momento de su apertura en forma de pétalos que anticipa la irrupción del *face-
hugger*. Concebidos por H. R. Giger para la película de 1979, estos receptáculos orgánicos
—viscosos, pulsantes y de apariencia casi vegetal— se convirtieron en uno de los símbolos visuales más inquietantes del terror biológico contemporáneo. Su diseño combina elementos de anatomía parasitaria y estética biomecánica, sugiriendo un ciclo vital agresivo
y depredador en el que el huevo actúa como trampa viva. El modelo reproduce la textura
carnosa y la sensación de inminencia que hicieron de esta criatura una pieza fundamental
del imaginario de ciencia ficción del siglo xx.

alrededor de la presencia del xenomorfo, una criatura icónica del cine de terror, que es producto de una avanzada ingeniería genética extraterrestre. El fascinante diseño del engendro, y de algunos sobrecogedores escenarios de la película, son obra del artista suizo Hans Ruedi Giger, que basó la propuesta en trabajos pictóricos propios y previos como *Necronom IV.*

El xenomorfo es un enemigo formidable y agresivo, diseñado para eliminar presas de forma eficiente. Tiene un cuerpo ágil y musculoso revestido de un exoesqueleto resistente que infiere una fuerza extraordinaria. El equipamiento del bicho no acaba ahí, para más inri, posee unos dientes largos y afilados; unas garras temibles; una lengua extensible; una cola segmentada y terminada en un aguijón, que inyecta ácido; un aspecto repulsivo y aterrador; gran inteligencia; capacidad de estrategia, y puede sobrevivir en ambientes hostiles y aprender. En definitiva, el xenomorfo es una apuesta ganadora. Y si toda la parafernalia anterior no fuera suficiente para acobardar hasta al mismísimo Juan sin Miedo, resulta que el xenomorfo trae un extra de serie escalofriante, porque es un parásito cabrito que requiere de un huésped para completar su ciclo de vida.

El ciclo de vida del xenomorfo es espeluznante y complejo. Comienza con la eclosión del huevo al contacto con un organismo vivo. El huevo es ovalado, rugoso, de color oscuro y de gran tamaño, similar a un balón de playa. Al eclosionar, emerge un bichejo horripilante, denominado «abrazacaras», que parece la versión gótica y de pesadilla de un cangrejo araña japonés. Al mínimo descuido, el abrazacaras salta a la jeta del posible huésped, para quedar adherido al rostro e implantar un embrión. El embrión crece y se desarrolla en el interior de la desgraciada persona portadora. Completada esta fase, el xenomorfo surge del huésped reventando el pecho del organismo anfitrión. Un acontecimiento, dicho sea de paso, bastante gore.

Obviando la sangre, la violencia, los efectos especiales decimonónicos y la actuación deslumbrante de la oficial Ellen Ripley, que fue encarnada por la gran Sigourney Weaver, el auténtico protagonista de *Alien, el octavo pasajero* es el xenomorfo, un ser parasitoide sofisticado, depurado, poderoso, eficaz, truculento e impasible, aunque ficticio. Para Ash, el xenomorfo era el organismo perfecto, pero es solo un principiante en comparación con varios percebes parásitos reales, diabólicos y tramposos, que han sido englobados en el grupo de los rizocéfalos.

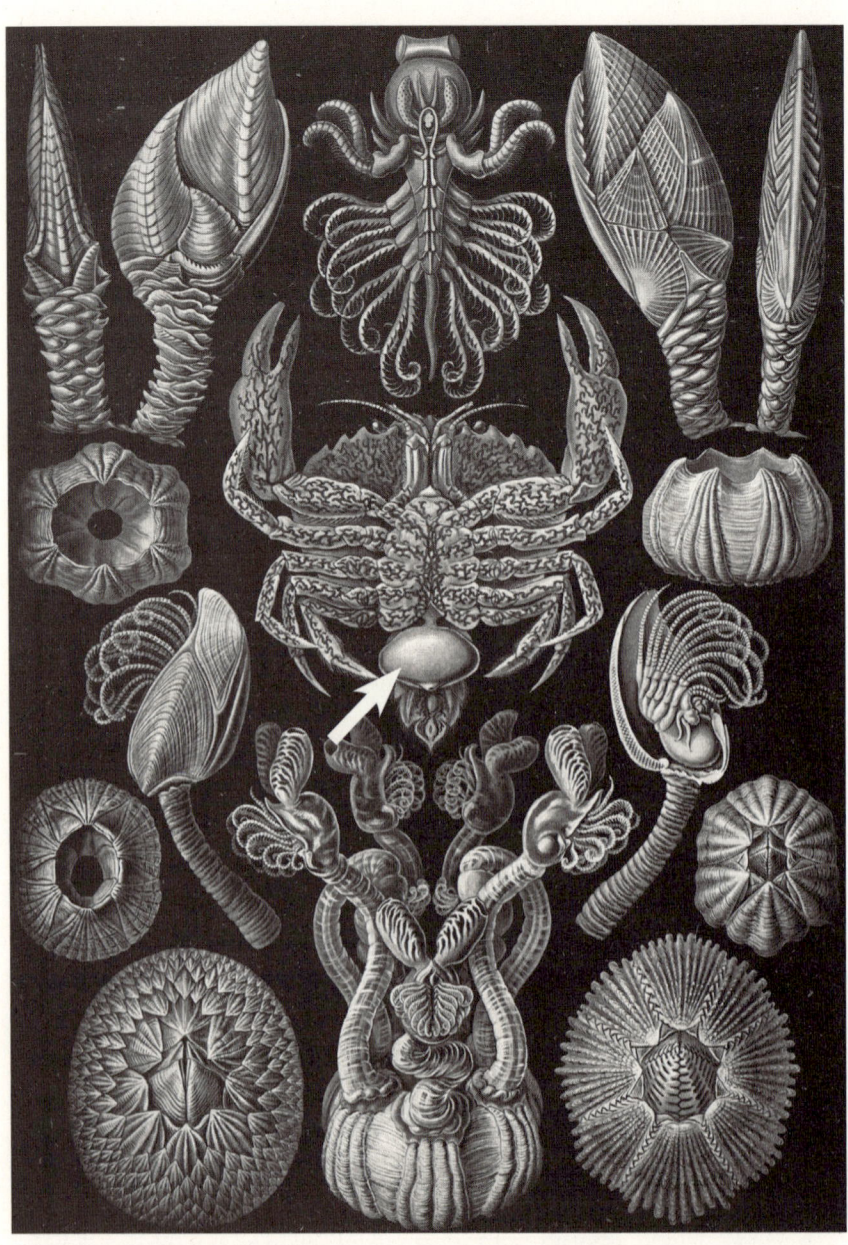

Hembra adulta de *Sacculina carcini* (Thompson, 1836) parasitando al cangrejo *Carcinus maenas*, con la externa visible bajo el abdomen del hospedador [flecha] y el entramado de la interna extendido por el interior del cuerpo del crustáceo. Esta representación procede de la lámina dedicada a los cirrípedos en *Kunstformen der Natur* (1904), la célebre obra de Ernst Haeckel, donde la sacculina aparece ilustrada como ejemplo extremo de parasitismo y regresión morfológica. El cangrejo, situado en el centro de la composición, actúa como portador de un organismo que ha perdido casi todos los rasgos corporales propios de los crustáceos en favor de una estructura adaptada por completo a la manipulación fisiológica y reproductiva de su huésped.

El estilo de vida endoparásito de los rizocéfalos, que son un tipo de crustáceos, ha conducido a una reducción morfológica extrema y radicalmente simplificada. En el proceso de adaptación a un estilo de vida parasitario, han cambiado hasta resultar irreconocibles, perdiendo casi todas las estructuras características de otros crustáceos. De hecho, los adultos carecen de apéndices, órganos sensoriales complejos, boca, intestino, órganos respiratorios y excretores, y proporcionan un ejemplo de suma complejidad morfológica reducida, que es única entre los artrópodos.

Los huéspedes de los rizocéfalos incluyen varias especies de otros crustáceos, incluidos diferentes cangrejos, camarones, langostinos y langostas, algunos de los cuales tienen relevancia en el ámbito de la acuicultura. Es innegable que la pesca y la acuicultura son dos sectores importantes que contribuyen en gran medida a la seguridad alimentaria mundial. En los últimos años, la acuicultura de crustáceos ha crecido a un ritmo muy rápido en comparación con otros departamentos de la industria pesquera y de los moluscos. Sin duda, en amplias zonas del planeta, los crustáceos son un recurso alimentario crucial, ya que ofrecen proteínas de alta calidad y un apoyo económico vital para los acuicultores y las comunidades de pesca costera a nivel mundial. Por tanto, las infecciones de los rizocéfalos son una amenaza para el negocio de los crustáceos comerciales.

Entre los rizocéfalos destacan los individuos del género *Sacculina*, que son conocidos por parasitar cangrejos e inducir diversos efectos sorprendentes en los anfitriones, como son la castración parasitaria, la reducción en el crecimiento de las características sexuales secundarias, la feminización de los cangrejos machos y la alteración del comportamiento del huésped.

Las infecciones por *Sacculina* pueden afectar gravemente a la salud de las poblaciones de cangrejos y causar contratiempos severos en las actividades de acuicultura. El impacto más significativo de las infecciones por *Sacculina* en la acuicultura de crustáceos es la reducción de la reproducción y el crecimiento de los cangrejos. En la mayoría de los cangrejos, los individuos infectados por *Sacculina* presentan un tamaño corporal y un peso más pequeños, así como un comportamiento alimentario reducido, lo que dificulta el éxito en los esfuerzos de cebo y engorde. Además, los pescadores pueden confundir a los individuos machos infectados con hembras, debido a las características de feminización severas inducidas por *Sacculina*. Estas identificaciones erróneas pueden tener implicaciones peligrosas para la selección de ejemplares reproductores en acuicultura. En la actualidad, en el campo de la acuicultura, no existe ningún tratamiento específico para combatir las infecciones por *Sacculina*, por lo que, en ocasiones, la única opción es eliminar a toda la población de cangrejos cultivada, lo que conduce a pérdidas económicas sustanciales.

Al igual que en el caso del xenomorfo, el ciclo de *Sacculina* comienza con un huevo, del cual eclosiona una larva horrorosa y nadadora, denominada «nauplius», que tiene forma de pera y es característica de muchos crustáceos. La larva nada con varios apéndices cefálicos hasta que muda a una forma llamada «cipris», que es la encargada de buscar activamente al hospedador.

La larva hembra de *Sacculina* es la primera en colonizar al cangrejo, que intenta evitar la unión con contracciones y movimientos disuasorios. Un esfuerzo baldío, porque casi nunca tiene éxito y la larva repta por el caparazón hasta alcanzar la articulación de una pata, donde el duro exoesqueleto del cangrejo deja un resquicio de tejido blando. Es un tren que el parásito no deja escapar. La larva prosigue con el asalto, inspecciona los pequeños pelos, denominados setas, que surgen de la pata del cangrejo, cada uno de ellos anclado a un agujero diminuto. Localizado el objetivo, la larva metamorfosea a otra fase, denominada «kentrogon», que posee un estilete afilado y hueco con capacidad de actuar como una aguja hipodérmica. La larva utiliza el instrumento punzante para perforar en la base de un pelo de la pata del cangrejo, e inyectar un fluido compuesto y microscópico, llamado «vermigon», que contiene unas pocas células. La masa indiferenciada, que contiene la parte viable del parásito, ingresa al instante al interior del cangrejo. El resto del cuerpo, inservible, es descartado y queda en el exterior.

Una vez dentro, el parásito se sumerge en las entrañas del desventurado hospedador y comienza la denominada «fase interna», en la que desarrolla un entramado de raíces, que tienen la finalidad de absorber los nutrientes y ejercer una regulación neuroendocrina para controlar la fisiología del cangrejo.

Durante la etapa interna, *Sacculina* crece y degenera los tejidos de la pared corporal del huésped, ejerciendo presión sobre la zona ventral del abdomen hasta que logra salir del cuerpo. La siguiente fase del ciclo de vida, denominada «externa», comienza con la formación de una estructura exterior que emerge del cangrejo infectado. Esta estructura contiene los órganos reproductores del parásito hembra y es fácilmente visible como un saco de color amarillo crema en la superficie ventral del huésped. La estructura externa de *Sacculina* queda ubicada en la zona de las gónadas del cangrejo, donde las hembras grávidas incuban los huevos. Después de formar la estructura exterior, el parásito continúa consumiendo los nutrientes extraídos de la hemolinfa del huésped a través de la «estructura interna». En esta etapa, la parte externa virgen de *Sacculina* necesita la entrada de una larva macho para asegurar su crecimiento continuo, la maduración sexual y la reproducción.

Así, la protuberancia externa de la *Sacculina* virgen permanece inmutable hasta que es localizada por alguna larva macho del parásito, que aterriza en ella y penetra al interior inyectando parte de su cuerpo a través de una abertura diminuta. La pequeña hendidura está conectada con un canal que conduce hacia el cuerpo de la hembra. Una vez dentro, el macho se fusiona con la hembra y empieza a fabricar esperma. El abultamiento externo creado por el parásito tiene dos orificios, por lo que la *Sacculina* hembra puede llevar consigo a dos machos durante toda su vida, que fecundan continuamente los huevos, produciendo, en pocas semanas, miles de larvas del parásito.

En esta situación, el parásito altera el equilibrio hormonal e induce una castración química que esteriliza al cangrejo e impide la reproducción. Además, el parásito imposibilita que el cangrejo mude el caparazón y que regenere las extremidades perdidas. Estas actuaciones están orientadas a que toda la energía del cangrejo sea dirigida al desarrollo del parásito.

Sacculina también altera el comportamiento del cangrejo. Debido a la incapacidad de mudar después de la aparición de la estructura externa, los hospedadores infectados son más susceptibles a la infestación epizoótica, lo que conduce a un mayor comportamiento de acicalamiento y a una menor participación en actividades como el enterramiento o el escondite. Además, los huéspedes son castrados y los individuos infectados se comportan como una hembra grávida, atusando, protegiendo y cuidando la estructura externa del parásito, como si fuera la propia masa de huevos del cangrejo.

En los cangrejos macho infectados ocurren modificaciones físicas sorprendentes. Por ejemplo, una de las transformaciones más notables causadas por *Sacculina beauforti* en el cangrejo de fango anaranjado (*Scylla olivacea*) es la alteración del abdomen estrecho del macho en un abdomen ensanchado similar al de la hembra. En consecuencia, las características sexuales primarias, como los gonópodos (apéndices copuladores) del macho y los gonoporos/espermatecas (almacenamiento de espermatóforos) de la hembra, se reducen significativamente, ya que son menos relevantes para la reproducción de *Sacculina*.

Los cangrejos machos infestados exhiben, además de una feminización morfológica parcial, patrones de comportamiento de hembras ovígeras. De añadido, el comportamiento protector y territorial típicamente exhibido por los machos, como la agresión y la lucha, se reduce significativamente en los individuos infectados por *Sacculina*. Una de las hipótesis más aceptadas es que esta reducción de los ataques aumenta la esperanza de vida tanto del huésped como del parásito, al minimizar el riesgo de mortalidad del macho debido a lesiones relacionadas con las peleas. Al parecer, las raicillas invasoras especializadas de *Sacculina* penetran en el tejido nervioso del huésped e intervienen en el cambio de comportamiento del cangrejo, pero los mecanismos moleculares de estas interacciones siguen siendo enigmáticos.

Es incuestionable que *Sacculina* ejerce un control férreo sobre el comportamiento del hospedador. En última instancia, todos estos cambios inducidos por *Sacculina* tienen como objetivo transformar al huésped en una poderosa incubadora que posibilite el desarrollo óptimo del parásito.

Al final, los sumisos y mangoneados cangrejos infectados realizan la actuación para la que han sido inducidos, facilitando la eclosión de los huevos y la dispersión de las larvas del parásito. Resulta curioso observar a las víctimas de *Sacculina* realizando comportamientos de desove. Los cangrejos caminan de puntillas y realizan ventilación abdominal para ayudar a dispersar las larvas del parásito. Tanto hembras como machos trepan a un punto alto en el fondo del mar y desde allí bombean su abdomen, expulsando nubes de crías de *Sacculina*, que están listas para navegar a la deriva, en busca de un nuevo y desdichado hospedador.

📖 PARA LEER MÁS:

- Blaxter, Mark. 2023. «The genome sequence of the crab hacker barnacle, *Sacculina carcini* (Thompson, 1836)». *Wellcome Open Research* 8: 91.
- Lützen, Jørgen. 2018. «Life history of *Sacculina carcini* Thompson, 1836 (Cirripedia: Rhizocephala: Sacculinidae) and the intermoult cycle of its host, the shore crab *Carcinus maenas* (Linnaeus, 1758) (Decapoda: Brachyura: Carcinidae)». *Journal of Crustacean Biology* 38 (4): 413-419.
- Martin, Sebastian. 2022. «Genomic Adaptations to an Endoparasitic Lifestyle in the Morphologically Atypical Crustacean *Sacculina carcini* (Cirripedia: Rhizocephala)». *Genome Biology and Evolution* 14 (10): evac149.
- Nesterenko, Maksim. 2023. «From head to rootlet: comparative transcriptomic analysis of a rhizocephalan barnacle *Peltogaster reticulata* (Crustacea: Rhizocephala)». *F1000 Research* 11: 583.
- Rowley, Andrew. 2020. «Prevalence and histopathology of the parasitic barnacle, *Sacculina carcini* in shore crabs, *Carcinus maenas*». *Journal of Invertebrate Pathology* 171: 107338.
- Toyota, Kenji. 2023. «*Sacculina*-Induced Morphological Feminization in the Grapsid Crab *Pachygrapsus crassipes*». *Zoological Science* 40 (5): 367-374.

Pupa de *Thaumetopoea pityocampa*, la procesionaria del pino, en su característico estadio inmóvil previo a la emergencia del adulto. Tras completar el desarrollo larvario y realizar la conocida procesión hacia zonas protegidas del suelo, las orugas forman un capullo sedoso enterrado en el que tiene lugar esta fase pupal, esencial para la metamorfosis. Durante este período, que puede prolongarse semanas o incluso entrar en diapausa según las condiciones ambientales, el insecto reorganiza por completo su anatomía hasta transformarse en una polilla nocturna. La pupa representa, por tanto, el momento clave en el ciclo biológico de una de las especies forestales más estudiadas por su impacto ecológico y sanitario [Tomasz Klejdysz/Shutterstock].

¿QUIÉN ARRUGA A LA ORUGA?

Los romanos desaconsejaron y prohibieron la adicción de orugas procesionarias del pino en los inservibles brebajes que eran elaborados para romper los hechizos mágicos. Lógico, ya que el contacto con la oruga es muy peligroso.

A finales del invierno, las orugas procesionarias del pino (*Thaumetopoea pityocampa*) inician un peregrinaje característico, a modo de procesión, desde las zonas altas de los árboles. La proximidad de la primavera eleva la temperatura ambiental y promueve que estos insectos desciendan, ordenados y en fila, buscando un sitio adecuado para construir una galería y pupar en el suelo, con la finalidad de transformarse en polillas.

Puede parecer que durante este periplo las orugas están indefensas, pero no es así. Cuando una de estas orugas se siente amenazada es capaz de lanzar grandes cantidades de pelos urticantes. Los pelos desprendidos pueden flotar en el aire y provocar irritación en oídos, nariz y garganta o desencadenar intensas reacciones alérgicas por hipersensibilidad mediada por IgE.

Los pelos urticantes de la oruga contienen una toxina termolábil responsable de provocar los síntomas alérgicos. La toxina es conocida como thaumatopina y es una proteína formada por dos subunidades, Tha p1 y Tha p2. En casos extremos, el contacto con esta toxina puede incluso causar ceguera o la muerte, lo que representa una grave amenaza para la salud humana y animal.

La peregrinación cíclica de las orugas desde las copas arbóreas al suelo entraña riesgos importantes. De hecho, este animal es la causa más frecuente de reacciones adversas a lepidópteros en España, y una de las más habituales en Europa.

Tras la segunda muda, la oruga adquiere el aspecto definitivo y aparecen, colocadas por pares, unas quetas urticantes dorsales rojizas en cada segmento del cuerpo. El contacto con la oruga induce distintas patologías cutáneas manifestadas habitualmente, a través de un mecanismo tóxico-irritativo, como urticaria y dermatitis localizadas en las zonas expuestas.

Para más inri, resulta que los pelos pueden seguir siendo dañinos por un periodo de hasta cinco años. Eso supone un peligro mayúsculo para la salud en áreas de gran proliferación de la oruga y dificulta las operaciones selvícolas y el pastoreo en los bosques.

Las larvas de la polilla de la procesionaria del pino construyen aparentes nidos sedosos en las copas de las coníferas, especialmente en pinos y cedros, lo que permite que las orugas se alimenten de acículas maduras en el invierno. Durante los meses en que las orugas descienden de los pinos, si transitamos cerca de los árboles es conveniente llevar ropa adecuada que cubra cualquier superficie cutánea expuesta. En pinares infestados es preferible, en especial los días de viento, evitar pasear, recoger piñas y leña o remover el suelo.

Siempre hay que eludir manipular los nidos, tocar a las orugas, pisarlas o intentar barrerlas, porque pueden proyectar miles de pelos urticantes. Los nidos individuales pueden contener muchos cientos o incluso miles de larvas, y un único árbol puede albergar entre 10 000 y 100 000 orugas. Por tanto, es aconsejable que los ciudadanos avisen a las autoridades competentes de la presencia de orugas procesionarias en lugares públicos.

Si sufrimos contacto con las orugas y comienzan los síntomas, en la medida de lo posible hay que evitar el rascado. Frotar la zona afectada aumenta la sintomatología, al favorecer que las espículas de la oruga se claven o rocen de forma más contundente la piel o las mucosas. Esta medida es válida también para nuestras mascotas.

El ciclo vital de la oruga convierte al insecto en un importante defoliador de los bosques mediterráneos de coníferas y en una plaga forestal en los países de la cuenca mediterránea. En los últimos años, la procesionaria del pino ha sido la segunda causa de destrucción de los pinares españoles, solo por detrás de los incendios forestales. Por desgracia, el calentamiento global ha favorecido la expansión del lepidóptero hacia el norte del continente europeo.

La creciente abundancia de polillas procesionarias ha estimulado el aumento de diversas medidas de control para reducir los niveles de infestación, incluidas las aplicaciones de pesticidas químicos y biocidas, la quema de nidos de larvas y la eliminación física. Sin embargo, hasta la fecha, el éxito de estas medidas ha sido limitado. Es más, es probable que algunas de ellas hayan tenido efectos sustanciales en especies no objetivo o incluso en especies en peligro de extinción.

Por esta razón, hay una marcada tendencia a emplear métodos de lucha biológica respetuosos con el medio ambiente y que estén equilibrados en la operación efectividad/esfuerzo. El principal es la utilización de feromonas, para capturar en trampas a los machos adultos, reduciendo las posibilidades de cópulas y por tanto de aumento de la población.

Otra apuesta de control biológico consiste en emplear microorganismos específicos que infectan y matan al lepidóptero, siendo algunos de los propuestos el virus Smithiavirus pityocampae, la bacteria *Bacillus thuringiensis* o el hongo *Beauveria bassiana*. También pueden ser utilizadas avispas parasitoides, como la especie *Trichogramma brassicae*, que parasita los huevos de diversas especies de mariposas y de polillas, incluida la procesionaria.

Las avispas parasitoides son un grupo fascinante de insectos que desempeñan un papel crucial en el control natural de las plagas. Este tipo de avispas depositan los huevos dentro o sobre el cuerpo de la oruga. Las larvas de la avispa se desarrollan consumiendo al huésped y modificando su comportamiento. Las avispas icneumónidas y bracónidas son conocidas por inducir estos cambios de comportamiento en las orugas que parasitan.

Algunas larvas de avispas parasitoides pueden suprimir la alimentación de la oruga huésped. Esto asegura que la larva de la avispa obtenga la mayor parte de los recursos del huésped. Por ejemplo, las orugas de *Manduca sexta* parasitadas por la avispa *Cotesia congregata* dejan de masticar, a pesar de tener un sistema motor intacto. Ha sido observado que algunas orugas parasitadas cambian su comportamiento alimentario, consumiendo plantas con compuestos que pueden ser tóxicos tanto para ellas como para el parásito. Esto sugiere un intento de automedicación. En general, a medida que las larvas de las avispas parásitas consumen los tejidos y los fluidos del huésped, el cuerpo de la oruga comienza a encoger y a adquirir una apariencia arrugada.

En algunos casos, las avispas parasitoides han desarrollado una estrategia de manipulación del huésped llamada manipulación del guardaespaldas. El huésped manipulado protege al parasitoide juvenil de amenazas bióticas como depredadores e hiperparasitoides. Por ejemplo, la larva de la mariposa de la col (*Pieris brassicae*), parasitada por la avispa bracónida *Cotesia glomerata*, protege a la pupa del parasitoide respondiendo agresivamente a los depredadores que se aproximan.

Oruga de *Pieris brassicae* protegiendo los capullos de la avispa parasitoide *Cotesia glomerata*, un ejemplo notable de manipulación conductual inducida por parásitos. Tras completar su desarrollo dentro de la oruga, las larvas de *Cotesia* emergen y tejen sus capullos agrupados en el exterior; lejos de alejarse, la oruga adopta una postura defensiva y movimientos bruscos para ahuyentar depredadores, comportándose como guardián involuntario de la prole del parasitoide. Este fenómeno, documentado en múltiples estudios, ilustra la profundidad con la que algunos himenópteros alteran la fisiología y el comportamiento de sus hospedadores para asegurar su ciclo vital [Sarah2/Shutterstock].

La manipulación del guardaespaldas es una manipulación conductual, en la que el comportamiento del huésped es alterado, con el fin de proteger a la descendencia del parasitoide de amenazas bióticas inminentes. El comportamiento de la oruga parasitada se asemeja a un estado de quiescencia, con una reducción característica en actividades motoras como alimentación, locomoción, respiración y tasa metabólica. Sin embargo, responde de forma agresiva a través de una respuesta defensiva cuando es molestada, lo que asegura una mejor aptitud física para la descendencia del parasitoide. Los cambios de comportamiento en el huésped parasitado aparecen después de la egresión del parasitoide.

En suma, ciertas avispas parasitoides, principalmente de las familias *Ichneumonidae* y *Braconidae*, mantienen una fascinante relación simbiótica con un tipo único de virus denominado polidnavirus. Los polidnavirus tienen un ciclo de vida inusual, ya que persisten como un provirus integrado en la línea germinal y en las células somáticas de las avispas himenópteras parasitoides. La replicación del virus ocurre en las células del cáliz de los ovarios de las avispas hembra en etapa de pupa y de adulto.

En la oviposición, la avispa inyecta uno o más huevos en el huésped lepidóptero, junto con varios viriones, proteínas ováricas y secreciones de veneno de la glándula venenosa. Los viriones del polidnavirus infectan las células inmunitarias de la oruga, denominadas hemocitos; el cuerpo graso y otros tejidos del huésped; expresan genes de virulencia, e integran sus segmentos de ADN en el genoma de las células huésped infectadas. La expresión génica viral puede ser detectada muy pronto, en apenas una hora después del parasitismo, y continúa durante todo el desarrollo larvario de la avispa.

Estos productos génicos tienen dos funciones principales. Primero, suprimen la inmunidad humoral y celular del huésped, lo que previene la encapsulación o la destrucción de los huevos y moviliza las reservas de proteínas de la oruga para apoyar el crecimiento del parasitoide. En segundo lugar, regulan la fisiología del hospedador, lo que facilita el desarrollo de las crías de la avispa, conduce al éxito del parasitismo y provoca la muerte del hospedador.

Los polidnavirus evitan que el huésped sufra metamorfosis, asegurando una fuente de alimento continua para las larvas de avispa en desarrollo. También alteran la bioquímica y los niveles hormonales del huésped e interfieren en la expresión genética de la oruga a través del silenciamiento genético postranscripcional. La avispa parasitoide completa su ciclo de vida dentro de la larva del lepidóptero y emerge como avispa adulta, mientras que la larva de la oruga muere.

Un polidnavirus de la avispa bracónida parásita *Microplitis croceipes* impulsa la regulación de las enzimas salivales de la oruga *Helicoverpa zea*, conocidas por provocar respuestas de defensa de las plantas de tomate frente a los herbívoros. El polidnavirus suprime la glucosa oxidasa, un inductor principal de defensa de las plantas, presente en la saliva de la oruga de *Helicoverpa zea*. Al suprimir las defensas de la planta, el polidnavirus permite que la oruga crezca a un ritmo más rápido, mejorando así la idoneidad del hospedador para el parasitoide. Todo indica que los polidnavirus son capaces de manipular los fenotipos de la avispa, la oruga y la planta hospedadora, lo que demuestra que desempeñan un papel vital en la configuración de las interacciones planta-herbívoro.

Otro tipo de virus, denominados baculovirus, también inducen cambios de comportamiento en las orugas. Las orugas infectadas por los baculovirus muestran una mayor locomoción, en forma de hiperactividad, hipermovilidad o actividad locomotora mejorada. Esto ayuda a dispersar el virus a través de un área más amplia antes de que el huésped muera.

Además, las orugas infectadas desarrollan la enfermedad de las copas de los árboles, que consiste en trepar a posiciones elevadas antes de morir. Estos cambios de comportamiento también aumentan el área de propagación del virus. Por ejemplo, la enfermedad de la copa de los árboles, combinada con la posterior licuefacción del cuerpo del huésped, puede mejorar la distribución aérea del virus, aumentando así la probabilidad de transmisión a otras orugas. Después de la muerte, los tejidos larvarios experimentan licuefacción en la etapa final de la infección, un proceso mediado principalmente por dos enzimas codificadas por el virus, la quitinasa y la catepsina. Un cadáver larval típico infectado con baculovirus puede contener más de cien millones de virus después de la licuefacción, que son liberados al medio ambiente, a la espera de iniciar otra ronda del ciclo de infección cuando sean digeridos por huéspedes susceptibles.

Por otra parte, los cadáveres resultantes, dispuestos en la parte superior de las plantas, son más visibles para las aves que depredan orugas, lo que mejora la dispersión del virus a larga distancia. Asimismo, las posiciones elevadas de las larvas enfermas, a menudo cerca del tallo central de la planta, aumentan la frecuencia de encuentros con orugas sanas que buscan el follaje joven en la parte superior de los vegetales, lo que resulta en una alta incidencia de necrofagia intraespecífica, que en última instancia deriva en una mayor transmisión del virus.

Algunos baculovirus codifican y expresan una enzima, denominada ecdiesteroide UDP-glucosiltransferasa (EGT), durante la infección. Esta enzima juega un papel importante en la capacidad del virus para manipular la fisiología y el desarrollo del insecto huésped. La enzima EGT inactiva los ecdisteroides, que son hormonas cruciales para la muda. La inactivación de los ecdisteroides evita que las larvas infectadas muden y progresen a la siguiente etapa de desarrollo, que es la pupa. Dado que los insectos normalmente dejan de comer durante el proceso de muda, la acción de la enzima EGT puede prolongar el período de alimentación de las larvas. De esta forma, el virus tiene más tiempo para replicarse y producir un mayor número de descendencia dentro del huésped. La alteración causada por la enzima EGT puede provocar estadios larvarios prolongados y alteraciones del comportamiento, incluyendo el característico comportamiento trepador observado en la enfermedad de las copas de los árboles. Esta conducta de escalada es ventajosa para el virus, ya que facilita la dispersión de partículas virales tras la muerte del insecto, a menudo en lo alto del follaje.

En la naturaleza, los baculovirus juegan un papel vital en el control de las poblaciones de insectos. Desde la década de 1970 han sido reconocidos por la Organización de las Naciones Unidas para la Alimentación y la Agricultura (FAO) y por la Organización Mundial de la Salud (OMS) como agentes de control biológico de plagas. La FAO recomienda promover el desarrollo de baculovirus como bioinsecticidas, porque están alineados con los objetivos de fomentar prácticas agrícolas sostenibles y respetuosas con el medio ambiente, y poseen una probada utilidad y eficacia en el control de plagas, tanto en cultivos agrícolas como en ecosistemas forestales.

Las primeras referencias potenciales a los baculovirus aparecen, asociadas a la industria de la seda, en textos chinos milenarios. Estos escritos documentan diversas enfermedades que afectan a los gusanos de seda, algunas de las cuales podrían haber sido causadas por baculovirus. Una de las descripciones más conocidas en la literatura china es el amarilleo de los gusanos de seda, un rasgo característico de algunas infecciones por baculovirus. Otros síntomas, como la pérdida de apetito y el letargo, también podrían indicar infecciones por baculovirus.

El baculovirus más relevante que afecta al gusano de seda es el nucleopolihedrovirus de *Bombyx mori* (bmnpv) que causa una enfermedad conocida como polihedrosis nuclear, ictericia o «grasserie». Este término deriva de la palabra francesa *grasse*, que significa espeso y pegajoso, y que describe los exudados vistos en los gusanos de seda muertos. Las larvas infectadas muestran un color marfil con membranas intersegmentarias hinchadas y tienen un comportamiento diferente, porque se alteran con facilidad al ser molestadas, y suelen estar tumbadas en el borde de las camas de cría antes de morir.

El bmnpv causa grandes pérdidas económicas en la sericicultura. En el año 2025, las estimaciones para el valor del mercado mundial de la seda oscilaron entre los 8000 millones y los 21 000 millones de dólares estadounidenses. Las previsiones apuntan a que el sector seguirá creciendo, con proyecciones que podrían alcanzar los 37 000 millones de dólares para el período 2030-2035. La sericultura es una industria que requiere mucha mano de obra y que ofrece importantes oportunidades de empleo, especialmente en las zonas rurales de los países productores. Además, suele implicar un alto grado de participación femenino, lo que proporciona independencia financiera y mejora de la posición social de las mujeres, ofreciendo una alternativa más estable y, a menudo, más lucrativa que la agricultura tradicional.

Existen diferentes categorías de seda en función del origen. El tipo de seda más común, que representa alrededor del 90 % de la producción mundial, es obtenido de gusanos de seda *Bombyx mori* alimentados en exclusiva con hojas de morera. Esta seda, denominada seda de morera, es conocida por manifestar excelente brillo, suavidad, resistencia y uniformidad.

Aparte de la seda de morera, también es habitual la seda salvaje, que proviene de gusanos de seda que no son cultivados y que consumen diferentes tipos de hojas en su hábitat natural. Los tipos más frecuentes de seda salvaje son la seda Tussah, la seda Eri y la seda Muga de Assam.

La seda Tussah es producida por gusanos de seda nutridos con hojas de roble. En comparación con la seda de morera, tiene una textura más gruesa y un aspecto menos reluciente, pero exhibe un tono dorado exclusivo y característico, debido a los taninos presentes en las hojas que consumen los gusanos de seda.

La seda Eri es fabricada por la oruga de la mariposa de seda del ricino (*Samia ricini*) o por la oruga de la mariposa de seda del Ailanto (*Samia cynthia*) cuando son alimentadas con hojas de ricino. Esta seda detenta una urdimbre más áspera, similar al algodón o a la lana, con un acabado mate y un tacto suave. Además, es conocida como «seda de la paz» o «seda Ahimsa», porque es recolectada e hilada sin matar a la larva, una vez que la polilla completa la metamorfosis y emerge del capullo.

La seda Muga de Assam es obtenida de la oruga de la polilla de seda de Assam (*Antheraea assamensis*) cebada con hojas aromáticas de los árboles de Som (*Machilus bombycina*) y Sualu (*Litsea polyantha*). La seda Muga es considerada una de las sedas naturales más duraderas, tiene buena resistencia a la luz solar, posee un brillo natural muy atractivo que mejora con el tiempo y un lustroso color dorado que no requiere teñido.

Pupas y capullos de seda Tussah [ZCOOL HRF/Shutterstock].

Fotografía tomada por Harris & Ewing en 1915 que muestra a Helen Stuart con gusanos de seda en el National Museum de Washington D. C. La imagen, conservada en la
Library of Congress, procede de un negativo en vidrio de 5 × 7 pulgadas perteneciente al
fondo Harris & Ewing, una de las colecciones fotográficas más importantes para documentar la vida institucional y científica de la capital estadounidense a principios del
siglo xx. La escena refleja el interés creciente por la sericultura y la investigación aplicada en los museos nacionales de la época, así como el papel visible de las mujeres en
labores científicas y educativas dentro de estas instituciones.

184

La rareza, la complejidad de producción y la belleza intrínseca de la seda, han dado lugar a prendas de un valor incalculable. Por ejemplo, el llamado Sudario de Carlomagno, manufacturado en Constantinopla alrededor del año 814, durante el reinado del emperador bizantino León V el Armenio, es una pieza de gran valor artístico y material, que está fabricada con suntuosa seda bizantina policromada y conservada en el Musée de Cluny en París. El *Ruiseñor de Kuala Lumpur*, presentado en el año 2009 y diseñado por el creativo malasio Faisol Abdullah, es considerado el vestido más caro del mundo, está valorado en unos treinta millones de dólares y fue confeccionado con seda carmesí, tafetán, satén y gasa, y adornado con cristales de Swarovski y más de 750 diamantes, uno de ellos de setenta kilates y con forma de pera.

Desde luego, la seda ha sido un símbolo de lujo y estatus a lo largo de la historia. Según la leyenda, una tarde, Xi Ling-Shi, la esposa del emperador amarillo Huang Di, un soberano mítico que reinó alrededor del siglo 27 a. C., mientras tomaba té bajo una morera en los jardines imperiales, observó como un capullo de gusano de seda cayó en su bebida caliente. Al recogerlo, Xi Ling-Shi notó que el capullo comenzaba a desenredarse formando un hilo largo, brillante y delicado. Intrigada, continuó tirando de la fibra, descubriendo que era suave y resistente. Inspirada por este descubrimiento, Xi Ling-Shi comenzó a estudiar los gusanos de seda. Observó a los gusanos alimentándose de las hojas de morera e hilando capullos. Experimentó desenrollando la seda de los capullos y finalmente inventó el telar de seda, que le permitió tejer los hilos de seda del gusano.

El mito prosigue narrando que Xi Ling-Shi enseñó a su pueblo a criar los gusanos de seda, y a devanar y a tejer la seda, para confeccionar maravillosas telas suaves y hermosas. Este descubrimiento fue de gran importancia para la antigua China, porque la seda era un material muy apreciado, destinado a vestir a nobles y a reyes. Un solo capullo de seda puede contener un hilo continuo de entre trescientos y novecientos metros de longitud.

Durante muchos siglos, China guardó con celo el secreto de la producción de seda, manteniendo un interesado monopolio sobre este valioso bien. Aunque la historia de Xi Ling-Shi es una leyenda, la evidencia arqueológica ha confirmado que la sericultura y el tejido de la seda nacieron en la antigua China hace miles de años.

📖 Para leer más:

- Bourne, Mitchel. 2023. «Parasitism causes changes in caterpillar odours and associated bacterial communities with consequences for host-location by a hyperparasitoid». *PLoS Pathogens* 19 (3): e1011262.
- Guinet, Benjamin. 2025. «Dating the origin of a viral domestication event in parasitoid wasps attacking Diptera». *Proceedings of the Royal Society B Biological Sciences* 292: 20242135.
- Heisserer, Camille. 2023. «Massive Somatic and Germline Chromosomal Integrations of Polydnaviruses in Lepidopterans». *Molecular Biology and Evolution* 40 (3): msad050.
- Kokusho, Ryuhei. 2025. «Baculoviruses remodel the cytoskeleton of insect hemocytes to breach the host basal lamina». *Communications Biology* 8: 268.
- Miles, Carol. 2023. «*Manduca sexta* caterpillars parasitized by the wasp *Cotesia congregata* stop chewing despite an intact motor system». *Journal of Experimental Biology* 226: jeb245716.
- Moore, Logan. 2024. «*Drosophila* are hosts to the first described parasitoid wasp of adult flies». *Nature* 633 (8031): 840-847.
- Wan, Yi. 2024. «Chromosome-level genome assembly of the bethylid ectoparasitoid wasp *Sclerodermus* sp. 'alternatusi'». *Scientific Data* 11: 438.
- Ye, Xinhai. 2024. «The state of parasitoid wasp genomics». *Trends in Parasitology* 40 (10): 914-929.

TEMBLORES

«Un momento, un momento Doc, ¿me estás diciendo que has construido una máquina del tiempo con un De Lorean?». ¿Recuerda la frase? Fue pronunciada por un alucinado Marty McFly, el icónico personaje interpretado por Michael J. Fox, en una de las escenas más simbólicas de la inolvidable *Regreso al futuro*, la película más taquillera de 1985. El filme recaudó casi cuatrocientos millones de dólares en todo el mundo y lanzó al estrellato a su protagonista, el actor Michael J. Fox.

Michael Andrew Fox nació en 1961 en Alberta, Canadá. Con diecisiete años se mudó a Los Ángeles para vivir en un callejón y buscar un hueco en la industria del cine. Después de algunos años difíciles, Michael consiguió el papel de Alex P. Keaton en *Enredos de familia*. La serie fue un pelotazo y logró colocarse como una de las mejores comedias de la televisión. A partir de ahí, llegaron interesantes ofertas cinematográficas, incluidas *Teen Wolf* y *Regreso al futuro*, que proporcionó fama mundial a Michael. Era un tiempo acolchado por el éxito. El actor ganó tres premios Primetime Emmy y un Globo de Oro por su trabajo en *Enredos de familia*. Con menos de treinta años, Michael había completado siete temporadas de *Enredos de familia* y protagonizado diez largometrajes, entre ellos taquillazos como *El secreto de mi éxito*, *Corazones de hierro* (*Casualties of War*) y varias secuelas de *Regreso al futuro*.

Poco después, mientras filmaba *Doc Hollywood* en 1991, tras una noche bebiendo mucho, Michael desarrolló un temblor en el dedo meñique. Preocupado, consultó al neurólogo. Las pruebas revelaron un diagnóstico sorprendente y devastador. Michael padecía la enfermedad de Parkinson de aparición temprana. Tenía solo veintinueve años.

En los años siguientes Michael mantuvo la enfermedad en secreto y trabajó de manera constante en películas exitosas, incluidas *For Love or Money*, *The American President* y *Frighteners*. En 1995 regresó a las series de televisión como el vicealcalde Mike Flaherty en *Spin City*. El papel facilitó que Michael consiguiera otro premio Emmy, tres premios Globo de Oro y dos premios del Screen Actors Guild. Durante la tercera temporada de la serie, Michael percibió que ya no podía ocultar la enfermedad, y reveló que padecía párkinson a la prensa y al público en general. Tras una temporada más de *Spin City*, Michael se retiró de la actuación a tiempo completo, para centrarse en la promoción y recaudación de fondos para la enfermedad de Parkinson. En el otoño de 2000, lanzó la Fundación Michael J. Fox para la Investigación del Parkinson. Hoy en día, es la fundación sin ánimo de lucro más grande del mundo que financia el desarrollo de fármacos para el párkinson, y ha conseguido recaudar más de 1750 millones de dólares, que han sido destinados a la investigación clínica; al desarrollo de medicamentos y tratamientos; a la búsqueda de una cura, y a informar sobre la enfermedad.

Una vez que su fundación despegó y tomó un rumbo estable, Michael acordó volver a actuar en papeles secundarios, siempre y cuando pudiera incorporar sus síntomas de párkinson en los personajes que interpretaba. Actuó como invitado en *Scrubs* y *Boston Legal*, representando papeles recurrentes que visibilizaban la enfermedad, y obtuvo su quinto premio Emmy interpretando a Dwight en *Rescue Me*. Siguieron seis nominaciones más al Emmy por su papel, aclamado por la crítica, como Louis Canning en *The Good Wife* y por la hilarante interpretación de él mismo en *Curb Your Enthusiasm*. En 2009, produjo y presentó un especial nominado al Emmy para ABC, *Adventures of an Incurable Optimist*, que filmó en Estados Unidos, India y Bután.

Nike de Marty
McFly (Michael
J Fox) [Hethers/
Shutterstock].

MICHAEL J. FOX

Lucky
MAN

a memoir

La autobiografía de Michael J. Fox, *Lucky Man*, alcanzó el número uno en ventas del *New York Times*. En 2010, con *Always Looking Up* ganó el Grammy al Mejor Álbum de Palabras Habladas. En total, ha recibido dieciocho nominaciones al Emmy y cinco premios; cuatro premios Globo de Oro; un premio Grammy; dos premios del Sindicato de Actores de Cine, y el premio People's Choice. En el otoño de 2022, recibió un Oscar honorífico, el Premio Humanitario Jean Hersholt, de la Academia de Artes y Ciencias Cinematográficas, por su lucha contra el párkinson. El actor subió al escenario emocionado, con el auditorio puesto en pie aplaudiendo enfervorizado, y recogió la estatuilla dorada mostrando los síntomas claros de la enfermedad. Empezó el discurso con un chiste: «Chicos, me estáis haciendo temblar», dijo. La mano derecha de Michael, apoyada en el atril, temblequeó de principio a fin del discurso.

El temblor es a menudo el primer síntoma motor de la enfermedad de Parkinson. El temblor típico de la enfermedad ocurre principalmente en reposo y disminuye durante el sueño y cuando la parte del cuerpo está en uso activo. Por ejemplo, es posible que tiemble la mano mientras la persona está sentada o incluso mientras camina, pero cuando se acerca para estrecharle la mano a alguien, el temblor es menos notorio o desaparece por completo. El temblor en reposo de la enfermedad de Parkinson también puede ocurrir en la mandíbula, el mentón, la boca o la lengua. Además, algunas personas con enfermedad de Parkinson pueden experimentar una sensación de temblor interno, que en ocasiones no es perceptible para los demás. El 50 % de los pacientes también pueden presentar un temblor que reaparece con los brazos extendidos hacia afuera. Esa era la posición que adoptó Michael J. Fox mientras agradecía la concesión del Oscar honorífico.

El temblor tiende a ocurrir en las manos y suele comenzar de forma asimétrica, afectando solo a un lado del cuerpo, en especial durante las primeras etapas de la enfermedad. Con la progresión del párkinson, ambos lados pueden verse afectados. La fatiga, el estrés o las emociones intensas pueden empeorar temporalmente los temblores. El temblor es muy común en el párkinson, y afecta al 80 % de las personas que sufren la enfermedad. A menudo puede ser confundido con el temblor de una afección llamada temblor esencial o temblor familiar benigno. La actriz Katharine Hepburn tenía temblor esencial y al principio fue diagnosticada erróneamente de padecer párkinson. El presidente estadounidense Ronald Reagan también tuvo temblor esencial. Ambos sufrían temblor de cabeza y temblor vocal. El temblor esencial suele afectar a las manos, seguidas de la cabeza y luego la voz. Por desgracia, algunas personas pueden tener ambos trastornos.

El párkinson es el segundo trastorno neurodegenerativo más común después de la enfermedad de Alzheimer. Globalmente, tiene una incidencia de 10 a 50 por cada 100 000 personas/año y una prevalencia de 100-300 por cada 100 000 personas. Lo peor es que, debido al envejecimiento progresivo de la población mundial, se espera que el número de personas que la sufren aumente hasta duplicarse en el año 2030.

Cuando el párkinson ataca, unas de las principales afectadas son las neuronas dopaminérgicas. Su deterioro progresivo provoca una disminución de los niveles de dopamina que ocasiona un proceso neurodegenerativo multisistémico. Durante mucho tiempo las características patológicas de la enfermedad fueron vinculadas a la deposición intracelular de la proteína alfa-sinucleína, que conduce a la muerte neuronal y provoca neuroinflamación.

Hoy en día, existe una mayor conciencia de que la enfermedad de Parkinson es un trastorno multisistémico que afecta tanto al sistema nervioso central como al sistema periférico. En consecuencia, los pacientes que desarrollan la enfermedad de Parkinson padecen síntomas motores característicos que incluyen temblor en reposo, bradicinesia, rigidez y anomalías en la marcha, dificultades de equilibrio y pérdida de movimiento espontáneo, así como hiposmia, trastornos del sueño, depresión y síntomas gastrointestinales como la gastroparesia o estreñimiento. Estos últimos son, de hecho, los primeros en aparecer en muchos pacientes.

¿Por qué? Antes de nada, conviene recordar que, inmediatamente después de nacer, el intestino de los mamíferos es colonizado por la microbiota intestinal, algo absolutamente necesario para el desarrollo de un intestino funcional. La composición de estas comunidades microbianas está determinada por la interacción entre el medio ambiente circundante inicial, la dieta y el estado de salud del huésped.

El cuerpo humano alberga una variedad considerable de microorganismos que incluye gran cantidad de bacterias, arqueas, hongos, protozoos, bacteriófagos y otros virus que interactúan entre sí y con el organismo, coexistiendo en las superficies humanas y en todas las cavidades del cuerpo. Esta comunidad microbiana compleja es denominada microbiota y juega un papel esencial en las funciones fisiológicas generales y en la salud de un individuo.

Gran parte de los microorganismos que habitan en los humanos residen en el tracto gastrointestinal. Es la llamada microbiota intestinal. Algunos estudios sugieren que, si la colocamos sobre una balanza, la microbiota intestinal pesa desde trescientos gramos, en los análisis más conservadores, hasta cerca de dos kilogramos de peso, en las perspectivas más exageradas, por lo que casi representa un órgano sólido. De hecho, está implicada en la digestión de los alimentos; la regulación de la función endocrina intestinal y la señalización neurológica; la modificación de la acción y el metabolismo de los fármacos; la eliminación de toxinas, y la producción de numerosos compuestos que influyen en el huésped.

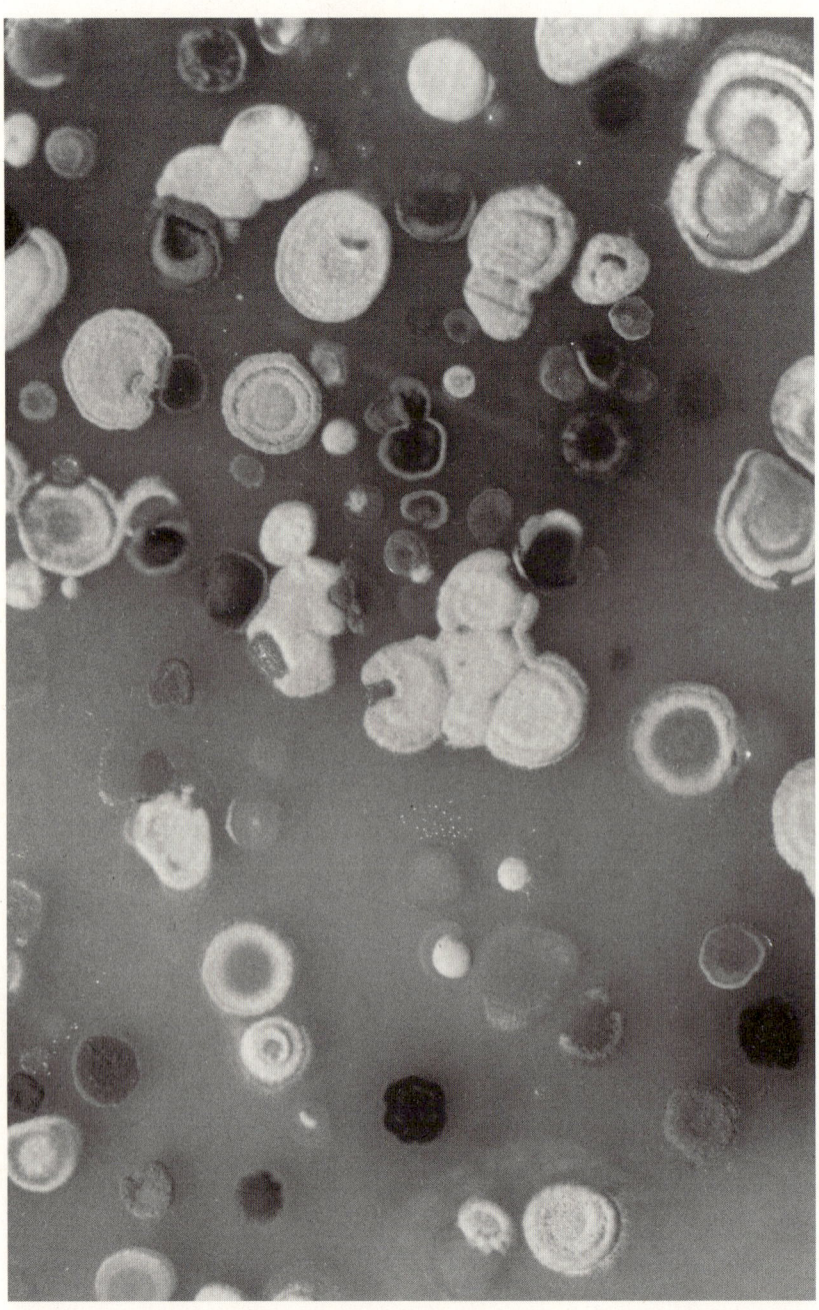

Crecimiento de colonias de *Actinomycetota* en placas de agar de Cyganow y Žukov, donde se aprecia la notable variedad de texturas, relieves y pigmentaciones propia de este grupo bacteriano. Las colonias pueden adoptar formas compactas, aterciopeladas o pulverulentas, con tonalidades que van del blanco al ocre o al gris violáceo, un abanico fenotípico que refleja la diversidad metabólica de las distintas especies presentes [Mateusz Kropiwnicki/Shutterstock].

La microbiota intestinal humana difiere entre individuos y es relativamente estable y resistente con el tiempo. Su composición basal está condicionada por el modo de nacimiento (parto o cesárea), la alimentación infantil, el estilo de vida y la genética del huésped. Sin embargo, existen ciertos factores ambientales que pueden alterar su composición a lo largo del tiempo. Concretamente el consumo de probióticos y prebióticos, la dieta, las infecciones víricas y la toma de medicamentos, sobre todo antibióticos.

En general, las bacterias comensales que pueblan el intestino humano pertenecen a varios filos, que incluyen principalmente Bacteroidetes y Firmicutes, seguidos de Actinobacteria, Proteobacteria y Verrucomicrobia. Muchos estudios han informado que alteraciones significativas de la microbiota intestinal pueden relacionarse con la enfermedad de Parkinson. Esta relación podría explicar que a veces los problemas gastrointestinales precedan al inicio de los síntomas motores.

Es más, en los últimos años se ha propuesto que la microbiota gastrointestinal humana es uno de los mecanismos patogénicos más importantes de muchas enfermedades neurodegenerativas. La microbiota intestinal codifica millones de genes y produce miles de metabolitos, lo que afecta el metabolismo del huésped. Hay pruebas sustanciales que sugieren una interacción bidireccional entre la microbiota gastrointestinal y el sistema nervioso central, que es conocida como «eje intestino-microbiota-cerebro». Existen múltiples vías del eje intestino-microbiota-cerebro, incluidas moléculas con actividad neuroendocrina producidas por microbios (como el ácido gamma-aminobutírico y la serotonina) y la comunidad microbiana intestinal influida por el sistema nervioso central. Estas conexiones forman un circuito de retroalimentación entre la fisiología humana y el estado de la comunidad microbiana. En los últimos años, se ha sugerido que la microbiota intestinal desempeña un papel vital en la progresión de la enfermedad de Parkinson a través del eje intestino-microbiota-cerebro.

A falta de un consenso contundente sobre las características de la microbiota específica asociada al párkinson, son varios los análisis que apuntan a que existe relación directa entre la enfermedad y la reducción de poblaciones de la familia *Prevotellaceae*. También parece estar ligada al enriquecimiento poblacional de proteobacterias

(Burkholderiales), enterobacterias y bacterias pertenecientes a las familias *Peptostreptococcaceae* y *Lachnospiraceae*.

El eje microbioma-intestino-cerebro es una vía de comunicación bidireccional entre el microbioma intestinal, el tracto gastrointestinal y los sistemas nerviosos central y periférico (SNC). Los medios por los que interactúan incluyen el nervio vago, el sistema endocrino y el inmunológico. Ha sido reconocido que la microbiota intestinal afecta la producción de factores neurotróficos, modula la inflamación y la producción de citocinas proinflamatorias, células T y células B, por lo que desempeña un papel en el proceso de mielinización y activación microglial. Por este motivo, podría influir en el comportamiento y la cognición y cada vez está más vinculado al riesgo y avance de enfermedades relacionadas con el sistema nervioso y la salud mental.

Que los microorganismos del tracto intestinal afecten a la función cerebral podría ser debido a la regulación de las respuestas inmunitarias, la permeabilidad intestinal y los ácidos grasos de cadena corta producidos por los microbios intestinales. En particular el ácido acético, el ácido propiónico y el ácido butírico, originados durante la fermentación bacteriana de fibras en el intestino.

Estos ácidos grasos de cadena corta actúan como fuente de energía para los colonocitos (células que recubren el epitelio del colón), regulan la barrera intestinal e influyen en las respuestas inflamatorias. Varios estudios han relacionado alteraciones de la microbiota con la disminución de las concentraciones de ácidos grasos de cadena corta, en concreto el ácido butírico, en pacientes con la enfermedad de Parkinson.

Cuando la microbiota intestinal está desequilibrada (disbiosis intestinal) algunas de las consecuencias inmediatas son la inflamación intestinal, el estreñimiento, la diarrea y las náuseas. Algunos estudios apuntan a que el plegamiento incorrecto y la agregación de la proteína alfa-sinucleína es una consecuencia de esa inflamación intestinal. De hecho, la evidencia emergente ha sugerido que la microbiota intestinal puede desencadenar inflamación al activar la respuesta de las células T CD4+. Los datos recogidos apuntan a que la microbiota intestinal, especialmente una microbiota proinflamatoria y disbiótica, puede activar de forma crónica los sistemas inmunológicos de la mucosa intestinal, sistémica y cerebral, lo que puede culminar en una neuroinflamación.

En otras palabras, una combinación de microbiota proinflamatoria y la activación inmune exagerada de las mucosas parece ser el mecanismo subyacente de la inflamación intestinal en la enfermedad de Parkinson. Por tanto, la microbiota intestinal disbiótica es un desencadenante y/o un facilitador de la neuroinflamación sostenida que puede iniciar y/o promover la patogénesis de la enfermedad de Parkinson.

Una perturbación de la microbiota común en la enfermedad de Parkinson es el sobrecrecimiento bacteriano del intestino delgado (SIBO), una afección que se ha observado que ocurre hasta en el 67 % de los pacientes con Parkinson. El SIBO surge debido a la reducción del movimiento peristáltico y al aumento del tiempo de tránsito intestinal, lo que sugiere que puede ser una consecuencia más que una causa de la enfermedad de Parkinson. Sin embargo, se ha demostrado que la eliminación de SIBO en pacientes con enfermedad de Parkinson disminuye la disfunción motora grave, incluida la rigidez, lo que sugiere un papel activo en la enfermedad. SIBO promueve la inflamación intestinal y la pérdida de la integridad de la barrera, lo que podría exacerbar la exposición a compuestos microbianos y, en teoría, iniciar vías de presentación de antígenos mitocondriales, agregación de alfa-sinucleína y/o inflamación generalizada.

Por fortuna, es posible modificar la microbiota intestinal para recuperar el equilibrio aplicando algunas pautas sencillas, como son consumir una dieta rica en fibra, limitar el estrés, evitar el consumo de alcohol y tabaco, usar convenientemente probióticos y prebióticos para regular la microbiota intestinal y realizar ejercicio a diario.

En última instancia, es posible realizar un trasplante de microbiota fecal que consiste en el restablecimiento de una comunidad microbiana intestinal adecuada, mediante la transferencia de la microbiota intestinal de un donante sano al tracto gastrointestinal del paciente.

La etapa moderna de estudios sobre trasplante de microbiota fecal arrancó en 1958. Fue en ese año cuando, por primera vez en la literatura científica, el cirujano estadounidense Ben Eisman describió cuatro pacientes con diarrea asociada a antibióticos que mejoraban rápidamente tras el uso de enemas con materia fecal de un donante seleccionado. Esta técnica es especialmente efectiva para tratar la infección recurrente por la bacteria *Clostridioides difficile*, una vez que los antibióticos han demostrado ser ineficaces. Es un dato importante por-

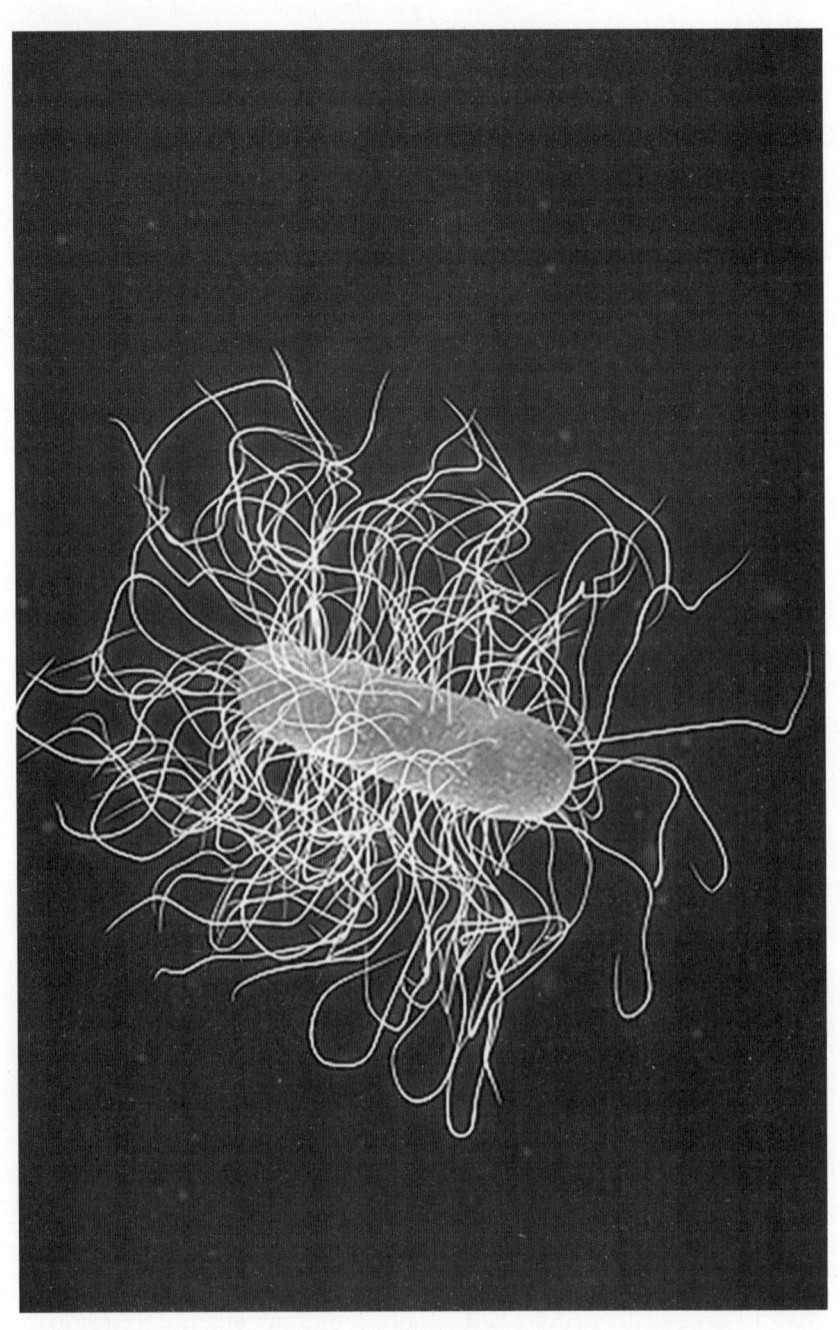

Clostridioides difficile.

que este microorganismo causa inflamación del colon y diarrea mortal y se estima que el impacto en la salud pública es muy significativo.

Datos recientes informan que en EE. UU. la infección recurrente por la bacteria *Clostridioides difficile* origina casi medio millón de infecciones y unas 30 000 muertes cada año. Solo para centros de cuidados intensivos supone unos costes anuales de atención médica de hasta 4800 millones de dólares. En la Unión Europea, utilizando una cifra conservadora del 3 % de mortalidad atribuible, el número de muertes producidas como consecuencia directa de la infección por *Clostridioides difficile* asociada a la asistencia sanitaria puede estimarse en 3700 al año.

Algunos trabajos recientes han demostrado que *Clostridioides difficile* causa alteraciones significativas en el metabolismo de la dopamina en las principales regiones dopaminérgicas del cerebro en ratones, por lo que es posible que tales alteraciones puedan influir en la precipitación y el agravamiento de enfermedades neurológicas asociadas al dismetabolismo de la dopamina en pacientes infectados.

En el trasplante fecal, las heces derivadas de donantes seleccionados deben ser procesadas y preparadas antes de trasplantarlas al receptor. El método varía, pero en general, son recolectados entre 100 y 150 gramos de heces a las que se agrega una solución salina estéril para una homogeneización preliminar y obtener una suspensión fecal. Luego, las partículas más grandes, las fibras y los alimentos no digeridos son eliminados mediante filtración con un tamiz metálico. La muestra fecal fresca líquida homogénea puede ser transferida en jeringas estériles. La preparación fecal fresca fue la primera utilizada para las infecciones de *Clostridioides difficile*, pero el método puede ser procesado con múltiples pasos adicionales que incluyen microfiltración, centrifugación, crioprotección, liofilización y encapsulación, entre otros.

A finales de 2022, la Administración de Alimentos y Medicamentos de EE. UU. (FDA) dio un paso más y aprobó Rebyota, el primer producto basado en microbiota fecal. Es preparado a partir de heces donadas que son analizadas para descartar un panel de patógenos transmisibles. El producto está aprobado para prevenir la infección recurrente por *Clostridioides difficile* en personas mayores de dieciocho años después de una terapia antibiótica fallida, y es administrado por vía rectal en una dosis única.

El tratamiento no está exento de riesgos. Al estar fabricado a partir de materia fecal humana, puede conllevar el riesgo de transmitir agentes infecciosos. Además, Rebyota puede contener alérgenos alimentarios.

Aunque el trasplante de microbiota fecal ha demostrado una tasa notablemente baja de eventos adversos graves, y los ensayos clínicos sugieren que es una opción de tratamiento eficaz para *Clostridioides difficile* y otras afecciones, como la colitis ulcerosa, la transferencia de microorganismos vivos de donantes sanos a pacientes enfermos tiene riesgos inherentes como es el trasplante de bacterias multirresistentes que pueden originar problemas de salud graves o incluso la muerte del receptor. De momento, es oportuno aumentar la capacidad para determinar los regímenes de tratamiento óptimos y definir los perfiles de riesgo para que el trasplante de microbiota fecal pueda ser administrado de la manera más confiable posible.

Los datos emergentes indican que, hasta veinte años antes de la aparición de los síntomas motores, puede estar presente una alteración en el microbioma intestinal en los pacientes con enfermedad de Parkinson. Esta disbiosis del intestino puede provocar un aumento de la permeabilidad e inflamación intestinal, así como la formación de cuerpos de Lewy, y también puede causar neuroinflamación y disminución de la producción de neurotransmisores en el sistema nervioso central. Los resultados de estudios en animales e investigaciones en sujetos humanos con Parkinson sugieren que un desequilibrio de la microbiota intestinal puede exacerbar la patología de la enfermedad, mientras que las estrategias restaurativas, como modificaciones en la dieta, suplementos probióticos y trasplante de microbiota fecal, pueden impedir o prevenir la progresión de la enfermedad de Parkinson.

La noción de un origen infeccioso para la enfermedad de Parkinson surgió por primera vez cuando fue observado un aumento de casos de encefalitis letárgica (inflamación cerebral que se presenta con síntomas similares a los de la enfermedad de Parkinson) después de la pandemia de gripe española H1N1 de 1918. De hecho, se observó que los pacientes en ese momento experimentaban deterioro cognitivo, rigidez de las extremidades superiores y temblores. Aunque la idea en ese momento fue controvertida y nunca ha podido ser establecido un vínculo causal definitivo, varios estudios epidemiológicos en las décadas siguientes proporcionaron evidencia de que las personas nacidas durante la pandemia tenían un riesgo hasta tres veces mayor de padecer la enfermedad de Parkinson. Se cree que el virus de la gripe H1N1 es neurotrópico en humanos, ya que fueron encontrados antígenos en el tejido cerebral *post mortem* de pacientes de esa época, lo que sugiere que el virus puede dañar, directa o indirectamente, mediante la inducción de respuestas inflamatorias, las neuronas dopaminérgicas.

Del mismo modo, algunos metaanálisis recientes han correlacionado la infección por el virus de la hepatitis C con un aumento del 35 % en la probabilidad de la enfermedad de Parkinson en comparación con los controles sanos. Los mecanismos por los cuales el virus de la hepatitis C puede inducir neurodegeneración dopaminérgica son menos conocidos, pero algunos estudios apuntan a que pueden estar relacionados con la inducción de vías neuroinflamatorias.

En realidad, los estudios preclínicos y clínicos actuales, que exploran las estrategias terapéuticas asociadas al intestino para abordar diferentes síntomas de la enfermedad de Parkinson, tienen varias limitaciones, como pueden ser el tamaño pequeño de la muestra/cohorte, la gravedad variable de la enfermedad del paciente, el tiempo de intervención insuficiente o la falta de medidas apropiadas relacionadas, como son la composición de la microbiota intestinal antes y después del tratamiento de la enfermedad y la determinación de la identidad de las cepas bacterianas asociadas.

A pesar de todo, la cada vez más evidente e importante participación de la microbiota intestinal en la enfermedad de Parkinson proporciona una vía prometedora para investigar cómo diversas cepas bacterianas y diferentes metabolitos específicos pueden regular los procesos del sistema nervioso central, contribuyendo así a la disfunción motora.

📖 Para leer más:

- Biazzo, Manuele. 2022. «*Clostridioides difficile* and neurological disorders: New perspectives». *Frontiers in Neuroscience* 16: 946601.
- Cai, Benchi. 2023. «Curcumin alleviates 1-methyl- 4-phenyl-1,2,3,6-tetrahydropyridine- induced Parkinson's disease in mice via modulating gut microbiota and short-chain fatty acids». *Frontiers in Pharmacology* 14: 1198335.
- Cannon, Tyler. 2022. «Microbes and Parkinson's disease: from associations to mechanisms». *Trends in Microbiology* 30(8): 749-760.
- Hey, Grace. 2023. «Therapies for Parkinson's disease and the gut microbiome: evidence for bidirectional connection». *Frontiers in Aging Neuroscience* 15: 1151850.
- Li, Zhe. 2023. «Gut bacterial profiles in Parkinson's disease: A systematic review». *CNS Neuroscience & Therapeutics* 29 (1): 140-157.
- Nie, Shiqing. 2022. «Inflammatory microbes and genes as potential biomarkers of Parkinson's disease». *npj Biofilms and Microbiomes* 8: 101.
- Salim, Safa. 2023.«Gut microbiome and Parkinson's disease: Perspective on pathogenesis and treatment». Journal of Advanced Research 50: 83-105.
- Vinithakumari, Akhil. 2022. «*Clostridioides difficile* Infection Dysregulates Brain Dopamine Metabolism». *Microbiology Spectrum* 10(2): e00073-22.

LA ÚLCERA DE LOS CHICLEROS

Los niños han masticado chicle desde la Edad de Piedra. Algunos hallazgos arqueológicos en el norte de Europa revelan, en trozos de alquitrán prehistórico datados entre el 7000 y el 2000 a. C., marcas dentales de niños de entre seis y quince años.

Las costumbres, la ética, el derecho y la religión presentan una naturaleza dinámica y han variado según los períodos históricos, pero el éxito del chicle, también elástico, ha perdurado en el tiempo. Los antiguos griegos masticaban una resina que provenía del lentisco (*Pistacia lentiscus*). Los nativos americanos consumían goma de abeto. Los mayas y los aztecas mascaban una goma derivada de la savia del árbol de chicozapote (*Manilkara zapota*).

En el año 1869, la incipiente industria confitera estadounidense abrigó la emisión de la primera patente, con número 98.304, para la fabricación de chicle. La patente, concedida a William Finley Semple, un perspicaz dentista originario de Ohio, describía un chicle destinado a limpiar los dientes y a fortalecer la mandíbula. Aquel primer chicle moderno estaba hecho de goma natural obtenida del chicozapote, un árbol autóctono de América Central. El chicle actual es una combinación de gomas, resinas naturales y sintéticas, saborizantes, colorantes y endulzantes añadidos.

No dude de que el chicle es un gran negocio. Una parte significativa de las ventas del sector de dulces proviene de los chicles, muchos de los cuales están diseñados para atraer, casi en exclusiva, a los niños. En el año 2024, el tamaño del mercado global de chicles alcanzó un volumen aproximado de 22 000 millones de dólares.

Desde hace algunos años, existe un resurgimiento del interés por el chicle natural u orgánico. Los chicleros son los encargados de la extracción del chicle natural. Estos trabajadores especializados trepan a los árboles de chicozapote, hasta una altura considerable, de diez metros o más, y realizan cortes profundos en forma de zigzag en la corteza. De los tajos fluye la savia blanca y lechosa, denominada látex o chicle, que es recogida en recipientes. Un solo árbol puede producir entre uno y tres litros de látex al día. El oficio de chiclero, que tiene una base tradicional, es practicado, sobre todo, en las selvas tropicales de México, Belice y Guatemala.

Extracción tradicional de látex del chicozapote (*Manilkara zapota*) mediante cortes en zigzag en el tronco del árbol, técnica empleada por los chicleros en las selvas de México, Guatemala y Belice para obtener el chicle natural, materia prima de la goma de mascar que fue intensamente explotada durante el siglo xx antes de la aparición de polímeros sintéticos [Nischay KG/Shutterstock].

Por desgracia, los chicleros están expuestos a diversos riesgos inherentes al entorno laboral en la jungla. Un peligro latente de la profesión es la posibilidad de padecer la denominada «úlcera de los chicleros». En 1912, el médico danés Harald Seidelin describió, por primera vez, una dolencia que llamó úlcera del chiclero. La enfermedad, caracterizada por lesiones ulcerosas e indoloras en la piel, solía aparecer localizada en las orejas y afectaba a los jornaleros que recolectan chicle en los bosques, con un foco endémico en la región selvática de la península de Yucatán, en México. Hoy en día sabemos que la úlcera del chiclero es una de las formas clínicas de la leishmaniasis.

La leishmaniasis es un espectro de enfermedades causadas por alrededor de veinte especies de protozoos parásitos del género *Leishmania*. Los parásitos son transmitidos por diferentes especies de flebótomos. Los flebótomos de los géneros *Phlebotomus* y *Lutzomyia*, también conocidos como moscas de arena, son los insectos vectores responsables de la transmisión de la leishmaniosis. Esta enfermedad parasitaria es propagada a los humanos y a los animales a través de la picadura de las hembras de flebótomo infectadas. Unas setenta especies animales, incluido el ser humano, pueden ser fuente de parásitos de *Leishmania*.

La leishmaniasis es clasificada en tres formas clínicas principales, que son definidas por la ubicación de los parásitos, y que reciben el nombre de cutánea (piel), mucosa (membranas mucosas, incluyendo la nasofaringe) y visceral (órganos internos como médula ósea, bazo e hígado, y ocasionalmente otros órganos).

La leishmaniasis cutánea presenta una rica sinonimia, incluyendo denominaciones como úlcera tropical, mal de Alepo o úlcera de los chicleros. El Papiro de Ebers, que es un tratado médico del 1500 a. C., describe una afección cutánea, apodada «espinilla del Nilo», que podría ser leishmaniasis cutánea. Durante más de mil años, han sido descritas llagas cutáneas compatibles con la leishmaniasis y que han sido nombradas con apelativos peculiares cómo «llaga de Balj», «furúnculo de Alepo», «furúnculo de Jericó» y «furúnculo de Bagdad». Los principales agentes etiológicos de la leishmaniasis cutánea varían según la geografía. Los parásitos *Leishmania major* y *Leishmania tropica* predominan en el sur de Europa, Asia y África. El complejo *Leishmania mexicana* aparece en México, América Central y del Sur, mientras que *Leishmania braziliensis* y otras especies cercanas son comunes en América Central y Sudamérica.

La leishmaniasis mucosa, conocida como espundia en el contexto veterinario, es debida, sobre todo, a la infección por *Leishmania braziliensis*. La leishmaniasis visceral, denominada con frecuencia kala-azar o fiebre de Dumdum, es una enfermedad sistémica grave producida por la infección de *Leishmania donovani* o *Leishmania infantum*, que afecta a los órganos internos, generalmente el bazo, el hígado y la médula ósea. Sin un diagnóstico y tratamiento adecuados, la leishmaniasis visceral, que es una infección oportunista en pacientes con sida y otras inmunodeficiencias, puede ser mortal en más del 95 % de los casos. La mayoría de las especies de *Leishmania* que son patógenas para los humanos están asociadas con la transmisión zoonótica. En el caso de *Leishmania donovani*, ningún otro animal aparte de las personas ha sido incriminado como reservorio, aunque la evidencia sugiere que existe un vínculo con los perros domésticos y las mangostas (*Herpestes ichneumon*).

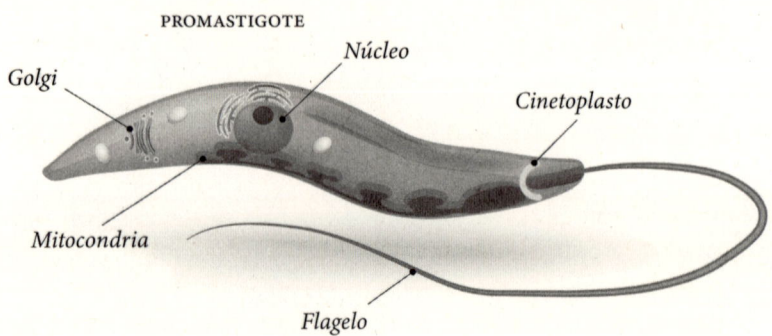

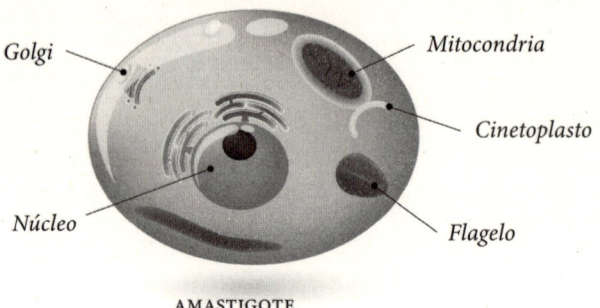

En referencia a la transmisión, la hembra del flebótomo necesita sangre para la ovogénesis y contrae el parásito al picar a un animal infectado. Una vez que un flebótomo hembra ingiere sangre de un huésped con células infectadas por *Leishmania* (amastigotes), estos parásitos experimentan una transformación a la forma de promastigote en el intestino del insecto. Los promastigotes se multiplican y migran a la probóscide del flebótomo. Cuando el flebótomo vuelve a consumir sangre, inyecta los promastigotes infecciosos en el nuevo huésped, continuando así el ciclo. La leishmaniasis representa una carga global significativa para la salud, con más de doce millones de personas infectadas y 350 millones en riesgo. La enfermedad es endémica en noventa y ocho países y territorios, principalmente en América, África, Asia y el sur de Europa.

Dentro del flebótomo, *Leishmania* sufre cambios significativos e induce modificaciones sutiles del comportamiento del insecto, que facilitan la transmisión del parásito.

En todas las especies de *Leishmania*, la fase final del desarrollo culmina con la colonización de la válvula estomodeal, la unión entre el intestino medio y el anterior del flebótomo. En esta estructura, que regula la ingesta de sangre, los parásitos se multiplican y diferencian hasta convertirse en promastigotes metacíclicos, que son formas altamente móviles e infecciosas para los mamíferos. Este proceso es conocido como metaciclogénesis. Varios trabajos han demostrado que los promastigotes metacíclicos de *Leishmania mexicana* son regurgitados desde el intestino medio del vector, el flebótomo, acompañados de un material viscoso similar a un gel de origen parasitario. Este gel secretor de promastigotes es un potente factor de virulencia del parásito y, junto con la saliva del flebótomo, aumenta significativamente las infecciones cutáneas cuando es administrado en la piel del huésped mamífero. El principal componente del gel responsable de la exacerbación de la enfermedad es el proteofosfoglicano filamentoso (fPPG), una glicoproteína de masa molecular muy alta que es exclusiva de *Leishmania*.

En los flebótomos infectados, la válvula estomodeal es colonizada por varias etapas de promastigotes y la transmisión ocurre cuando los parásitos infecciosos son regurgitados desde el cardias hacia el tejido del huésped. *Leishmania* optimiza su transmisión alterando el microambiente intestinal del flebótomo. Este proceso implica el deterioro de la válvula estomodeal y la obstrucción física del intestino mediante la acumulación de fppg. La sinergia de estos eventos culmina en el bloqueo del intestino medio anterior por un conglomerado de gel y promastigotes de *Leishmania*, lo que provoca la distensión y el mantenimiento de la apertura de la válvula dañada. Esta condición transforma al flebótomo en un vector eficiente para la transmisión de *Leishmania*, al facilitar el reflujo de parásitos y gel durante la ingesta sanguínea.

El bloqueo intestinal, descrito a principios del siglo xx, dificulta la alimentación del insecto y reduce el volumen de sangre que puede adquirir. Como resultado, ocurre una modificación en el comportamiento del vector. Los flebótomos infectados con *Leishmania* exploran la piel del huésped con mayor frecuencia, prolongan el tiempo dedicado a la alimentación y aumentan la tasa de picaduras, mejorando así la probabilidad de transmisión del parásito. Los investigadores han demostrado que las moscas con alta carga de infección y con tapones de gel más grandes obstruyendo el intestino, tienen más dificultad para ingerir sangre y, por lo tanto, intentan volver a alimentarse con mayor frecuencia y de múltiples hospedadores, lo que tiene un impacto positivo en la transmisión del parásito.

A nivel mundial, cada año aparecen entre 700 000 y un millón de casos nuevos de leishmaniasis, y la enfermedad provoca alrededor de 30 000 muertes. Abordar la carga de la infección por *Leishmania* requiere un esfuerzo colaborativo y multidisciplinario que involucre a investigadores, profesionales de la salud y legisladores. En última instancia, un enfoque global e integrado, que abarque consideraciones médicas, veterinarias, medioambientales y socioeconómicas, es esencial para combatir de manera eficaz la infección por *Leishmania*.

📖 Para leer más:

- Alemu, Chekol. 2023. «Time to death and its determinant factors of visceral leishmaniasis with HIV co-infected patients during treatment period admitted at Metema hospital, Metema, Ethiopia: a hospital-based cross-sectional study design». *Tropical Diseases, Travel Medicine and Vaccines* 9: 18.
- Chanmol, Wetpisit. 2022. «Stimulation of metacyclogenesis in *Leishmania* (Mundinia) orientalis for mass production of metacyclic promastigotes». *Frontiers in Cellular and Infection Microbiology* 12: 992741.
- Cecílio, Pedro. 2022. «Sand flies: Basic information on the vectors of leishmaniasis and their interactions with *Leishmania* parasites». *Communications Biology* 5 (1): 305.
- Kaushal, Radhey Shyam. 2023. «*Leishmania* species: A narrative review on surface proteins with structural aspects involved in host–pathogen interaction». *Chemical Biology & Drug Design* 102: 332-356.
- Kumari, Yasoda. 2025. «A comprehensive review of biological and genetic control approaches for leishmaniasis vector sand flies; emphasis towards promoting tools for integrated vector management». *PLOS Neglected Tropical Diseases* 19 (1): e0012795.
- Sousa Duarte, Anna Gabryela. 2025. «An updated systematic review with meta-analysis and meta-regression of the factors associated with human visceral leishmaniasis in the Americas». *Infectious Diseases of Poverty* 14 (1): 4.
- Tom, Anns. 2024. «Interactions between *Leishmania* parasite and sandfly: a review». *Parasitology Research* 123: 6.

Cartel promocional de la serie *The Last of Us*, adaptación televisiva del videojuego que imagina una pandemia global causada por una mutación del hongo *Cordyceps*, parásito que en la naturaleza infecta únicamente a insectos pero que en la ficción evoluciona para convertir a los humanos en huéspedes, mostrando a los protagonistas Joel y Ellie atravesando una América postapocalíptica veinte años después del colapso [HBO Max].

MI NOVIO ES UN ZOMBI

«Mi novio es un zombi. / Es un muerto viviente / que volvió del otro mundo / para estar conmigo. / Mi vida ya tiene sentido. / Recuperé el amor perdido. / Intacto pero podrido».

Este estribillo, más pegadizo que el Loctite Super-Glue-3, pertenece a una canción, divertida y marchosa, que fue compuesta por Nacho Canut e incluida en el álbum de estudio *Fan fatal* del grupo musical *Alaska y Dinarama*. La temática zombi es frecuente en la escena cultural y del entretenimiento, y recurrente en los ámbitos cinematográfico, televisivo e incluso en el concerniente a los videojuegos, desde que *La noche de los muertos vivientes*, película dirigida por George A. Romero y estrenada en 1968, resultó ser una de las producciones cinematográficas más lucrativas de la historia.

Entre los últimos ejemplos, despunta la aclamada y postapocalíptica serie televisiva *The Last of Us*, emitida por HBO y basada en un videojuego de terror, acción y aventura, con nombre idéntico. El videojuego fue desarrollado por la compañía estadounidense Naughty Dog y distribuido en 2013 por Sony Computer Entertainment para la consola PlayStation 3. En apenas nueve años, hasta diciembre de 2022, logró vender más de treinta y siete millones de copias y se convirtió en una de las franquicias más rentables de Sony. Tras el estreno de la serie televisiva, en enero de 2023, las ventas del videojuego original aumentaron más de un 200 %.

El argumento esencial del videojuego y de la serie de televisión coincide, y consiste en que un hongo del género *Cordyceps* desencadena una pandemia mundial y convierte a las personas infectadas en atacantes zombis sedientos de sangre. El inicio de la trama y la credibilidad del guion están apoyados en un agente patógeno real, el hongo *Ophiocordyceps unilateralis*, antes llamado *Cordyceps unilateralis*.

El género *Ophiocordyceps* es capaz de infectar a varias especies de insectos y arácnidos a nivel mundial. Así, *Ophiocordyceps humbertii* infecta a las avispas; *Ophiocordyceps curculionum*, a los escarabajos; *Ophiocordyceps clavulata*, a las cochinillas; *Ophiocordyceps sinensis*, a las orugas; *Ophiocordyceps dipterigena*, a las moscas, y *Ophiocordyceps engleriana*, a las arañas. Gran parte de las especies mencionadas pertenecen al complejo de especies *Ophiocordyceps unilateralis*, uno de los grupos de hongos zombi mejor estudiados.

Ophiocordyceps unilateralis es un hongo entomopatógeno especializado que infecta, manipula y mata a hormigas carpinteras pertenecientes a la tribu Camponotini, con preferencia por la especie *Camponotus leonardi*.

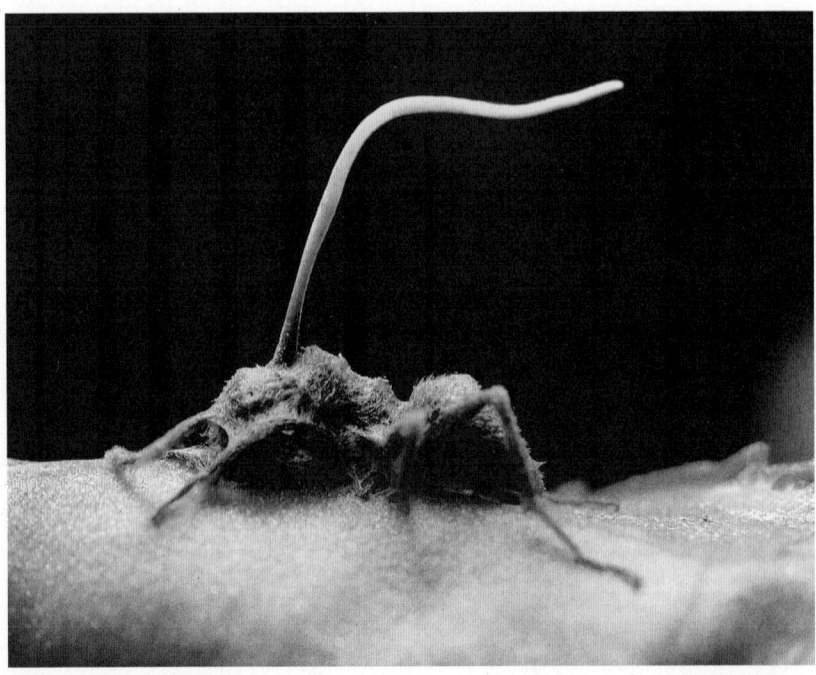

Hormiga infectada por el hongo entomopatógeno *Ophiocordyceps unilateralis*, parásito especializado que manipula el comportamiento del insecto mediante compuestos neuroactivos, forzándolo a abandonar su colonia, trepar a una hoja, morder su nervadura central y morir en posición fija, permitiendo al hongo desarrollar su cuerpo fructífero desde el cadáver para dispersar sus esporas sobre otras hormigas en las selvas tropicales de América, África y Asia [Jojo Dexter/Shutterstock].

Esta interacción, penetrante y fatal, es habitual en ecosistemas de bosques tropicales de Brasil, Australia y Tailandia, así como en los bosques templados de Carolina del Sur, Florida y Japón. Aunque las hormigas representan menos del 2 % de las especies de insectos, contribuyen hasta el 50 % de la biomasa animal en los bosques tropicales. Las hormigas ocupan una amplia gama de hábitats, desde el dosel alto hasta la hojarasca, formando colonias que comprenden desde unas pocas docenas hasta millones de individuos, especialmente en los bosques tropicales. Como miembros dominantes de la mayoría de los biomas terrestres, las hormigas son los huéspedes más comunes de especies del género *Ophiocordyceps* en los bosques tropicales de todo el mundo.

Una vez que infecta a la hormiga, *Ophiocordyceps unilateralis* toma el control de la mente y de las funciones motoras del huésped, provocando comportamientos hiperactivos y erráticos, con pérdida de coordinación motora y equilibrio, e incitando al insecto, que se mueve como si estuviera borracho, a buscar una ubicación más alta, donde la luz solar y el calor crean las mejores condiciones reproductivas para el hongo. Cuando la hormiga llega a una posición estratégica, el hongo obliga al insecto, que ha sido transformado en marioneta, a morder y a aferrar la vegetación con las mandíbulas. El agarre es brutal y fuerza a la hormiga a permanecer en esa postura hasta que muere. Las hormigas infectadas muerden las venas principales o los márgenes de las hojas en las selvas tropicales, mientras que en los bosques templados eligen morder las ramitas.

Esta mordedura antinatural, que no es parte del comportamiento normal de la hormiga, ayuda a la formación del cuerpo fructífero del hongo y a la transmisión de esporas post-mortem. Tras el deceso del insecto, *Ophiocordyceps* crece y brota de la cabeza del huésped, con el objetivo de liberar y dispersar esporas que, una vez emancipadas, son impulsadas por el viento y navegan en mil direcciones. Las esporas recién horneadas son capaces de infectar nuevas hormigas, ya sea mediante contacto inmediato o por vías secundarias a través del suelo del bosque.

Se ha propuesto que ciertos compuestos bioactivos producidos por el hongo, como la esfingosina, podrían desregular el comportamiento del huésped. Estos compuestos poseen efectos neuromoduladores y disruptores de la fisiología. Además, varios estudios sugieren que los hongos del grupo *Ophiocordyceps unilateralis* generan metabolitos secundarios similares al aflatrem, una potente micotoxina. El aflatrem es conocido por causar problemas neurológicos en bovinos y otros animales, que se manifiestan con temblores musculares, hiperexcitabilidad, incoordinación, ataxia y convulsiones. Estos síntomas, denominados «síndrome de tambaleo», están directamente relacionados con la modulación alostérica positiva de los receptores del ácido gamma-aminobutírico (GABA) y recuerdan al comportamiento de las hormigas infectadas con *Ophiocordyceps unilateralis*. Si los compuestos similares al aflatrem tuvieran efectos análogos en insectos, esto podría tener implicaciones significativas para la manipulación del huésped, especialmente considerando la presunta participación de los receptores GABA en la diferenciación de castas y el comportamiento de las hormigas *Camponotus*.

Por si fuera poco, el hongo también provoca la destrucción de tejidos específicos y la hipercontracción de los músculos de la mandíbula. Además, las mordeduras forzosas parecen estar sincronizadas con la hora del día. Esta apreciación sugiere que, para modificar el comportamiento del huésped, los hongos *Ophiocordyceps* emplean mecanismos que operan según los ritmos diarios y que están bajo el control del reloj biológico del insecto. Se estima que el género *Ophiocordyceps*, o su ancestro, surgió hace unos cien millones de años y que desde entonces ha colonizado a diez órdenes de insectos diferentes.

Las hormigas infectadas con *Ophiocordyceps* muestran una actividad de locomoción constante y sin dirección que dificulta los esfuerzos efectivos de búsqueda de alimento. Tal comportamiento deambulante podría hacer que los individuos infectados se alejen de la colonia de hormigas antes de que sus compañeras de nido noten la infección. Probablemente esto sea esencial para la supervivencia de los hongos, ya que las hormigas sanas atacan a los individuos infectados como parte de su estrategia de inmunidad social, lo que interfiere con la eventual formación y transmisión de esporas. Por lo tanto, la actividad del huésped también puede verse como una estrategia de dispersión de esporas utilizada por los hongos que se transmiten después de la muerte del huésped.

En las últimas décadas, el interés por los géneros *Cordyceps* y *Ophiocordyceps* ha crecido, en parte por su potencial para producir compuestos bioactivos de interés, incluidos nucleósidos, esteroles, flavonoides, péptidos cíclicos, fenólicos, bioxantracenos, policétidos y alcaloides. Por ejemplo, la cordicepina, que es producida por *Cordyceps militaris*, un hongo muy empleado en la medicina tradicional china, exhibe una gran variedad de funciones biológicas y farmacéuticas con beneficios para la salud, incluidas actividades anticancerígenas, antioxidantes, antiinflamatorias, antiagregantes plaquetarias e inmunomoduladoras. De hecho, la especie *Tolypocladium inflatum*, que representa el estadio reproductivo asexual de *Cordyceps subsessilis*, es la fuente de la ciclosporina, un medicamento inmunosupresor empleado en el trasplante de órganos humanos. A partir de otra especie denominada *Isaria sinclairii*, que representa el estadio reproductivo asexual de *Cordyceps sinclairii*, fue descubierta la mioricina, un esfingolípido con poderosas propiedades inmunosupresoras. Debido a que la miriocina es demasiado tóxica para ser empleada en humanos, en el año 1992 fue desarrollado un derivado sintético, llamado FTY720 o fingolimod. Bajo el nombre comercial Gilenya, fingolimod fue aprobado por la FDA en septiembre del año 2010 y por la Agencia Europea de Medicamentos en marzo de 2011, como el primer fármaco oral para el tratamiento de la esclerosis múltiple. *Ophiocordyceps unilateralis* produce naftoquinonas bioactivas que muestran efectos antivirales y antipalúdicos.

La especie *Ophiocordyceps sinensis*, que parasita orugas de la polilla fantasma y otros lepidópteros de la familia Hepialidae, también es muy apreciada por la medicina tradicional china y tibetana. Recientemente la demanda global de este hongo ha aumentado de forma significativa, porque varios estudios apuntan a que exhibe diversas bioactividades interesantes, como son la protección de los riñones y el hígado; capacidades anticancerígena y antioxidante, y efectos antiinflamatorios e inmunomoduladores. Por desgracia, *Ophiocordyceps sinensis* en estado silvestre es raro y difícil de cosechar, porque tiene especificidad estricta de huésped y presenta características ecológicas singulares que confinan al hongo en altitudes extremas, entre 3000 y 5000 metros, en el gélido y exigente entorno de la meseta Tibetana-Qinghai. Esta región está ubicada en gran parte de la Región Autónoma del Tíbet y de la provincia de Qinghai, en la República Popular China.

En consecuencia, desde hace algún tiempo, *Ophiocordyceps sinensis* se ha convertido en uno de los hongos medicinales y comestibles más caros del mundo, debido a la escasez y a las extraordinarias capacidades potenciales que presenta. Por ello, el precio de mercado ha aumentado a matacaballo, pasando de un valor aproximado de 2,5 euros por kilogramo en el año 1970 a casi 20 000 euros por kilogramo en el año 2021.

Ese mismo año, un estudio publicado en la revista *Fungal Biology*, reveló el descubrimiento, en una pieza de ámbar del Báltico de entre 45 y 55 millones de años de edad estimada, de un hongo fósil parásito de una hormiga *Camponotus*. El hongo recibió el nombre de *Allocordyceps baltica* y está caracterizado por un ascoma anaranjado, en forma de copa, con peritecios en desarrollo, que emerge del orificio rectal de la hormiga. Este hallazgo constituye el registro fósil más antiguo conocido de parasitismo fúngico en hormigas y podría representar un precursor del género *Ophiocordyceps*, que en la actualidad es el único linaje de hongos que parasita a las hormigas del género *Camponotus*.

Curiosamente, el hongo parásito *Ophiocordyceps camponoti-floridani*, que infecta a la hormiga *Camponotus floridanus*, es, a su vez, parasitado por dos especies diferentes de hongos llamadas *Niveomyces coronatus* y *Torrubiellomyces zombiae*. La primera especie es visible en la parte exterior de los hongos *Ophiocordyceps* parasitados, y debe su nombre a que presenta un aspecto blanquecino, similar a una capa de hielo o nieve, que recubre al huésped. *Niveomyces coronatus* y *Torrubiellomyces zombiae* debilitan y consumen a *Ophiocordyceps camponoti-floridani* e incluso parece que provocan la esterilidad de sus esporas.

Hormiga carpintera infectada por el hongo *Ophiocordyceps camponoti-floridani* (estructuras alargadas emergiendo del cadáver) que a su vez está parasitado por el hongo hiperparásito *Niveomyces* (recubrimiento blanco y esponjoso), ejemplo de parasitismo en cascada donde un organismo que manipula el comportamiento de su huésped es simultáneamente explotado por un tercer organismo [wildmushrooms.org].

Es innegable que los hongos ejercen, en exclusivo beneficio propio, un control preciso sobre el comportamiento de las hormigas infectadas. La complejidad y la especificidad de los mecanismos involucrados en la manipulación conductual, junto con la falta de respuesta de la colonia de hormigas a la infección por este parásito especializado, muestran que la coevolución ha producido un hongo increíble, que está adaptado a la manipulación del organismo infectado y que es capaz de inducir el suicidio del huésped.

📖 Para leer más:

- Araújo, João. 2022. «Masters of the manipulator: two new hypocrealean genera, *Niveomyces* (Cordycipitaceae) and *Torrubiellomyces* (Ophiocordycipitaceae), parasitic on the zombie ant fungus *Ophiocordyceps camponoti-floridani*». Persoonia 49: 171-194.
- Beckerson, William. 2023. «28 minutes later: investigating the role of aflatrem-like compounds in *Ophiocordyceps* parasite manipulation of zombie ants». *Animal Behaviour* 203: 225-240.
- de Bekker, Charissa. 2021. «Mechanisms behind the Madness: How Do Zombie-Making Fungal Entomopathogens Affect Host Behavior To Increase Transmission?». *mBio12* (5): e01872-21.
- Mongkolsamrit, Suchada. 2023. «*Bhushaniella* gen. nov (Cordycipitaceae) on spider eggs sac: a new genus from Thailand and its bioactive secondary metabolites». *Mycological Progress* 22: 64.
- Poinar, George. 2021. «*Allocordyceps baltica* gen. et sp. nov. (Hypocreales: Clavicipitaceae), an ancient fungal parasite of an ant in Baltic amber». *Fungal Biology* 125: 886-890.
- Tang, Dexiang. 2023. «Six new species of zombie-ant fungi from Yunnan in China». *IMA Fungus* 14 (1): 9.
- Tong, Chaoqun. 2023. «Stable reference gene selection for *Ophiocordyceps sinensis* gene expression studies under different developmental stages and light-induced conditions». *PLoS One* 18 (4): e0284486.
- Will, Ian. 2023. «Natural history and ecological effects on the establishment and fate of Florida carpenter ant cadavers infected by the parasitic manipulator *Ophiocordyceps camponoti-floridani*». *Functional Ecology* 37: 886-899.

Madonna Lactans o *Virgen de la Leche*, obra de maestro anónimo de Brujas que representa la iconografía medieval de la Virgen María amamantando al Niño Jesús, tradición que posiblemente sincretiza la imagen de la diosa egipcia Isis nutriendo a Horus y que fue ampliamente difundida en Europa occidental durante la Edad Media tardía, manteniéndose popular en Portugal, España e Italia hasta finales del siglo XVII pese a ser desaconsejada por el Concilio de Trento por motivos de decoro [Museu de Aveiro, Portugal].

LA GUARDAESPALDAS

La mano que mece la cuna es la mano que gobierna el mundo. Esta frase es el título de una obra del poeta estadounidense William Ross Wallace que enfatiza la influencia de las madres sobre los hijos.

En todo el mundo, unos 140 millones de mujeres quedan embarazadas cada año. Durante la gestación, el cuerpo materno experimenta profundas adaptaciones fisiológicas para apoyar el desarrollo del feto, como aumentos en el volumen plasmático, la tasa metabólica, el consumo de oxígeno y la regulación inmunológica. Estas adaptaciones van acompañadas de incrementos extraordinarios en la producción de diversas hormonas, incluidas los estrógenos y la progesterona. Estas hormonas neuromoduladoras también impulsan una reorganización significativa del sistema nervioso central y provocan que el embarazo sea un período de notable neuroplasticidad.

La maternidad en el reino animal es una experiencia compleja y diversa que, en muchas ocasiones, resulta ser la piedra angular de la supervivencia, el desarrollo de las crías y la preservación de la biodiversidad. El cuidado materno está extendido entre los mamíferos, las aves y otros vertebrados, pero también es habitual en algunos grupos de animales invertebrados, incluido el de los insectos.

Los efectos maternos son omnipresentes en los sistemas ecológicos naturales y gestionados. Organismos tan diversos como los babuinos, los percebes y las salamandras muestran efectos maternos. Para muchos insectos, un carácter maternal importante es la elección del sitio de la puesta de huevos. La selección de los lugares ideales para la oviposición influye en la calidad del alimento de una larva y en la susceptibilidad a enemigos naturales o estreses abióticos, así como en la probabilidad de experimentar competencia intra o interespecífica.

Es evidente que la reproducción es uno de los elementos más importantes en la historia de la vida de los animales. Por ello, numerosas especies exhiben comportamientos y adaptaciones morfológicas que aumentan el éxito reproductivo. Entre los ejemplos significativos está el de las avispas parásitas, que utilizan estructuras especializadas similares a agujas, llamadas ovipositores, para perforar sustratos y depositar huevos en los huéspedes específicos.

Las avispas parasitoides tienen un ciclo de vida único y fascinante. Las hembras adultas ponen los huevos dentro o sobre otros artrópodos, y las larvas en desarrollo se alimentan de los huéspedes. Algunas especies de avispas parásitas han alcanzado un nivel superior, y además de parasitar, modifican la conducta del anfitrión. Entre los ejemplos más notorios, destaca la hembra adulta de la especie *Dinocampus coccinellae*, una preciosa avispilla parásita que es fácil de reconocer porque ostenta un par de hermosos ojos de color verde metálico que combinan a las mil maravillas con el tono negro profundo del cuerpo y la tonalidad color marrón mejillón de la cabeza, las patas delanteras y el ápice

Avispa parasitoide *Arotes decorus* (familia *Braconidae*), uno de los miles de himenópteros parasitoides que depositan sus huevos en otros insectos donde se desarrollan consumiendo al hospedador desde el interior, como *Dinocampus coccinellae* que parasita mariquitas, *Cotesia* que ataca orugas de lepidópteros, o *Aphidius* que parasita pulgones, constituyendo mecanismos naturales de control de poblaciones y manejo integrado de plagas agrícolas [Jeff W. Jarrett/Shutterstock].

Dinocampus coccinellae se reproduce a través de partenogénesis telitoca, un modo de reproducción en el que las hembras emergen de huevos no fertilizados. La avispa hembra adulta de la especie *Dinocampus coccinellae* busca mariquitas hembras adultas, aunque en ocasiones selecciona machos o juveniles, y con el ovipositor pone un huevo en los tejidos blandos de la parte inferior del abdomen del escarabajo. Transcurridos de cinco a siete días, el huevo eclosiona y surge una larva con grandes mandíbulas, que son muy útiles para eliminar cualquier otro huevo o larva presentes en el huésped. En definitiva, eclosionado el primer huevo, tal y como afirma la novela *Battle Royale*, solo uno puede sobrevivir.

Battle Royale es un superventas escrito por el japonés Koushun Takami y publicado el 27 de abril de 1999 en Japón. La novela ha influido e inspirado a numerosas y conocidas obras de la cultura popular, como por ejemplo el videojuego *Fornite*, la saga de películas *Kill Bill*; la novela juvenil y posterior adaptación cinematográfica *Los juegos del hambre*, y la serie surcoreana *El juego del calamar*.

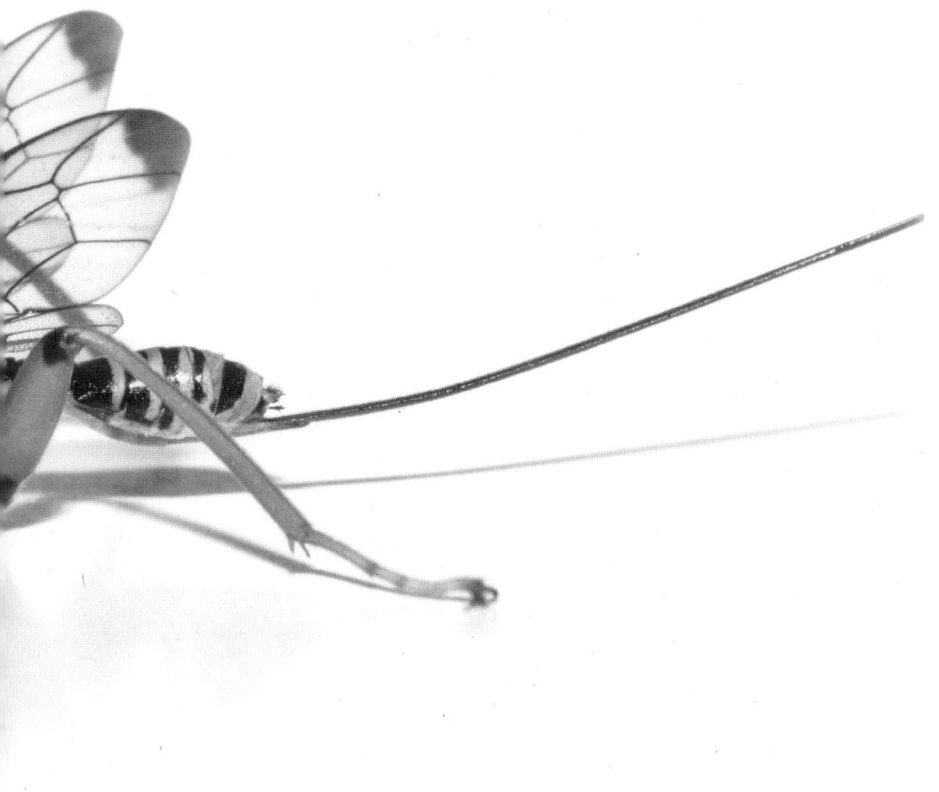

Mariquita arlequín (*Harmonia axyridis*) parasitada por la avispa bracónida *Dinocampus coccinellae*, que tras desarrollarse internamente emerge para formar un capullo de seda entre las patas del hospedador, mientras la mariquita permanece inmóvil en estado de parálisis temporal protegiéndola de depredadores hasta que la avispa adulta completa su metamorfosis, ejemplo de manipulación del comportamiento del huésped por parte de un parasitoide [Tomasz Klejdysz/Shutterstock].

Tras la eclosión y la eliminación de posibles competidores, la larva de *Dinocampus coccinellae* comienza a consumir la grasa y las gónadas de la mariquita. En los siguientes dieciocho a veintisiete días crece dentro del hospedador, pasando por cuatro estadios larvarios de desarrollo. Al menos setenta y dos especies de mariquitas (coccinélidos) son hospedadores de *Dinocampus coccinellae*. Los anfitriones que *Dinocampus coccinellae* elige con mayor frecuencia en todo el mundo son la mariquita de siete puntos (*Coccinella septempunctata* L.), que es la más común en Europa; seguida de la mariquita asiática multicolor (*Harmonia axyridis*, Pallas); la mariquita rosa (*Coleomegilla maculata*, De Geer), y la catarina convergente (*Hippodamia convergens*, Guerin). Hay más de seis mil especies de mariquitas descritas que han sido clasificadas en aproximadamente 360 géneros. Muchas especies de mariquita son depredadoras y consumen insectos plaga. Por ejemplo, una mariquita adulta de la especie *Coccinella septempunctata* L. puede devorar hasta cinco mil pulgones al año.

Cuando la larva de la avispa está lista para emerger de la mariquita, paraliza al anfitrión y comienza a construir un túnel hacia el exterior. Una vez fuera, la larva elabora un capullo de seda entre las patas de la mariquita. Un capullo de seda solitario es muy vulnerable a la depredación. Por ello, la avispa parasitoide ha buscado una solución alucinante y efectiva, que consiste en modificar la conducta de la mariquita para que el escarabajo actúe de guardaespaldas.

La mariquita rodea el capullo con las patas, permanece estática y, cuando algún organismo está demasiado cerca, realiza movimientos espasmódicos que asustan y ahuyentan al posible depredador o a otras especies de avispas parásitas que intenten poner huevos dentro del capullo. El parasitoide induce la parálisis de la mariquita guardaespaldas, aunque no es completa y, por ello, el escarabajo responde a cualquier estímulo mediante espasmos salvajes, cuyo único propósito es proteger a la avispa parásita hasta que alcanza la fase adulta.

Además, las mariquitas utilizan el aposematismo para persuadir a los depredadores. El aposematismo es un fenómeno que consiste en mostrar colores de advertencia. En el caso de las mariquitas, la coloración predominante está basada en el color rojo, aunque también pueden presentar tonos naranjas y amarillos, que son combinados con el negro. Esta composición cromática anuncia cualidades tóxicas y un sabor desagradable, dos características suficientes para espantar a los potenciales depredadores.

Las convulsiones y los colores aposemáticos son muy efectivos y reducen la depredación. Esta situación fue demostrada en un artículo publicado en el año 2011 y encabezado por Fanny Maure, del instituto de investigación MIVEGEC en Francia. Los autores expusieron capullos de avispas parasitoides a crisopas hambrientas, que son insectos del orden *Neuroptera* y unos depredadores generalistas. Las crisopas devoraron todos los capullos que estaban desprotegidos, y el 85 % de los que eran custodiados por una mariquita muerta. Sin embargo, el 66 % de los capullos sobrevivieron cuando fueron protegidos por una mariquita viva. Es decir, la mariquita guardaespaldas era muy eficaz evitando la depredación.

Después de seis a nueve días, la avispa emerge del capullo e inicia la etapa adulta. Sorprendentemente, alrededor del 25 % de las mariquitas reviven y abandonan la parálisis una vez que el capullo ha quedado vacío. El resto, muere.

El negocio no es gratuito para las avispas, porque pagan un precio turbador. Cuanto más tiempo sobreviven las mariquitas, menos fértiles son las avispas adultas que abandonan los capullos. La esperanza de vida de las avispas no varía, pero la capacidad para criar a la siguiente generación queda afectada por el acto de mantener viva a la mariquita guardaespaldas.

La mariquita parasitada actúa como un zombi, pero el inicio del comportamiento de guardaespaldas comienza varias semanas después de que la avispa ponga el huevo. La inmensa mayoría de las avispas parásitas matan al hospedador mientras crecen, pero la mariquita parasitada por *Dinocampus coccinellae* sigue viva, aunque convertida en una marioneta del parasitoide. ¿Cómo es posible? La respuesta está en la presencia del virus de la parálisis de *Dinocampus coccinellae* (DCPV) en el cerebro de las mariquitas anfitrionas.

Las larvas endoparasitoides crecen dentro de los huéspedes y dependen de una diversa variedad de armas para alterar la defensa inmunológica o el desarrollo del anfitrión. Estas herramientas incluyen a los polidnavirus y a las proteínas del veneno que normalmente las avispas adultas inyectan con los huevos.

El virus de la parálisis de *Dinocampus coccinellae* (DCPV) está almacenado en el oviducto de las avispas hembra parasitoides y es transmitido a la mariquita con la puesta del huevo. El virus es neurotrópico y existen evidencias de que suprime el sistema inmunitario antiviral de la mariquita para replicarse en las células gliales del sistema nervioso del hospedador. La replicación del virus inmoviliza al escarabajo con la finalidad de proteger a la larva de la avispa. El virus de la parálisis de *Dinocampus coccinellae* (DCPV) no causa daño aparente a las avispas, pero sí en las mariquitas, porque muchas células cerebrales mueren durante la infección. En las mariquitas que se recuperan de la parálisis, el nivel de virus disminuye de forma drástica.

La avispa y el virus han coevolucionado hasta lograr una relación íntima que logra manipular el comportamiento de la mariquita de forma eficiente, pero en este trío ¿quién es en realidad el titiritero?

📖 PARA LEER MÁS:

- Barclay, Maxwell. 2024. «The genome sequence of a braconid wasp, *Dinocampus coccinellae* (Schrank, 1802)». *Wellcome Open Research* 9: 461.
- Dheilly, Nolwenn. 2015. «Who is the puppet master Replication of a parasitic wasp-associated virus correlates with host behaviour manipulation». *Proceedings of the Royal Society B: Biological Sciences* 282 (1803): 20142773.
- Guinet, Benjamin. 2024. «A novel and diverse family of filamentous DNA viruses associated with parasitic wasps». *Virus Evolution* 10 (1): veae022.
- Sethuraman, Arun. 2022. «Genome of the parasitoid wasp *Dinocampus coccinellae* reveals extensive duplications, accelerated evolution, and independent origins of thelytokous parthenogeny and solitary behavior». *G3 Genes* 12 (3): jkac001.
- Vansant, Hannah. 2019. «Coccinellid host morphology dictates morphological diversity of the parasitoid wasp *Dinocampus coccinellae*». *Biological Control* 133: 110-116.
- Ye, Xinhai. 2024. «The state of parasitoid wasp genomics». *Trends in Parasitology* 40 (10): 914-929.

Desmogue de alce en Isla Royale [R-Millenial Hiker/Shutterstock].

ISLA ROYALE

Isla Royale es un edén salvaje de quietud y belleza agreste, adornado con paisajes inesperados y custodiado por bahías serenas, costas rocosas, faros centenarios y bosques antiguos de abetos balsámicos y abedules reales.

La isla está ubicada en la parte noroeste del Lago Superior, en el estado de Michigan, cerca de la frontera con Canadá, y es un laboratorio natural único, donde transcurre un estudio a largo plazo, iniciado en 1958, que está centrado en el sistema depredador-presa entre los alces y los lobos grises del este.

El aislamiento de Isla Royale simplifica las interacciones ecológicas, lo que facilita el estudio de procesos complejos que serían más difíciles de discernir en ecosistemas continentales con mayor biodiversidad y perturbaciones humanas.

En Isla Royale, la melodía indómita del aullido del lobo mezcla bien con el eco profundo del bramido del alce, y los científicos han conseguido obtener información valiosa sobre la regulación de las poblaciones, los efectos de la depredación, la disponibilidad de alimento, el clima y las enfermedades en estas especies.

La relación entre alces y lobos en Isle Royale es un ejemplo clásico del ciclo depredador-presa. Cuando la población de alces es alta, la de lobos tiende a aumentar, debido a la abundancia de alimento. A medida que la población de lobos crece, los depredadores cazan más alces, lo que provoca una disminución del censo de ungulados. Esto, a su vez, puede provocar una disminución de la población de lobos debido a la escasez de comida, y el ciclo comienza de nuevo.

Durante la década de 1980, la población de lobos disminuyó de cincuenta a doce ejemplares debido a un brote de parvovirus canino, que

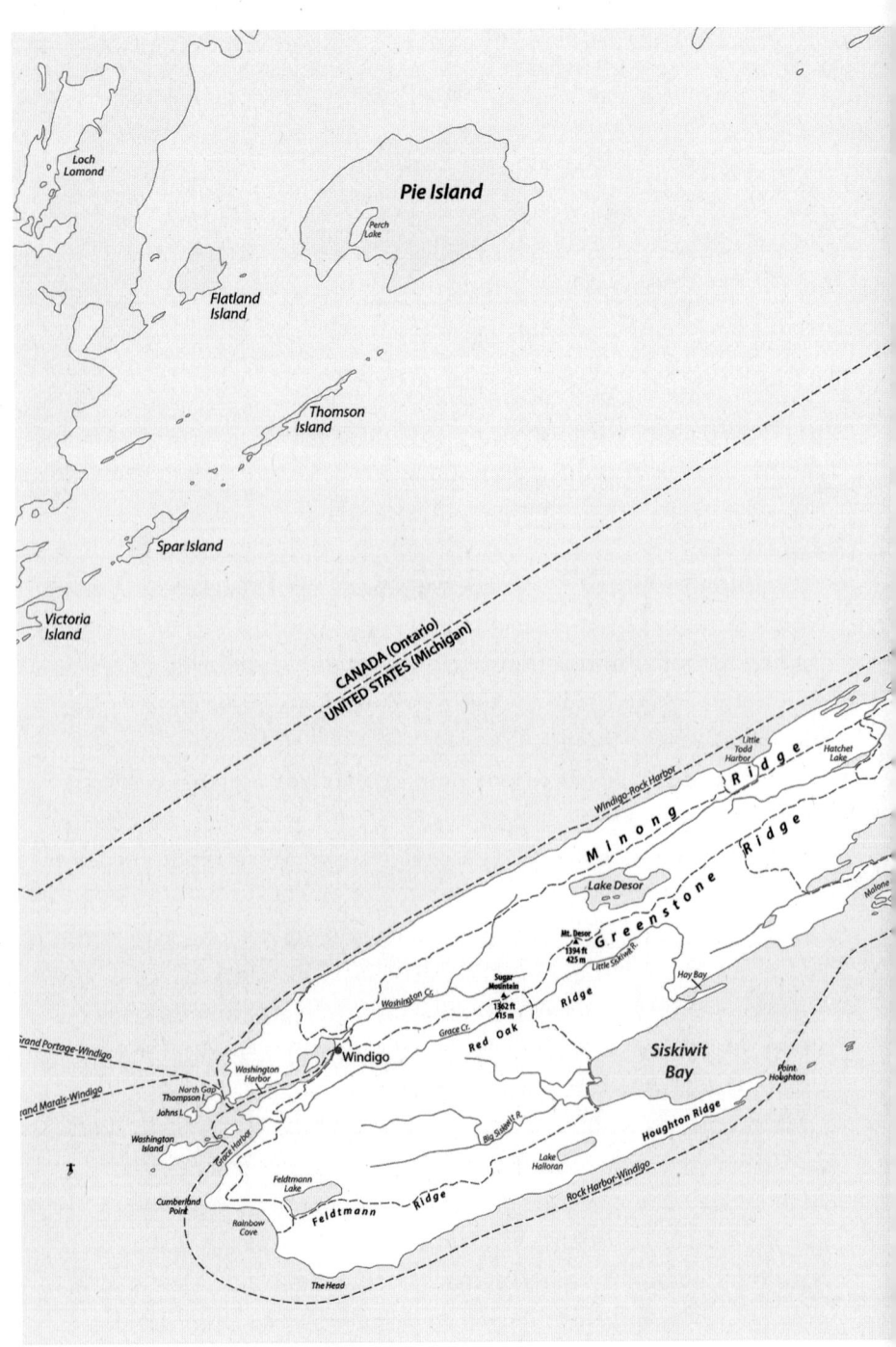

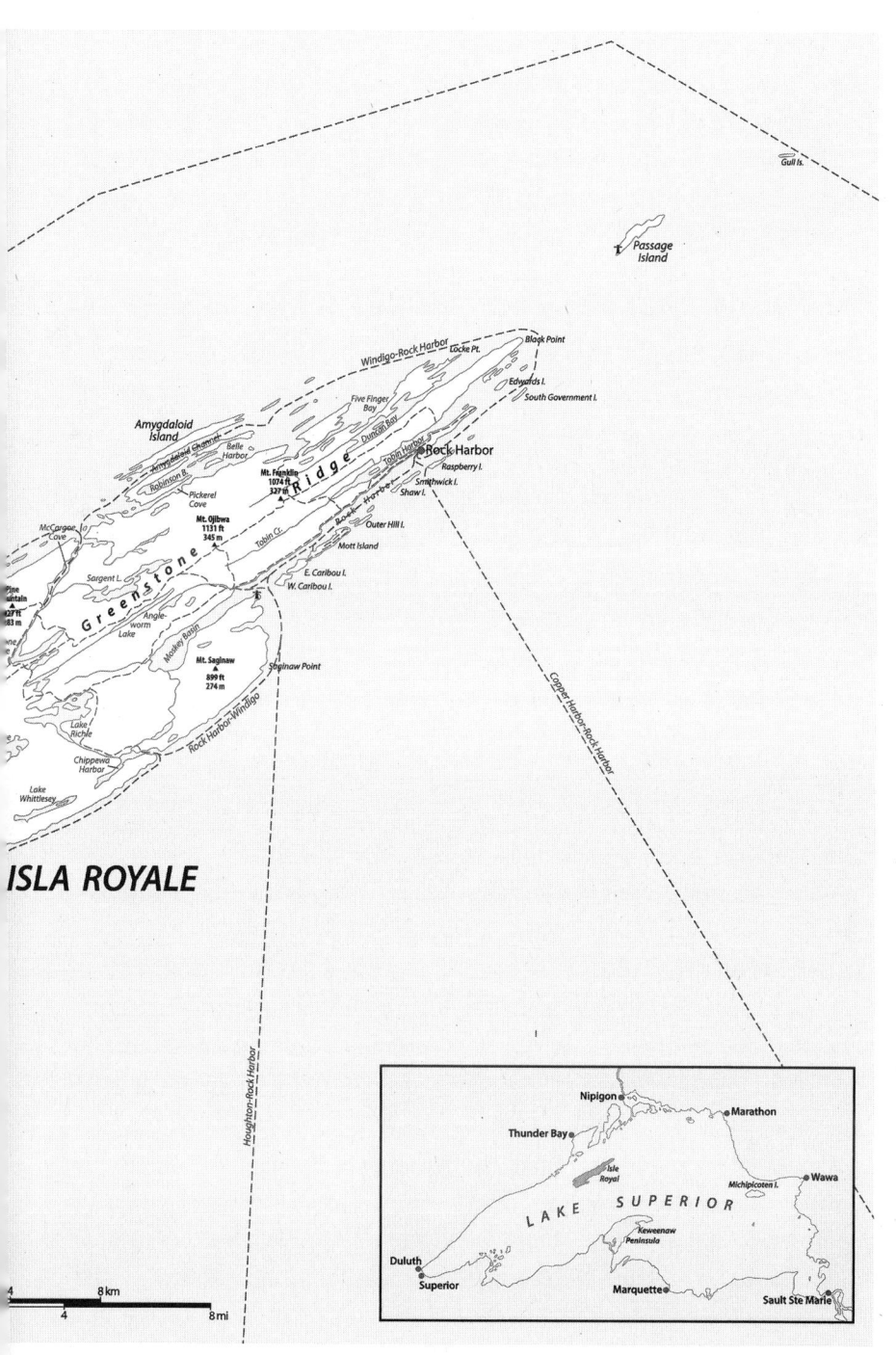

ISLA ROYALE

Isla Royale [Rainer Lesniewski/Shutterstock].

origina una enfermedad muy contagiosa que afecta a cánidos domésticos y salvajes, y que tiene una tasa de mortalidad variable en perros no vacunados, que puede oscilar entre el 50 % y el 60 %. Aunque años más tarde la enfermedad desapareció, la población de lobos no consiguió recobrar el volumen habitual. En aquel entonces el motivo por el que la población era incapaz de recuperarse era desconocido, pero investigaciones posteriores demostraron que la causa era la depresión endogámica, un fenómeno en el que las crías de dos individuos estrechamente emparentados tienen menos probabilidades de sobrevivir o reproducirse con éxito. Los altos niveles de endogamia en Isla Royale venían dados porque los lobos isleños estaban, en gran medida, aislados de la población continental.

Los puentes de hielo son la única vía para que los lobos lleguen al archipiélago. Estas pasarelas no se forman todos los años y pueden durar solo unos días. Las oportunidades para que los lobos circulen entre el continente e Isla Royale han ido mermando con el tiempo a causa del cambio climático. Los altos niveles de endogamia en la población de lobos provocaron varios problemas, incluyendo dolorosas anomalías en la columna vertebral y un número inusualmente bajo de crías que nacían y sobrevivían hasta la edad adulta.

El destino de la población de lobos de Isla Royale empezó a cambiar en 1997, tras la llegada de M93, un lobo macho inmigrante, colosal y sano, sin parentesco con ninguno de los ejemplares de la población nativa. Este individuo es conocido por el apodo de el Viejo Gris, porque tenía un pelaje que, con el paso de los años, fue siendo cada vez más claro, lo cual es un rasgo poco común en los lobos isleños. La venida de M93 fue una revolución. En poco tiempo se convirtió en el macho reproductor de una de las tres manadas, introduciendo así nuevos genes en la población y reduciendo los niveles generales de endogamia. Además de no tener parentesco con los ejemplares de la isla, M93 tenía otra ventaja importante, porque era mucho más grande que los lobos nativos. Un cuerpo exorbitante puede beneficiar a la hora de defender un territorio o abatir presas enormes, como los alces, que son aproximadamente ocho veces más pesados que un lobo. Estas ventajas sobre los lobos nativos consanguíneos hicieron que M93 se convirtiera en un reproductor de gama alta. Durante los ocho años en los que fue macho alfa, engendró treinta y cuatro cachorros.

La aparición de M93 mejoró la salud genética de la población de lobos y contribuyó a aumentar y estabilizar el padrón, llegando a los treinta ejemplares. La recuperación de la población de lobos tuvo efectos en cascada en todo el ecosistema. Con más lobos depredando, la población de alces disminuyó. Esto, a su vez, permitió que la vegetación de la isla que constituía la dieta de los alces se recuperara y creciera a un ritmo sin precedentes en décadas, beneficiando a muchas otras especies de plantas y animales.

Por desgracia, los dividendos que acompañaron la presencia de M93, que falleció en el año 2006, fueron efímeros y comenzaron a languidecer en el año 2008. El gran éxito reproductor de M93 significó que fecundó a la mayoría de las lobas de la isla. Tras la muerte de su pareja original, comenzó a aparearse con su propia hija. Simultáneamente, las demás crías de M93 comenzaron a reproducirse entre sí.

Los potentes genes que M93 aportó a la población de lobos acabaron por destruirla. En el año 2008 se estimó que el 60 % del acervo genético de los lobos provenía de M93. En el ámbito humano, en el año 2017, Jonathan Jacob Meijer, un holandés nacido el 19 de mayo de 1981, captó la atención internacional por ser un prolífico donante de esperma, tanto a través de bancos como de acuerdos privados. Las numerosas donaciones de esperma de Meijer dieron lugar a acciones legales en los Países Bajos. En abril de 2023, un tribunal neerlandés prohibió a Meijer donar más esperma a clínicas de fertilidad, imponiéndole una cuantiosa multa de 100 000 euros por cada infracción futura. Algunas estimaciones sugieren que Meijer podría ser el padre biológico de más de mil bebés en varios continentes. A medida que la endogamia volvía a ser común en Isla Royale, la población de lobos comenzó a disminuir con ligereza. En el año 2015, solo quedaban dos lobos sin capacidad de reproducción, porque eran una pareja de padre e hija y tenían alta endogamia.

La historia de M93 destaca la importancia de la diversidad genética para mantener poblaciones de fauna silvestre saludables y el profundo impacto que un solo individuo puede tener en todo un ecosistema. Después de unos setenta años de aislamiento, con un tamaño poblacional general que varió entre quince y treinta individuos, en el año 2018 la población de lobos de Isla Royale estaba al límite de la desaparición. Este colapso lobuno fue impulsado por una grave depresión endogámica en forma de infertilidad y deformidades congénitas generalizadas.

Echinococcus granulosus [D. Kucharski K. Kucharska/Shutterstock].

La disminución de la población de lobos de Isla Royale permitió que su presa principal, el alce, prosperara. Durante el período de disminución de la población de lobos de 2010 a 2019, la población de alces aumentó de unos quinientos individuos a más de dos mil ejemplares. Debido al descenso del número de lobos, causado por la endogamia y otros factores, el Servicio de Parques Nacionales decidió reintroducir, en el año 2018, varios ejemplares en Isla Royal para restablecer el equilibrio depredador-presa. Los lobos reintroducidos se establecieron sin problemas y en los años siguientes al menos cinco camadas de cachorros nacieron en la isla. En el invierno de 2022, el número de lobos había ascendido a veintiocho y la población de alces había disminuido un 28 %.

Aunque son unos animales formidables, los lobos de Isla Royale cuentan con un aliado inesperado, la tenia parásita *Echinococcus granulosus*. Este parásito ayuda a los depredadores a cazar alces con mayor facilidad. El ciclo de vida de *Echinococcus granulosus* es complejo e involucra a dos hospedadores mamíferos, uno definitivo carnívoro y otro intermediario herbívoro. Los humanos somos hospedadores terminales accidentales que albergan la etapa metacestodo del parásito, conocida como quiste hidatídico, en el hígado y en los pulmones. Los seres humanos se infectan al ingerir huevos de parásitos presentes en los alimentos, el agua o el suelo contaminados, o por contacto directo con animales que actúan como hospedadores. Este gusano parásito tiene una distribución mundial y se estima que infecta a entre dos y tres millones de personas en todo el mundo.

En la etapa adulta, el parásito, que tiene un tamaño de entre 3 y 7 milímetros, reside en el intestino delgado de cánidos como perros, zorros y lobos, que son los hospedadores definitivos. Los gusanos adultos producen huevos infecciosos, que son liberados al medio ambiente a través de las heces del huésped definitivo, que en el caso de Isla Royale es el lobo. Los huéspedes intermediarios, que en Isla Royale son los alces, ingieren estos huevos a través de alimentos o agua contaminados, o por contacto con las heces de lobos infectados. Una vez ingeridos, los huevos eclosionan en el intestino delgado del alce, liberando unas larvas, llamadas oncosferas o hexacantos, que tienen tres pares de ganchos en la superficie. Estos ganchos, o apéndices, permiten a la oncosfera adherirse a la pared intestinal del hospedador intermediario y así penetrar en los tejidos. Las oncosferas penetran la pared intestinal y migran a través del torrente sanguíneo o del sistema linfático a varios órganos, principalmente el hígado y los pulmones. En estos órganos, la oncosfera se convierte en un quiste hidatídico, que es un saco lleno de líquido de crecimiento lento. Dentro del quiste se desarrollan numerosos protoescólices, que son las formas infectivas del parásito.

Las infestaciones graves de quistes hidatídicos en los pulmones reducen la capacidad pulmonar y la resistencia del alce, en particular en los individuos más viejos. Esta condición física aminorada provoca que los alces sean más vulnerables a la depredación por parte de los lobos, ya que dificulta la defensa y la huida. Cuando los lobos cazan alces enfermos y consumen los órganos que contienen los quistes hidatídicos, el parásito completa el ciclo vital, porque tras la ingestión, las protoescólices son liberadas, se adhieren al revestimiento intestinal del depredador y se convierten en tenias adultas en un plazo de treinta y dos a ochenta días. Es evidente que el parásito está interesado en que los alces sean presas fáciles de cazar, porque de esta forma aumenta la probabilidad de transmisión y de completar su ciclo de vida.

Varios estudios sugieren que existe una correlación entre la intensidad de la infección por *Echinococcus granulosus* en los alces y la probabilidad de depredación. Al aumentar la susceptibilidad de los alces a la depredación, el parásito puede influir en la dinámica poblacional de los ungulados. Una mayor tasa de depredación inducida por el parásito podría contribuir a regular el tamaño de la población de alces en la isla y por tanto ayudar a que el entorno alcance un equilibrio ecológico adecuado.

En ocasiones raras, *Echinococcus granulosus* puede afectar el cerebro y provocar cambios en el comportamiento. Cuando la etapa larvaria del parásito forma quistes en el cerebro (hidatidosis cerebral), estos quistes pueden ejercer presión sobre el tejido cerebral circundante, alterando el funcionamiento normal. El quiste en crecimiento puede aumentar la presión intracraneal e interferir en funciones cerebrales específicas, provocando cambios de comportamiento como irritabilidad, confusión, somnolencia, manifestaciones psiquiátricas y deterioro cognitivo.

Otra especie de tenia del mismo género, *Echinococcus multilocularis*, que es denominada tenia del zorro, provoca cambios de comportamiento en el topillo común (*Microtus arvalis*). *Echinococcus multilocularis* es uno de los parásitos humanos transmitido por alimentos más relevante en el mundo, y responsable de causar la equinococosis alveolar, una enfermedad parasitaria grave. Los hospedadores definitivos de *Echinococcus multilocularis* son, principalmente cánidos salvajes como los zorros y los coyotes y, en menor medida, otros carnívoros como lobos, perros y gatos. Los hospedadores intermediarios suelen ser roedores pequeños como topillos o ratones de campo. En el hemisferio norte, el parásito está distribuido desde climas templados a árticos. Los roedores que actúan como hospedadores intermediarios se infectan tras ingerir huevos de la vegetación contaminada. Una vez ingeridas, las oncosferas eclosionan en el intestino y, tras penetrar la pared intestinal, con el torrente sanguíneo, migran al hígado, donde se desarrollan en metacestodos que producen protoescólices. La depredación de roedores infectados por parte de zorros completa el ciclo de transmisión.

Aunque parezca sorprendente, *Echinococcus multilocularis* puede inducir cambios en el comportamiento del topillo común (*Microtus arvalis*) que aumentan la vulnerabilidad del roedor a la depredación por parte del principal hospedador definitivo del parásito, que es el zorro común. Los topillos infectados tienden a comer con más frecuencia, por lo que están más tiempo fuera de la madriguera buscando alimento. Además, los topillos infectados abandonan la madriguera un mayor número de veces, permaneciendo en áreas expuestas durante más tiempo, aunque no sea para buscar comida. Este comportamiento aumenta la exposición del topillo a posibles depredadores. Los cambios conductuales del roedor representan una manipulación adaptativa por parte del parásito, porque incrementan el riesgo de los topillos infectados, aumentando así la probabilidad de que sean capturados y de que *Echinococcus multilocularis* complete su ciclo de vida en el cánido depredador. Este ejemplo muestra cómo la manipulación conductual sutil del hospedador es una estrategia clave para el éxito reproductivo y la dispersión del parásito.

📖 Para leer más:

- Borhani, Mehdi. 2024. «*Echinococcus granulosus* sensu lato control measures: a specific focus on vaccines for both definitive and intermediate hosts». *Parasites & Vectors* 17 (1): 533.
- Cafiero, Salvatore Andrea. 2025. «New evidence from the northern Apennines, Italy, suggests a southward expansion of *Echinococcus multilocularis* range in Europe». *Scientific Reports* 15: 7353.
- Gharbi, Mohamed. 2024. «Cystic echinococcosis (*Echinococcus granulosus* sensu lato infection) in Tunisia, a One Health perspective for a future control programme». *Parasite* 31: 30.
- Kyriazis, Christopher. 2023. «Genomic Underpinnings of Population Persistence in Isle Royale Moose». *Molecular Biology and Evolution* 40 (2): msad021.
- Martini, Matilde. 2024. «*Echinococcus multilocularis* infection affects risk-taking behaviour in *Microtus arvalis*: adaptive manipulation?». *Parasitology* 151 (7): 650-656.
- Robinson, Jacqueline. 2019. «Genomic signatures of extensive inbreeding in Isle Royale wolves, a population on the threshold of extinction». *Sciences Advances* 5 (5): eaau0757.
- Sovie, Adia. 2023. «Temporal variation in translocated Isle Royale wolf diet». *Ecology and Evolution* 13 (3): e9873.

¿QUÉ TIENEN EN COMÚN EL EXPRESIDENTE GEORGE W. BUSH, EL ACTOR RICHARD GERE Y LA CANTANTE AVRIL LAVIGNE?

Principios del otoño de 1975, un par de madres de Old Lyme, un tranquilo pueblo ubicado en el condado de New London en el estado estadounidense de Connecticut, buscan desesperas ayuda médica. Un misterioso e insidioso brote de artritis juvenil recorre el municipio y afecta a varios familiares.

La población estaba desconcertada y asustada, porque todo apuntaba a que un mal enigmático acechaba oculto. El número de las personas afectadas aumentaba con el paso de las semanas. Los síntomas eran inexplicables y los diagnósticos poco satisfactorios, pero las dos mujeres no tiraron la toalla y decidieron contactar con el Departamento de Salud del Estado de Connecticut y la Facultad de Medicina de Yale.

La insistencia obtuvo fruto y las investigaciones iniciales comenzaron en diciembre de 1975. Los doctores Allan C. Steere y Stephen E. Malawista, de la sección de Reumatología de la Facultad de Medicina de Yale, dirigieron un estudio de vigilancia para investigar la causa del brote repentino de artritis reumatoide en Lyme y los alrededores. El estudio estuvo centrado en las tres localidades contiguas de Old Lyme, Lyme y East Haddam, donde cincuenta y un residentes, treinta y nueve niños y doce adultos, de una población total de 12 000 habitantes, fueron diagnosticados con artritis juvenil o artritis de causa desconocida. La investigación consistió en exámenes físicos exhaustivos y análisis de sangre de cada paciente. Además, fueron recopilados historiales clínicos detallados de las personas enfermas mediante entrevistas a las familias y a los médicos locales. El porcentaje de afectados era escandaloso y quedó claro que algo no iba bien.

Los primeros exámenes físicos y las pruebas de laboratorio no revelaron nada fuera de lo común, pero en las entrevistas saltó la liebre. Aproximadamente el 25 % de los pacientes del estudio dijeron que, cuatro o más semanas antes de la aparición de los síntomas artríticos, habían manifestado una lesión cutánea que presentaba un patrón en forma de diana expansiva. Esto era bastante llamativo, porque la marca coincidía con la descripción del eritema crónico migratorio o *eritema migrans*, una lesión reportada con anterioridad en Europa y que se sospechaba que era causada por un agente infeccioso, aunque nunca había sido asociada con la artritis.

La misteriosa artritis también manifestó interesantes patrones geográficos y temporales. La mayoría de los pacientes residían en zonas cercanas dentro de las ciudades y siempre en las circunscripciones rurales boscosas de los municipios, sin casos presentes en los centros urbanos. Algunos niños enfermos vivían en una calle en particular y la artritis afectaba a varios miembros de la misma familia. Por si fuera poco, había una concentración temporal única y característica de los síntomas, con la mayoría de los inicios entre junio y septiembre. Antes de esto, no había constancia de que la artritis reumatoide, una enfermedad autoinmune conocida y que provoca inflamación de las articulaciones, tuviera una agrupación temporal y geográfica similar.

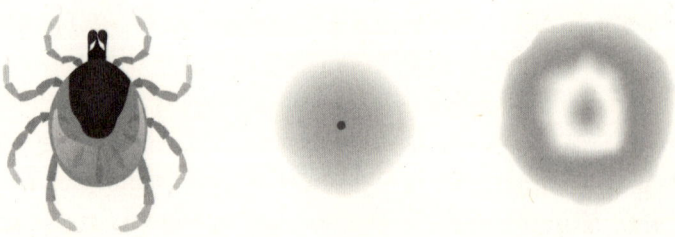

Garrapata del género *Ixodes* y progresión del *eritema migrans*, manifestación cutánea característica de la enfermedad de Lyme causada por la espiroqueta *Borreliella burgdorferi*, que se presenta como una lesión eritematosa en expansión con forma de diana que aparece días o semanas después de la picadura de la garrapata infectada, siendo el signo clínico más reconocible de esta zoonosis transmitida por vectores [Meggi/Shutterstock].

En el verano de 1976 fueron identificados treinta nuevos pacientes. El *eritema migrans* estaba presente. Resultaba evidente que había una conexión entre la lesión cutánea y la enfermedad, que recibió el nombre inicial de «artritis de Lyme».

A veces, el *eritema migrans* había sido asociado con la picadura de una garrapata e iba acompañado de dolor nervioso, parálisis o meningitis. En Europa, los médicos creían que el *eritema migrans* podría estar causado por una bacteria, y la penicilina y otros antibióticos resultaron ser moderadamente eficaces para el tratamiento. Todo eran conjeturas deshilachadas y, en aquel momento, la artritis de Lyme continuaba sin tener explicación ni solución.

En 1978 los investigadores ampliaron la vigilancia del área de Lyme a lo largo del río Connecticut y hallaron evidencias epidemiológicas de que las garrapatas podían actuar como vectores de la enfermedad. La incidencia de la artritis de Lyme era treinta veces mayor en la orilla este del río, donde está ubicado el pueblo de Lyme, que en la orilla oeste. La proporción era similar a la diferencia en la distribución de ciervos y garrapatas de ciervo en la zona.

Las piezas del puzle iban encajando y, poco después, los científicos confirmaron que las garrapatas son, en efecto, el vector de transmisión del agente infeccioso de la artritis de Lyme, hoy conocida como enfermedad de Lyme.

En los Estados Unidos, los vectores principales de la enfermedad de Lyme son la garrapata del ciervo o garrapata de patas negras (*Ixodes scapularis*), en el noreste, el Atlántico medio y el centro norte del país, y la garrapata de patas negras occidental (*Ixodes pacificus*), a lo largo de la costa del Pacífico. En Europa, el principal transmisor de la enfermedad de Lyme es la garrapata común (*Ixodes ricinus*) y en Asia es la garrapata de la taiga (*Ixodes persulcatus*).

La enfermedad de Lyme es una zoonosis de distribución mundial, con la mayor parte de los casos descritos en el hemisferio norte, y que es causada principalmente por la espiroqueta *Borreliella burgdorferi sensu stricto*, antes denominada *Borrelia burgdorferi*, aunque otras especies bacterianas como *Borreliella mayonii*, *Borreliella afzelii*, *Borreliella garinii* o *Borreliella bissettiae*, por citar algunas, también pueden infectar a los humanos.

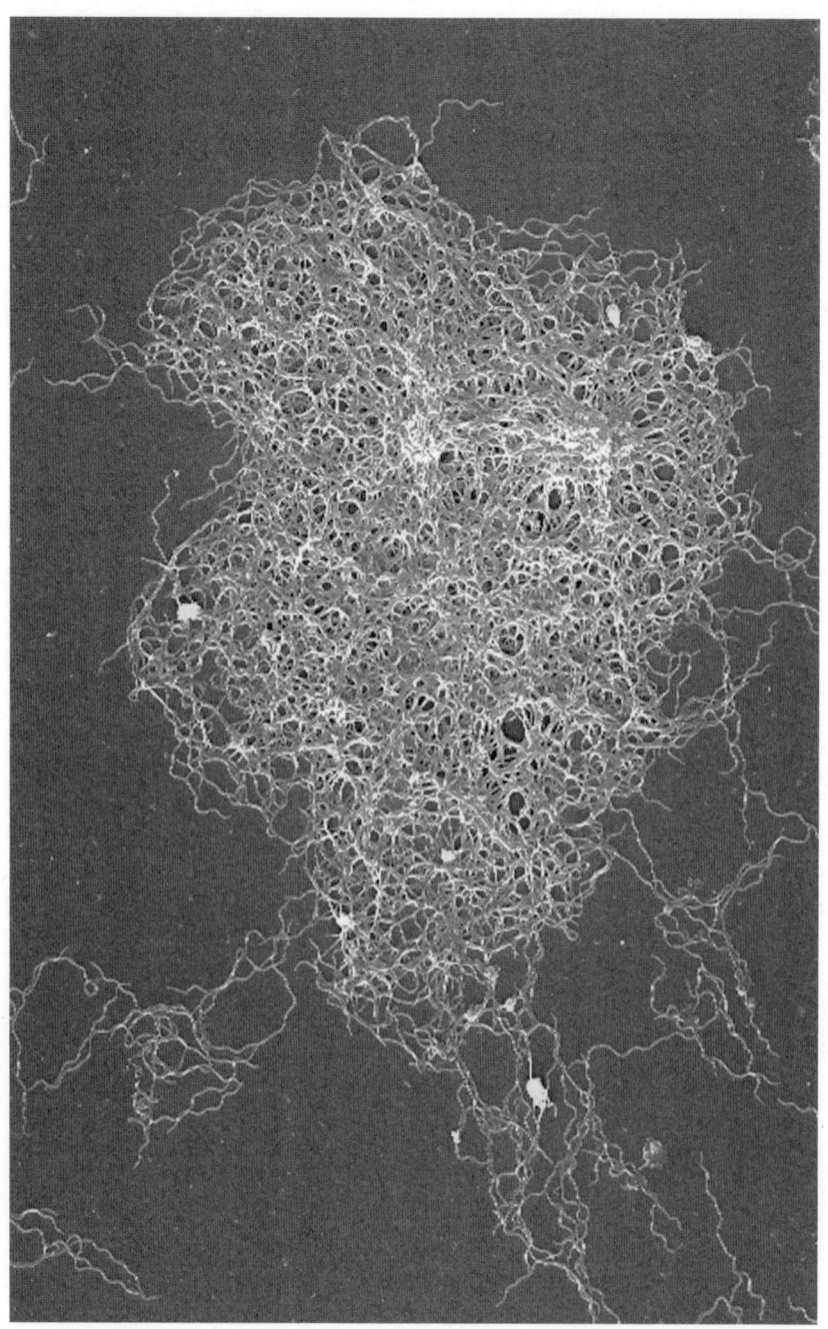

Micrografía electrónica de barrido de una colonia de la espiroqueta *Borreliella burgdorferi*, bacteria gramnegativa anaerobia de morfología helicoidal característica responsable de la enfermedad de Lyme, zoonosis transmitida por garrapatas del género *Ixodes* que puede causar manifestaciones cutáneas, articulares, cardíacas y neurológicas si no se trata con antibióticos en sus etapas tempranas [Connect Images/Shutterstock].

En los Estados Unidos, el ratón de patas blancas es el principal reservorio animal de la bacteria *Borreliella burgdorferi* y el hospedador predilecto de las ninfas y larvas de la garrapata del ciervo. Los ciervos son los hospedadores de las garrapatas adultas. En Europa, varias especies de roedores, en particular los topillos, el ratón doméstico (*Mus musculus*) y el ratón de rayas negras (*Apodemus agrarius*), que son hospedadores habituales de las ninfas de las garrapatas, son considerados reservorios importantes de *Borreliella burgdorferi*. Las aves, como los faisanes y los mirlos (*Turdus merula*), también son reservorios competentes significativos de la bacteria. Los mamíferos grandes son considerados los hospedadores definitivos de las garrapatas adultas.

En la actualidad, la enfermedad de Lyme es la enfermedad transmitida por garrapatas más prevalente en el continente europeo, con más de 200 000 casos anuales en Europa occidental, y la enfermedad transmitida por vectores que con más frecuencia es reportada en los Estados Unidos, donde las estimaciones apuntan a que acontecen 476 000 casos cada año.

Los patógenos transmitidos por las garrapatas son responsables de la mayoría de las enfermedades transmitidas por vectores en las zonas templadas de América del Norte, Europa y Asia. Solo en los Estados Unidos, las garrapatas son responsables de más del 95 % de los casos de enfermedades transmitidas por vectores. Dice el refranero que a la res flaca todo se le vuelve chinches y garrapatas.

Las garrapatas abundan en los bosques europeos desde principios de primavera hasta finales de otoño. Viven chupando la sangre de los animales y, ocasionalmente, muerden a los humanos. Varios estudios evidencian que el cambio climático ha contribuido a la expansión de gran variedad de especies de garrapatas, aumentando el riesgo potencial de expandir diferentes enfermedades a áreas donde los vectores anteriormente no podían sobrevivir.

De momento, han sido descritas cerca de novecientas especies de garrapatas, y todas ellas pasan por un ciclo de vida que incluye huevo, larva, ninfa y adulto (hembra o macho). En general, cada etapa posembrionaria requiere una ingesta de sangre antes de mudar a la siguiente fase. En ese proceso, las garrapatas adquieren patógenos que después pueden transmitir cuando vuelven a alimentarse. De todos los vectores que ingieren sangre, las garrapatas son las que transmiten la mayor variedad de agentes infecciosos.

Hyalomma spp. [Gertjan Hooijer/Shutterstock].

De forma habitual, los agentes infecciosos transmitidos por garrapatas (virus, bacterias o protozoos) circulan en la naturaleza en un ciclo rutinario de garrapata-huésped vertebrado-garrapata. Aunque el ser humano participa de manera esporádica y accidental en ese ciclo, el número anual de picaduras de garrapatas en humanos es muy alto, por lo que las personas a las que muerden están expuestas a peligrosas enfermedades.

Estas enfermedades notables, a menudo mortales en un porcentaje significativo de las personas afectadas, incluyen la enfermedad de Lyme, la encefalitis transmitida por garrapatas (TBE), la fiebre recurrente transmitida por garrapatas (TBRF), la tularemia, la babesiosis, la fiebre por garrapatas de Colorado, la theileriosis, la enfermedad de Powassan, la rickettsiosis por *Rickettsia parkeri*, la enfermedad del virus Bourbon, la enfermedad del bosque de Kyasanur, la ehrlichiosis, la rickettsiosis 364D, la enfermedad del virus Heartland, la fiebre maculosa de las Montañas Rocosas, la anaplasmosis granulocítica humana y la fiebre hemorrágica de Crimea-Congo, entre otras.

Hoy en día, la principal actividad de vigilancia de garrapatas en toda Europa está relacionada con los riesgos fundamentales que plantean, en esencia, dos especies. Por un lado, *Ixodes ricinus*, que transmite la enfermedad de Lyme y la encefalitis transmitida por garrapatas. Por otro, la especie *Hyalomma marginatum*, que es el vector de transmisión habitual de la fiebre hemorrágica de Crimea-Congo.

Las garrapatas prefieren una vegetación espesa y densa y, como resultado, aparecen en hábitats naturales como los bosques. Sin embargo, la cantidad de lugares donde las garrapatas pueden sobrevivir y prosperar está creciendo debido al cambio climático global, la migración de los animales y la urbanización descontrolada, que facilitan el aumento de la densidad de las garrapatas, al crear oportunidades de movimiento y dispersión de las poblaciones anfitrionas. En países como Canadá, las proyecciones climáticas muestran que las garrapatas están aumentando su área de distribución hacia el norte entre 35 y 55 km por año.

En el hemisferio norte, el pico de actividad estacional de las garrapatas comienza en primavera y se extiende hasta finales del verano y principios del otoño. Si tiene pensado pasear por la naturaleza, las formas preventivas más efectivas de evitar las picaduras de garrapatas incluyen usar pantalones largos y camisas de manga larga, y aplicar repelentes en la piel y la ropa. Conviene que introduzca las camisas dentro de los pantalones y estos dentro de los calcetines, para cubrir los espacios de la ropa por donde pueden entrar las garrapatas. También es recomendable usar ropa de colores claros para poder ver a las garrapatas con mayor facilidad. La piel debe ser revisada con periodicidad en busca de garrapatas adheridas. En caso de encontrar alguna, debe ser eliminada cuanto antes. Si sufre una mordedura de garrapata, es conveniente informar con rapidez al personal sanitario correspondiente y, en el caso de que sea posible, llevar al animal portador, por si fuera necesario determinar la especie o realizar un análisis específico.

El procedimiento correcto para quitar una garrapata es usar un juego de pinzas finas y agarrar al animal lo más cerca posible de la piel. No utilice fuego ni cigarrillos encendidos, esmalte de uñas, vaselina, aceite, jabón líquido, gasolina o cualquier otro agente irritante, porque pueden excitar a la garrapata y hacer que tenga un comportamiento similar al de una jeringa, inyectando fluidos corporales en la herida. La técnica adecuada para eliminar las garrapatas incluye el siguiente protocolo:

Un cartel advierte en un parque sobre las garrapatas [Jaclyn Vernace/Shutterstock].

1. Utilice pinzas curvas para agarrar la garrapata lo más cerca posible de la superficie de la piel.
2. Tire hacia atrás suavemente, pero de manera firme, ejerciendo una presión uniforme y constante. No sacuda ni gire o tuerza a la garrapata.
3. No apriete, aplaste ni perfore el cuerpo de la garrapata, ya que sus fluidos corporales pueden contener organismos infecciosos.
4. Después de quitar la garrapata, lávese bien la piel y las manos con agua y jabón.

Si alguna parte de la boca de la garrapata queda en la piel, no intervenga: será expulsada por su cuenta. Los intentos de extraer estas partes pueden provocar un traumatismo cutáneo importante.

Guarde la garrapata extraída en una bolsa de plástico con cierre o en un recipiente sellado, por si los agentes sanitarios necesitan analizarla y es oportuno llevarla al centro médico. Es útil que la persona pueda proporcionar información sobre el tamaño, forma y el color de la garrapata, si realmente estaba adherida a la piel, si estaba congestionada, es decir, llena de sangre, y durante cuanto tiempo.

Recuerde que las garrapatas representan un peligro claro y presente, por lo que es prudente tomar precauciones para evitar que puedan originar un problema de salud.

En Europa, la enfermedad de Lyme es considerada una patología emergente. Tanto es así que el Centro Europeo para la Prevención y el Control de las Enfermedades (ECDC) incluyó a la neuroborreliosis en la lista de enfermedades bajo vigilancia en el año 2018. En España está clasificada como enfermedad de declaración obligatoria autonómica según la Orden SSI/445/2015.

El boletín epidemiológico sobre la enfermedad de Lyme, publicado en el año 2022 por el grupo responsable de la vigilancia epidemiológica del Centro Nacional de Epidemiología del Instituto de Salud Carlos III, apuntó a que en los últimos años en España ha ocurrido un aumento de las hospitalizaciones por enfermedad de Lyme del 191,8 %. Además, hay constancia de la ampliación de la distribución geográfica de la enfermedad durante el periodo 2005-2019. España no es una excepción, porque en Estados Unidos casi se ha duplicado la incidencia desde el año 1991. De 3,74 casos notificados por cada 100 000 personas a principios de la década de 1990, pasaron a 7,21 casos notificados por cada 100 000 personas en el año 2018.

La enfermedad de Lyme es conocida como «la gran imitadora», debido a la amplia variedad de síntomas que puede causar, imitando los rasgos de enfermedades como la artritis reumatoidea, la esclerosis múltiple, la fibromialgia o el síndrome de fatiga crónica, entre muchas otras. La percepción es que los síntomas de enfermedad de Lyme pueden ser confundidos con más de setenta enfermedades diferentes. Esta característica dificulta mucho el diagnóstico, en especial en las etapas iniciales.

A pesar de que la descripción de la enfermedad ocurrió hace menos de sesenta años, la afección es más vieja que el acueducto de Segovia. El hombre de Similaun, más conocido como Ötzi, ostenta el título del humano más antiguo conocido con evidencia de *Borreliella burgdorferi*, la bacteria causante de esta afección. Esta momia europea, la más arcaica descubierta hasta la fecha, fue preservada de forma natural por el frío extremo y perpetuo del lugar en que falleció.

Escultura de Ötzi en el South Tyrol Museum of Archaeology [Exploreita/ Shutterstock].

Ötzi fue encontrado de manera casual por dos alpinistas de Núremberg el 19 de septiembre de 1991 en los Alpes de Ötztal, en el valle de Ötz, de ahí el apodo, cerca de Hauslabjoch, en la frontera entre Austria e Italia, a unos 3200 metros sobre el nivel del mar. Ötzi falleció hacia el 3350-3120 a. C. a una edad aproximada de cuarenta y seis años, por causa traumática. En 2012, los científicos que analizaron el ADN de Ötzi encontraron la firma genética de *Borreliella burgdorferi*. Este hallazgo retrasó miles de años la historia conocida de la enfermedad de Lyme, indicando que la bacteria patógena ha estado circulando en poblaciones humanas desde tiempos inmemoriales.

El expresidente estadounidense George W. Bush, el actor Richard Gere y la cantante canadiense Avril Lavigne son tres de las celebridades que han hablado en público sobre haber sido diagnosticados con la enfermedad de Lyme, ayudando a crear conciencia sobre esta afección, que a menudo es malinterpretada y debilitante.

La enfermedad suele causar fiebre, fatiga, dolor en las articulaciones y erupción cutánea, así como complicaciones articulares y en el sistema nervioso. La diseminación de la bacteria puede dar lugar también a consecuencias más graves, incluidas manifestaciones cutáneas, neurológicas, cardíacas, musculoesqueléticas y oculares. Aunque la mayoría de los pacientes son tratados con éxito mediante una terapia antibiótica oportuna, está ampliamente aceptado que un número considerable de afectados experimentan un fracaso del tratamiento y continúan sufriendo síntomas debilitantes a largo plazo. Sin ir más lejos, según los Centros para el Control y la Prevención de Enfermedades (CDC), la carditis de Lyme es un problema cardíaco grave que ocurre en alrededor del 1 % de los infectados. Consiste en un «bloqueo cardíaco» que puede hacer que el corazón lata de manera peligrosamente irregular. Cuando la enfermedad de Lyme no es tratada, aumenta la posibilidad de manifestar carditis de Lyme. Entre 1985 y 2019, fueron informadas once muertes por carditis de Lyme en todo el mundo.

Todavía hay muchas preguntas sin resolver referentes al Lyme. ¿Puede la infección volverse latente y luego reactivarse? En pacientes con síntomas persistentes, ¿prosigue la infección o son secuelas no infecciosas? ¿Los trastornos neuropsiquiátricos asociados a la enfermedad pueden desembocar en patologías difíciles de diagnosticar?

Estableciendo el contexto adecuado, es preciso comentar que existen tres estadios clínicos definidos de la enfermedad de Lyme. El estadio 1 es considerado la fase localizada temprana, que suele estar representada por el *eritema migrans*. El estadio 2 es considerado la fase de diseminación inicial en la que comienzan los síntomas musculoesqueléticos, cardiovasculares y neurológicos. Estos síntomas pueden incluir, entre otros, meningitis, parálisis facial, radiculoneuritis, dolor neuropático, hormigueo, debilidad muscular, problemas de coordinación, alteraciones visuales, dolores de cabeza intensos y rigidez de cuello.

En el estadio 3 la diseminación ha progresado y la enfermedad presenta una mayor expresión de las manifestaciones neurológicas, pudiendo ocasionar alteraciones en la conducta de las personas afectadas. La etapa tardía ocurre cuando la enfermedad de Lyme no es tratada y las bacterias proliferan en el sistema nervioso central (SNC), causando rasgos neuropsiquiátricos significativos y deterioro cognitivo. Estos síntomas pueden incluir confusión mental; aparición de ciclos bipolares rápidos; esquizofrenia; disminución de la velocidad de procesamiento mental; problemas de memoria, organización y planificación; depresión mayor; ataques de pánico; trastorno obsesivo-compulsivo; desinhibición; irritabilidad explosiva; trastorno de ansiedad social o generalizada; abuso de sustancias; hipervigilancia; síntomas genitourinarios; dolor crónico; trastorno de estrés postraumático; cambios de humor repentinos; agitación; baja tolerancia a la frustración; trastorno por déficit de atención e hiperactividad; despersonalización; ausencia o capacidad reducida para experimentar placer; episodios disociativos; paranoia; alucinaciones, e ideas homicidas y suicidas.

Pues sí, existe una creciente evidencia que indica un vínculo entre la enfermedad de Lyme y un mayor riesgo de comportamiento suicida en algunas personas. La bacteria *Borreliella burgdorferi* puede atravesar la barrera hematoencefálica, lo que provoca inflamación y altera la función cerebral normal. Esto puede ocasionar diversos síntomas neuropsiquiátricos, como depresión, ansiedad, irritabilidad y dificultades cognitivas. Varios estudios han demostrado un aumento estadísticamente significativo del riesgo de trastornos mentales y comportamiento suicida en personas diagnosticadas con la enfermedad de Lyme en comparación con aquellas sin el diagnóstico.

Una amplia investigación utilizando el registro nacional de pacientes de Dinamarca y el Registro Central de Investigación Psiquiátrica, que incluyó a todas las personas que vivieron en Dinamarca desde 1994 hasta 2016, reveló que las personas con enfermedad de Lyme presentaban una mayor tasa de cualquier trastorno mental, trastornos afectivos, como depresión y trastorno bipolar, intentos de suicidio y muerte por suicidio. El riesgo de intentos de suicidio se duplicó, y la tasa de suicidios consumados fue un 75 % mayor en quienes tenían diagnóstico de enfermedad de Lyme. Otro estudio, encabezado por Robert C. Bransfield y publicado en el año 2017, estimó que la enfermedad de Lyme podría contribuir a más de 1200 suicidios al año en los Estados Unidos de América y que las actitudes negativas sobre la borreliosis de Lyme por parte de los familiares, amigos, médicos y el sistema de salud también pueden ayudar al riesgo de suicidio.

Numerosos informes de casos describen a personas con enfermedad de Lyme que desarrollaron depresión grave e ideas suicidas, a veces sin antecedentes psiquiátricos. En algunos casos, la resolución de la infección de Lyme con antibióticos condujo a una mejoría del estado mental y al cese de las ideas suicidas. Los posibles mecanismos biológicos que vinculan la enfermedad de Lyme con la tendencia suicida no están confirmados, pero pueden estar relacionados con la neuroinflamación cerebral provocada por la bacteria, la alteración de los neurotransmisores implicados en la regulación del estado de ánimo o la respuesta inmune del cuerpo a la infección. Una hipótesis que explica el impacto de las enfermedades infecciosas crónicas en el funcionamiento mental es la inflamación crónica y el aumento de la indol-2,3-dioxigenasa (IDO), que altera negativamente el catabolismo del triptófano y la vía de la quinurenina. Esta asociación entre las infecciones crónicas y el catabolismo del triptófano desempeña un papel fundamental tanto en la salud como en la enfermedad. La mayor parte del L-triptófano disponible se metaboliza a través de quinurenina, y aproximadamente el 5 % se convierte en serotonina. La IDO es el primer paso, el limitante de la velocidad, que se ramifica con la síntesis de ácido quinurénico, ácido antranílico o 3-hidroxiquinurenina y metabolitos posteriores, como el ácido quinolínico. Mientras que el ácido quinurénico, un antagonista del receptor NMDA (N-metil-D-aspartato), se considera neuroprotector, el ácido quinolínico, un agonista de NMDA, es neurotóxico. El NMDA es un receptor del glutamato, el principal neurotransmisor excitatorio del cerebro. La actividad reducida del NMDA puede causar defectos cognitivos, mientras que la sobreestimulación puede provocar muerte neuronal y neurodegeneración. No hay constancia de que la bacteria obtenga beneficio de los cambios conductuales del huésped.

Otro estudio mostró que el 26 % de los pacientes suicidas con enfermedad de Lyme en etapa avanzada también eran homicidas. La violencia y el homicidio rara vez tienen una sola causa. En cambio, existen muchos factores contribuyentes, disuasivos y desencadenantes agudos. Algunas infecciones y las reacciones inmunitarias a ellas pueden estar asociadas con la violencia. La evidencia que respalda la asociación entre infecciones y violencia proviene de conceptos evolutivos, epidemiología, perspectivas históricas, informes de casos, estudios en animales, química cerebral, inmunología cerebral, circuitos cerebrales y revisión de la literatura médica. La mayor parte de la agresión en los pacientes con Lyme está asociada a un control deficiente de los impulsos, a veces desencadenado por imágenes, pensamientos y emociones intrusivas, sonido u otros estímulos y frustración. La agresión resultante suele ser extraña y sin sentido.

El diagnóstico tardío y la compleja interacción entre la neuroinflamación, los desequilibrios de neurotransmisores y las vulnerabilidades individuales pueden influir en el afloramiento de actitudes agresivas. Sin embargo, es importante evitar las generalizaciones y la estigmatización de la gran mayoría de los pacientes con enfermedad de Lyme que no son violentos. El diagnóstico y el tratamiento tempranos de la enfermedad de Lyme, junto con el apoyo psiquiátrico adecuado cuando sea necesario, son cruciales, porque tanto médicos como pacientes deben ser conscientes de la posibilidad de que la enfermedad de Lyme contribuya a problemas de salud mental, incluyendo los pensamientos homicidas y suicidas.

📖 Para leer más:

- Brackett, Marissa. 2024. «Neuropsychiatric Manifestations and Cognitive Decline in Patients With Long-Standing Lyme Disease: A Scoping Review». *Cureus* 16 (4): e58308.
- Bransfield, Robert. 2018. «Aggressiveness, violence, homicidality, homicide, and Lyme disease». *Neuropsychiatric Disease and Treatment* 14: 693-713.
- Burn, Leah. 2023. «Incidence of Lyme Borreliosis in Europe: A Systematic Review (2005-2020)». *Vector Borne Zoonotic Diseases* 23 (4): 172-194.
- Doshi, Shreya. 2018. «Depressive symptoms and suicidal ideation among symptomatic patients with a history of Lyme disease versus two comparison groups». *Psychosomatics* 59 (5): 481-489.
- Fallon, Brian. 2021. «Lyme Borreliosis and Associations With Mental Disorder and Suicidal Behavior: A Nationwide Danish Cohort Study». *American Journal of Psychiatry* 178: 921-931.
- Gupta, Radhey. 2019. «Distinction between *Borrelia* and *Borreliella* is more robustly supported by molecular and phenotypic characteristics than all other neighbouring prokaryotic genera: Response to Margos' et al. «The genus *Borrelia* reloaded» (PLoS ONE 13(12): e0208432)». *PLoS One* 14 (8): e0221397.
- Johnson, Emily. 2024. «Vaccination to Prevent Lyme Disease: A Movement Towards Anti-Tick Approaches». *The Journal of Infectious Diseases* 230: S82-S86.
- Kluberg, Sheryl. 2025. «Validation of Algorithms to Detect Acute and Disseminated Lyme Disease in U.S. Administrative Claims Data». *Open Forum Infectious Diseases* 12 (4): ofaf109.
- Strausz, Satu. 2024. «SCGB1D2 inhibits growth of *Borrelia burgdorferi* and affects susceptibility to Lyme disease». *Nature Communications* 15 (1): 2041.
- Trevisan, Giusto. 2023. «The history of Lyme disease in Italy and its spread in the Italian territory». *Frontiers in Pharmacology* 14: 1128142.

Venus y Adonis, por el escultor Antonio Canova, 1794 [Paolo Gallo/Shutterstock].

HABLEMOS DE SEXO

Hablemos de sexo fue un programa de televisión, dirigido por Narciso Ibáñez Serrador, presentado por la sexóloga Elena Ochoa y emitido por primera vez en 1990. El formato del proyecto abordaba con rigor y objetividad, desde un punto de vista científico y sin prejuicios, todos los temas relacionados con la sexualidad humana.

Duró una temporada, apenas cuarenta y dos episodios, repartidos de marzo a diciembre, que causaron una revolución necesaria e imprevista. La intención de hablar de sexo sin miedo ni complejos, de forma natural y lógica, conmocionó al público, y aunque fue efímero, consiguió ser pionero y tener gran éxito, porque logró romper tabúes y documentar a aquella España de los noventa, caracterizada por una explosión de creatividad en diversos ámbitos culturales, pero que, en general, estaba sumida en la desinformación sexual.

En realidad, la sexualidad es un concepto multidimensional que, según la Organización Mundial de la Salud (OMS), puede ser definido como un aspecto central del ser humano a lo largo de la vida, que abarca el sexo, las identidades y los roles de género, la orientación sexual, el erotismo, el placer, la intimidad y la reproducción. La sexualidad puede ser experimentada y expresada en pensamientos, fantasías, deseos, creencias, actitudes, valores, comportamientos, prácticas, roles y relaciones.

El estudio de la sexualidad humana es, sin duda, una de las áreas más interesantes y complejas de la biología humana, debido a las evidentes implicaciones sociales y políticas que conlleva. Hace siglos que la sexualidad humana representa un debate acalorado, a menudo impulsado por diversas ideologías y muy polarizado, con ramificaciones políticas y sociales, pero que, en términos generales, implica la atracción sexual hacia otra persona. La sexualidad humana está determinada por muchos factores, como los aspectos culturales, políticos, legales y filosóficos de la vida, pero también por la moral, la ética, la teología, la espiritualidad, la religión, la economía, la psicología, la historia y, por supuesto, la biología.

De hecho, investigaciones recientes indican que el microbioma reproductivo de un huésped representa un factor emergente de selección y conflicto sexual, y un elemento trascendente en los sistemas de apareamiento y en el aislamiento reproductivo.

Todos los organismos multicelulares albergan comunidades microbianas interiores y exteriores, y estas microbiotas pueden tener una gran influencia en la biología del huésped. La mayoría de las investigaciones han estado centradas en las microbiotas bucal, cutánea e intestinal, pero las microbiotas reproductivas son fundamentales, porque pueden tener efectos significativos en la función y el rendimiento reproductivo de machos y hembras, por ejemplo, en el contexto de las infecciones de transmisión sexual (ITS).

Es conocido que en el ser humano más de treinta bacterias, virus y parásitos diferentes son transmitidos a través del contacto sexual, incluido el sexo vaginal, anal y oral. Algunas enfermedades de transmisión sexual (ETS) también pueden transmitirse de madre a hijo durante el embarazo, el parto y la lactancia. Ocho patógenos están vinculados a la mayor incidencia de las ETS. De ellos, cuatro son actualmente curables: sífilis, gonorrea, clamidia y tricomoniasis. Las otras cuatro son infecciones virales: hepatitis B, virus del herpes simple (VHS), VIH y virus del papiloma humano (VPH).

Cada día, en todo el mundo, se contraen más de un millón de infecciones de transmisión sexual (ITS) curables en personas de entre quince y cuarenta y nueve años, la mayoría de las cuales son asintomáticas. Se estima que ocho millones de adultos, entre quince y cuarenta y nueve años, se infectaron con sífilis en el año 2022. Entre ellos, 1,1 millones fueron mujeres embarazadas, lo que provocó más de 390 000 resultados adversos en el parto. Más de quinientos millones de personas de entre quince y cuarenta y nueve años tienen una infección genital por el virus del herpes simple (VHS o herpes). La infección por el virus del papiloma humano (VPH) se asocia con más de 311 000 muertes por cáncer de cuello uterino cada año. Desde luego, las ITS humanas tienen un impacto directo en la salud sexual y reproductiva a través de la estigmatización, la infertilidad, el cáncer, las complicaciones del embarazo y el aumento en el riesgo del VIH.

Varios estudios sugieren que las respuestas inmunitarias prolongadas a infecciones persistentes, como las de transmisión sexual, pueden contribuir a la aparición de depresión. La depresión es un trastorno psiquiátrico debilitante y un creciente problema de salud pública mundial. La depresión puede perjudicar la función cognitiva y la memoria, y disminuir el control de los impulsos de las personas afectadas, lo que puede contribuir a la práctica de actividades sexuales de riesgo. Entre los patógenos de transmisión sexual, varios estudios apuntan a que la bacteria *Chlamydia trachomatis* está asociada con la aparición de depresión leve y moderada en personas infectadas. En el año 2018, un estudio comparativo investigó a una pequeña cohorte de pacientes del Reino Unido y Grecia, y analizó la calidad de vida de las personas afectadas por VIH/SIDA y las verrugas genitales o el herpes genital, encontrando que los síntomas depresivos aumentaron entre los individuos que padecían alguna de estas dos enfermedades de transmisión sexual (ETS). En la actualidad, la relación entre las ITS humanas y los trastornos psicológicos aún carece de investigaciones causales genéticas definitivas.

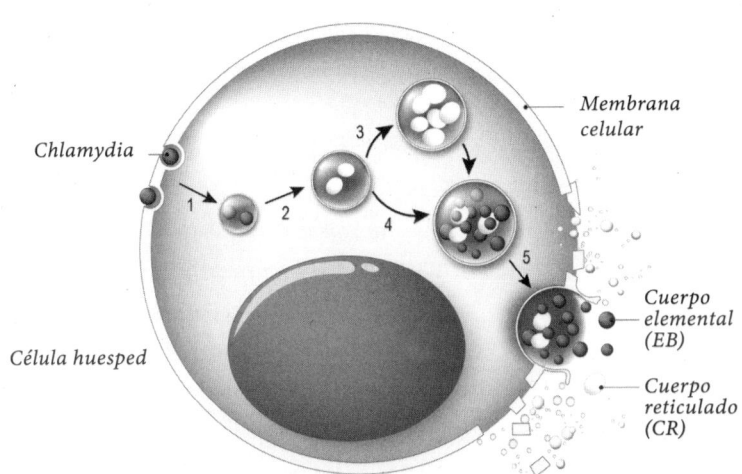

Diagrama del ciclo vital de las bacterias del género *Chlamydia*, patógenos intracelulares obligados con un ciclo bifásico único: (1) endocitosis o penetración celular del cuerpo elemental (CE) infectivo, (2) transformación de CE a cuerpo reticulado (CR) metabólicamente activo, (3) replicación del cuerpo reticulado dentro de la vacuola intracelular, (4) transformación de CR a CE, y (5) lisis o ruptura de la membrana celular para liberar los cuerpos elementales que infectarán nuevas células diana [Connect Images/Shutterstock].

En suma, descontadas las humanas, también existen enfermedades de transmisión sexual (ETS) en animales salvajes y domésticos. Algunas modifican las defensas conductuales y el comportamiento del organismo afectado. El objetivo es aumentar el riesgo de contraer la infección.

Este es el caso del grillo de Texas (*Gryllus texensis*). Los individuos de ambos sexos continúan apareándose después de ser infectados por el iridovirus IIV-6/CrIV, un virus de transmisión sexual. El apareamiento es desenfrenado, a pesar de que el patógeno vuelve estériles a los grillos. De hecho, aunque parezca contradictorio, los machos infectados con el virus son más rápidos en cortejar a las hembras que los individuos no infectados. El comportamiento de enfermedad, como es la reducción adaptativa de la alimentación y de la conducta sexual, que es inducida por un sistema inmunológico activado, está ausente en los insectos infectados. Es decir, el virus provoca y se beneficia de la conducta sexual continua y exagerada del grillo infectado. Cuanta mayor sea la actividad sexual del grillo infectado, sea macho o hembra, más alta será la probabilidad de éxito de transmisión del virus.

Otro ejemplo es la infección con el virus HZ-2v, que altera el comportamiento de apareamiento y la producción de feromonas en las polillas hembras de la especie *Helicoverpa zea*. La replicación de este virus patógeno de insectos produce esterilidad en las polillas infectadas, en lugar de mortalidad. La esterilidad del huésped infectado es consecuencia de la malformación de los tejidos reproductivos adultos dirigida por el virus, que en las hembras produce proliferación celular e hipertrofia de estos tejidos. La replicación del virus tiene ramificaciones adicionales, porque las hembras infectadas producen más feromonas de apareamiento y atraen más parejas que las hembras sanas. En última instancia, esta situación facilita la transmisión del virus y mejora la aptitud viral.

Algunas investigaciones sugieren que las bacterias simbióticas intestinales de las moscas de la fruta (*Drosophila melanogaster*) cambian las preferencias sexuales del insecto, quizás influyendo en los niveles de feromonas que afectan al atractivo de la mosca. Así, las moscas invadidas por la bacteria *Lactobacillus plantarum* prefieren aparearse solo con moscas colonizadas de manera similar, y no con moscas que hayan sido colonizadas por otras especies bacterianas. Esto parece tener relación con una mayor producción de ciertas feromonas, cuyos precursores son producidos por *Lactobacillus plantarum*. En humanos, *Lactobacillus plantarum* se ha aplicado en productos que promueven la salud, ya que algunas cepas han mostrado resultados clínicos prometedores, como la regulación de la función gastrointestinal, la reducción del colesterol sérico y la mejora de la inmunidad. La plantaricina A, una feromona peptídica producida por *Lactobacillus plantarum*, permeabiliza la membrana celular de los linfocitos y de las células neuronales tanto normales como cancerosas.

De forma genérica, las feromonas son sustancias secretadas al exterior por un individuo y recibidas por un segundo sujeto de la misma especie. Desempeñan un papel fundamental en la comunicación química. La realidad de las señales químicas invisibles, las feromonas, entre miembros de la misma especie fue reconocida mucho antes de que pudieran ser identificadas. Charles Darwin propuso que los olores sexuales de la temporada de reproducción de los cocodrilos macho, las cabras y otros animales también podrían haber evolucionado por selección sexual de los individuos más olorosos a través de la elección de las hembras.

El mensaje enviado por las feromonas provoca, casi siempre, una respuesta inmediata. Los insectos son probablemente los que tienen los atrayentes sexuales de largo alcance más eficaces. Por ejemplo, las feromonas de apareamiento de una polilla hembra son tan poderosas que pueden atraer a los machos a kilómetros de distancia. Las antenas de la polilla macho pueden tener hasta 150 000 células receptoras de olores, de las cuales entre el 60 % y el 70 % son sensibles a las feromonas sexuales femeninas. La potencia de las feromonas sexuales de los insectos ha sido objeto de numerosos estudios. En una prueba de campo de cinco días, una hembra de avispa de pino enjaulada atrajo a más de 11 000 machos.

Sin embargo, es necesario recalcar que el asunto no concierne solo al sexo. Ahora sabemos que las feromonas son utilizadas por especies de todo el reino animal, en todos los hábitats y en una amplia gama de contextos biológicos, desde las feromonas de rastro y de alarma en los insectos sociales, hasta la feromona mamaria producida por las conejas madres.

Muchos organismos parásitos residen en los órganos sensoriales del huésped, lo que potencialmente afecta el procesamiento de las señales y, por lo tanto, los sistemas de comunicación. Por ejemplo, el nematodo *Pharurus pallasii* infecta los senos nasales y el canal auditivo de los cetáceos, y causa una respuesta inflamatoria que interfiere con la audición y que puede explicar los varamientos de los odontocetos.

Siguiendo con el sistema auditivo, los ácaros mesostigmátidos infectan el órgano del tímpano de las polillas búho. Los murciélagos que consumen insectos usan una especie de biosonar para detectar a las presas en el aire. En contrapartida, las polillas búho han desarrollado la capacidad de escuchar a los murciélagos que se acercan a ellas. La audición excepcional de las polillas ha sido útil para las estrategias reproductivas y de evitación de depredadores entre las especies nocturnas. Las polillas pueden evitar con éxito a los murciélagos que vuelan hambrientos en la oscuridad, al escuchar los chirridos que emiten, antes de que los ecos reboten en las polillas y regresen a los murciélagos. Los órganos del tímpano de la polilla búho detectan señales de alta frecuencia, como las del biosonar del murciélago, y están ubicados bilateralmente en el tórax del insecto. En regiones geográficas donde están presentes los murciélagos depredadores de la polilla, los ácaros solo infestan un órgano del tímpano, lo que permite a su huésped la capacidad de detectar el sonido de los quirópteros cazadores y evitar ser ingeridos. En consecuencia, el parásito también sobrevive. En áreas sin murciélagos, las polillas tienen infestados ambos órganos del tímpano.

Otras modalidades de comunicación también pueden ser afectadas por los parásitos. Los ratones macho parasitados por el protozoo *Eimeria vermiformis* tienen respuestas alteradas a los olores femeninos, y estas han sido asociadas con la variación en la actividad de los neuropéptidos opioides kappa y delta.

Desde luego, la comunicación química es la modalidad comunicativa más extendida entre los organismos, desde las bacterias y los hongos hasta las plantas y los animales. Este tipo de comunicación hace buenas migas con el sentido del olfato, que está basado en la capacidad para detectar y discriminar una amplia gama de moléculas de olores volátiles. La inmensa diversidad química de los odorantes potenciales plantea un desafío central para el sistema olfativo de todos los animales.

Los olores llevan información sobre la edad, el sexo, la pertenencia a un grupo, el estado reproductivo y otras variables socialmente relevantes del individuo. Como tal, las señales olfativas facilitan varias conductas comunicativas sociales, incluyendo el marcaje territorial, el apareamiento y la búsqueda de alimento. Las señales olfativas también pueden ser moldeadas por los microbiomas asociados al huésped. A saber, las bacterias simbióticas intervienen en las secreciones de las glándulas olfativas en las hienas o en el olor de las axilas en los humanos. Varios microorganismos son los responsables del hediondo aroma que emanamos cuando estamos empapados en sudor. El olor corporal humano es producido por la transformación bacteriana de algunas moléculas precursoras inodoras que son secretadas sobre la superficie de la piel por las glándulas apocrinas, un tipo de glándulas sudoríparas, típicas del *Homo sapiens*, que están localizadas en zonas cutáneas específicas del cuerpo como la axila, el pezón y la región genital externa.

El mal olor axilar humano está compuesto por una combinación de compuestos orgánicos volátiles con los ácidos grasos volátiles y los tioalcoholes como los principales ingredientes. Los ácidos grasos volátiles con un número de carbonos más alto tienen un umbral de detección de olores más bajo. En general, se acepta que los ácidos grasos volátiles de cadena corta (C2-C5) se encuentran entre las moléculas causantes del mal olor axilar.

Los géneros *Staphylococcus*, *Cutibacterium* y *Corynebacterium* forman parte de la microbiota dominante que coloniza la axila, y son capaces de fermentar el glicerol y el ácido láctico hacia ácidos grasos volátiles de cadena corta (C2-C3) como el ácido acético y el ácido propiónico. Además, los estafilococos son capaces de convertir aminoácidos alifáticos ramificados, como la leucina, en ácidos grasos volátiles ramificados con metilo de cadena corta (C4-C5) muy olorosos, como el ácido isovalérico, que tradicionalmente se ha asociado con la nota ácida del mal olor axilar. Los tioalcoholes, a pesar de estar presentes en cantidades mínimas, son los volátiles más incipientes. Han sido detectados diferentes tioalcoholes en las secreciones axilares, siendo el 3-metil-3-sulfanilhexan-1-ol (3M3SH) el más abundante. Algunas especies de estafilococos presentes en la piel tienen capacidad de generar el 3M3SH a partir del precursor inodoro Cys-Gly-3M3SH, secretado sobre la superficie de la piel por las glándulas apocrinas. Por tanto, es evidente que la microbiota axilar juega un papel importante en la generación del olor corporal humano.

Una investigación reciente apunta a que los virus del dengue y del zika alteran el olor de los ratones y de los humanos a los que infectan para volverlos más atractivos a los mosquitos. Es una estrategia interesante, porque favorece que los mosquitos piquen al huésped, tomen su sangre infectada y luego transporten el virus a otro individuo. El virus consigue el objetivo modificando la emisión de una cetona aromática, la acetofenona, especialmente atractiva para los mosquitos. En condiciones normales, la piel de humanos y roedores produce un péptido antimicrobiano que limita las poblaciones bacterianas. Sin embargo, ha sido comprobado que, en ratones infectados con dengue o zika, la concentración de este péptido desciende y proliferan algunas bacterias del género *Bacillus*, que disparan la producción de acetofenona. En humanos pasa algo similar. Los olores recogidos de las axilas de los pacientes con dengue contienen más acetofenona que los de las personas sanas.

La importancia de los microorganismos en la conducta de apareamiento del hospedador ha sido generalmente estudiada desde la perspectiva del papel de los parásitos o patógenos en la elección de pareja de las hembras, pero estudios recientes sugieren que las señales olfativas asociadas con la elección de pareja son producidas por la microbiota residente. Por lo tanto, los olores mediados por la microbiota reproductiva también podrían influir en las decisiones de elección de pareja.

En los seres humanos, el deseo sexual está regulado por áreas clave del cerebro a través de la acción de varios neurotransmisores. La noradrenalina, la dopamina, la melanocortina, la oxitocina y la vasopresina median la excitación sexual, mientras que la serotonina, los opioides, la prolactina y el sistema cannabinoide endógeno median la inhibición sexual. Las perturbaciones en la riqueza y diversidad de los microbios intestinales afectan a los niveles de serotonina, norepinefrina y a la neurotransmisión gabaérgica y dopaminérgica en el cerebro. Es decir, existen indicios de que la microbiota intestinal está estrechamente relacionada con el deseo sexual humano.

En las plantas, la reproducción sexual no está determinada por el contacto físico, sino que depende de diversos tipos de vectores. Por esta razón, algunos patógenos vegetales mejoran la calidad nutricional de la planta infectada para tentar a los animales herbívoros o alteran la emisión de compuestos orgánicos volátiles (cov) del huésped infectado, para atraer a los insectos polinizadores o vectores. Por ejemplo, el virus del mosaico del pepino modifica el buque de cov emitidos por las plantas infectadas, haciendo que sean más seductoras para los pulgones que transmiten este virus.

El Huanglongbing de los cítricos (HLB) o enfermedad del enverdecimiento de los cítricos es considerada una enfermedad devastadora que amenaza la producción de cítricos en todo el mundo. Todas las especies de cítricos cultivadas son susceptibles a la enfermedad que está asociada a la infección por la bacteria *Candidatus Liberibacter asiaticus*. La bacteria provoca que el olor de las plantas de cítricos infectadas sea más atrayente para el psílido asiático de los cítricos (*Diaphorina citri*), que es el insecto vector de la enfermedad.

El hongo de la roya *Puccinia monoica* infecta al berro de Holbøll (*Boechera holboellii*), una especie de planta de la familia Brassicaceae, provocando la producción de pseudoflores que imitan a las flores silvestres amarillas de principios de primavera, no solo en luz visible, sino también en el espectro ultravioleta. Las pseudoflores son el cebo perfecto para captar la atención de los insectos, que acuden hechizados y facilitan la reproducción sexual del hongo.

Aún más extrema es la estrategia del hongo del carbón de las anteras (*Microbotryum violaceum*), porque actúa como una infección de transmisión sexual, infectando y esterilizando a la especie de planta *Silene latifolia*, causando el aborto de los ovarios, reemplazando el polen por esporas fúngicas y utilizando a los insectos polinizadores para su transmisión.

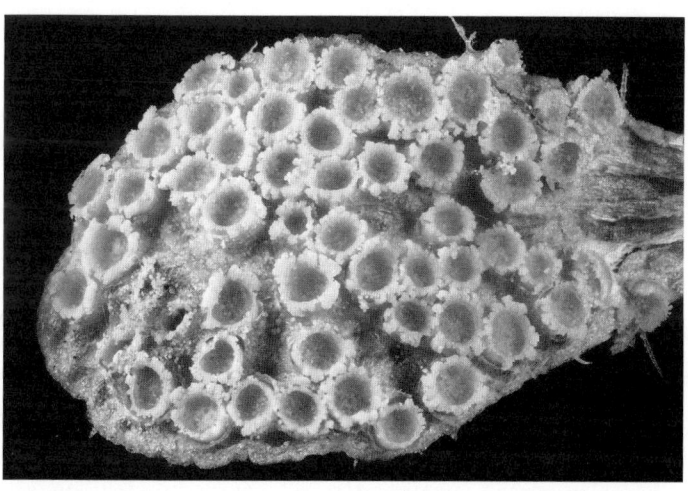

Uno de los estadios de *Puccinia monoica* [Michael Wood/Mykoweb].

Según el novelista estadounidense Henry Miller, el sexo es una de las nueve razones para la reencarnación... las otras ocho no son importantes. Es obvio que los microbios impulsan la evolución de los animales y de las plantas y que son una pieza clave para comprender las conductas y las estrategias sexuales de algunos organismos. La elección de pareja tiene profundas implicaciones para la ecología evolutiva animal, y el vínculo entre los microorganismos y el comportamiento sexual es destacado. Desde luego, el sexo constituye, antes y ahora, una golosa trampa expeditiva que es manejada con maestría por algunos microorganismos y parásitos.

📖 Para leer más:

- Dougherty, Liam. 2023. «Ornaments indicate parasite load only if they are dynamic or parasites are contagious». *Evolution Letters* 7 (3): 176-190.
- Harris, Spencer. 2025. «Interaction of the Gut-Liver-Brain Axis and the sterolbiome with sexual dysfunction in patients with cirrhosis». *Gut Microbes* 17 (1): 2446390.
- Lin, Huang. 2024. «Sexual behavior is linked to changes in gut microbiome and systemic inflammation that lead to HIV-1 infection in men who have sex with men». *Communications Biology* 7 (1): 1145.
- Rowe, Melissah. 2020. «The Reproductive Microbiome: An Emerging Driver of Sexual Selection, Sexual Conflict, Mating Systems, and Reproductive Isolation». *Trends in Ecology & Evolution*. 35 (3): 220-234.
- Snyder, Karin. 2025. «Sexual Signaling and Sociosexual Behaviors in Relation to Rank, Parasites, Hormones, and Age in Male Vervet Monkeys (*Chlorocebus pygerythrus*) in Uganda». *American Journal of Primatology* 87 (1): e23711.
- Worthington, Amy. 2021. «Weak relationships of parasite infection with sexual and life-history traits in wild-caught Texas field crickets (*Gryllus texensis*)». *Ecological Entomology* 46 (1): 76-88.
- Wu, Taihong. 2023. «Pathogenic bacteria modulate pheromone response to promote mating». *Nature* 613 (7943): 324-331.
- Zhang, Ming-yue. 2023. Intestinal acetic acid regulates the synthesis of sex pheromones in captive giant pandas. *Frontiers in Microbiology* 14: 1234676

¡QUE LE CORTEN LA CABEZA!

La Reina de Corazones, roja de furia, dirigió a Alicia una mirada fulminante y feroz. De inmediato empezó a gritar:

—¡Que le corten la cabeza!

—¡Tonterías! —exclamó Alicia, zanjando el asunto con voz muy alta y decidida—. La monarca, anonadada, calló y el rey intervino para apaciguar los ánimos.

—Considera, cariño, que solo es una niña —dijo con voz tímida—. Poco a poco, el temperamento de la reina iba siendo aplacado, pero cuando la soberana inspeccionó las rosas que cuidaban los jardineros y comprobó que eran rosales de color blanco pintados de rojo, estalló de nuevo y vociferó otra vez:

—¡Que le corten la cabeza!

Entre las aficiones de la Reina de Corazones, el icónico personaje creado por Lewis Carroll y presentado al público en 1865 a través de la novela de fantasía *Las aventuras de Alicia en el país de las maravillas*, destacan el croquet y ordenar decapitaciones de forma impulsiva, a menudo por ofensas menores o sin sentido ¡Qué manía tiene su majestad con hacer rodar cabezas! Algunos investigadores interpretan la obsesión que tiene la reina por decapitar a todo bicho viviente como un truco satírico utilizado por Carroll, para reprochar el poder absoluto de los monarcas, e incluso el sistema de justicia y las prácticas legales de la época, muchas veces duras y arbitrarias.

La decapitación puede parecer una práctica horripilante e insólita, pero no es una costumbre infrecuente. De hecho, de una u otra forma, ha sido ejercida por numerosas sociedades y civilizaciones. Durante siglos, las decapitaciones públicas fueron rutinarias y la expresión «rodar cabezas» pasó a engrosar la lista de los dichos populares. Hasta

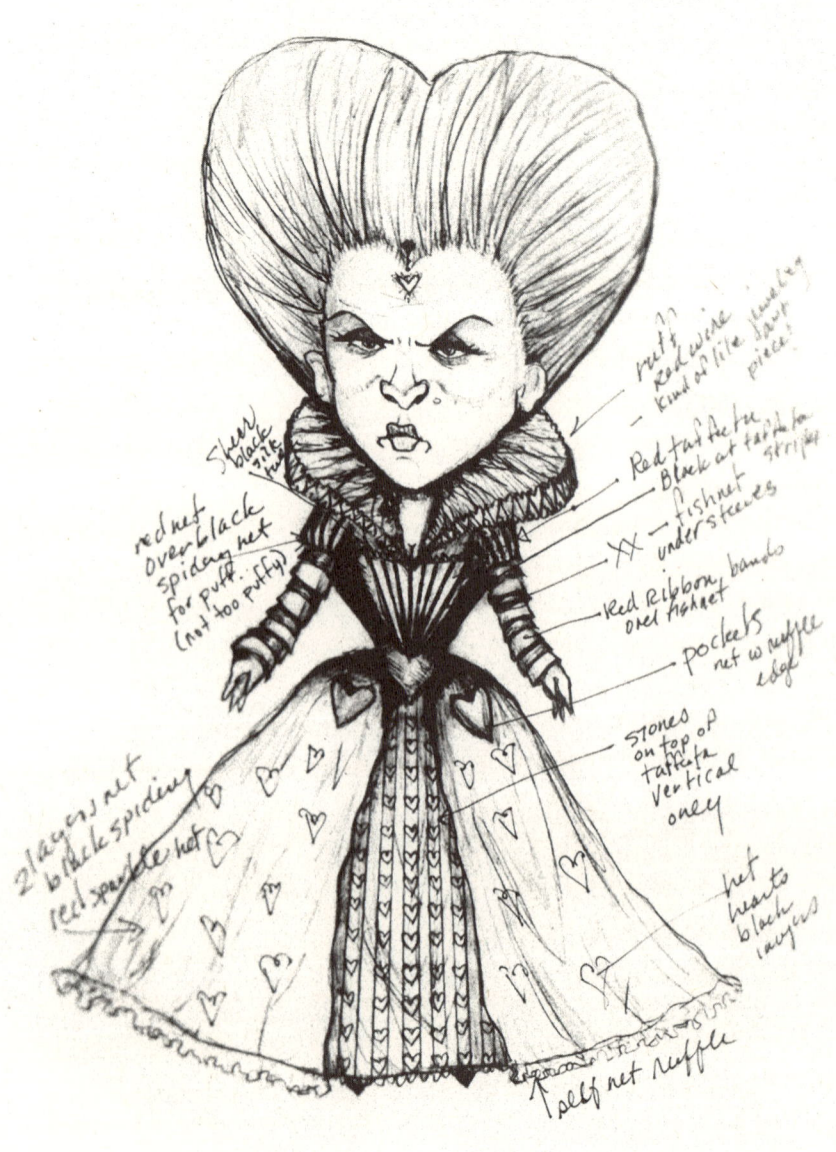

Ilustración de la Reina de Corazones expuesta en *Los mundos de Alicia*,
Caixa Forum Madrid, 2025 [Óscar González/Shutterstock].

el excelso Ramón del Valle-Inclán, novelista, poeta y autor dramático de pata negra, empleó la locución en la obra *Jardín umbrío*. *Historias de santos: de almas en pena: de duendes y ladrones*, que está ambientada en la Galicia labriega, donde las cuestiones mágicas acaban entrelazadas con las terrenales. En esta colección de cuentos, publicados en 1903, Valle-Inclán conjuga diversos relatos que profundizan en los aspectos místicos y a veces macabros de la vida rural gallega, combinando elementos de leyenda, superstición y folclore. En uno de los cuentos, Valle-Inclán escribe por boca de El Capitán, un personaje que exige recuperar una mano cercenada que ha sido robada por un perro vagabundo, blanco y espectral, de los que, al claro de la luna, corren por la orilla de las veredas solitarias, y que, según algunos, estaba embrujado. El perro y la mano desaparecen en la noche, y El Capitán grita a doce ladrones que sigan y encuentren al chucho, añadiendo «¿No habéis oído? ¿Quién desoye mis órdenes? ¡A batir el monte, a correr los caminos, o rodarán vuestras cabezas!».

El eslogan de rodar cabezas se asocia con fuerza a la Revolución francesa, el periodo en el que las decapitaciones eran tan frecuentes como los amaneceres. Quizás, el bienintencionado médico francés Joseph Ignace Guillotin haya sido la persona que más ha contribuido al terror de morir decapitado. Guillotin regentaba una lucrativa consulta en el París prerrevolucionario. Médico progresista, discípulo de la razón y profesor de la Facultad de Medicina de París, ayudó a investigar y condenar la fiebre del hipnotismo, que había sido impulsada por el charlatán Franz Mesmer. Con el mismo espíritu ilustrado, exigió reformas radicales en los atroces hospitales y manicomios de la capital francesa.

En 1789 fue elegido diputado a la Asamblea Nacional de Francia. Tras persuadir a la Asamblea para que estableciera un Comité de Salud, que él mismo presidió, Guillotin dedicó tiempo y esfuerzo a modernizar la educación y la práctica médica francesa, centrando la atención en la iniquidad de la pena capital. Deseoso de extender el principio de igualdad a los criminales de la República Francesa, Guillotin propuso que toda persona ejecutada, independientemente de la condición social, fuera decapitada. Un dudoso privilegio que era reservado a la nobleza, pues los plebeyos sufrían una muerte larga y agonizante en la horca. Para que este fin fuera lo más humanitario posible, Guillotin abogó por una máquina de decapitación rápida, infalible e indolora. Argumentó su postura con elocuencia, ante la Asamblea, declarando con entusiasmo que el artefacto, provisto de una cuchilla divina, caía como un rayo, y hacía que la cabeza saliera volando, que la sangre brotara a borbotones y que la persona dejara de vivir al instante.

Contrario a la creencia popular, Guillotin no inventó, diseñó, construyó, usó ni murió con su mecanismo homónimo, la guillotina. Ni siquiera fue la primera máquina dedicada a la decapitación, porque ya en la Edad Media existían dispositivos similares en Escocia (la doncella), en Inglaterra (la horca de Halifax) y en otras partes de Europa.

El prototipo de la guillotina francesa fue diseñado por el cirujano parisino Antoine Louis; construido por un luthier alemán, y probado en cadáveres y ovejas vivas. Al principio, el artefacto recibió los nombres de «Louisette», en honor al diseñador, o «Mirabelle», para enaltecer al conde de Mirabeau, el mayor ferviente defensor del artilugio. Poco después del primer uso, destinado a ejecutar al asesino y salteador de caminos Nicholas Jacques Pellétier, el 25 de abril de 1792, la máquina adquirió el apodo actual de guillotina.

Grabado que representa una ejecución pública mediante guillotina, instrumento de pena capital adoptado en Francia en 1792 que consiste en una pesada cuchilla oblicua que desciende verticalmente por guías de madera produciendo la decapitación instantánea, método que sus defensores consideraban más humanitario e igualitario que los anteriores sistemas de ejecución diferenciados por clases sociales.

La guillotina fue uno de los símbolos principales de la Revolución Francesa. Cientos de personas fallecieron ejecutadas con ella, incluyendo figuras reconocidas como el rey Luis XVI, la reina María Antonieta, el escritor y político Maximilien Robespierre, la cortesana Madame du Barry, la dramaturga Olympe de Gouges o el renombrado químico Antoine Lavoisier. El célebre escritor francés Víctor Hugo, feroz opositor a la pena de muerte, describió a la guillotina como un monstruo sediento de sangre en las novelas *Claude Gueux* (1834) y *Los Miserables* (1862). La guillotina siguió siendo el método estándar de pena capital en Francia hasta bien entrado el siglo xx. La última ejecución por guillotina en Francia, y en cualquier parte del mundo, tuvo lugar en 1977.

En raras ocasiones, las decapitaciones no logran el objetivo final que, en esencia, consiste en segar, sin dilación, la vida de la persona o animal condenado. Uno de los casos más sonados fue el de Mike, el pollo sin cabeza. El 29 de octubre de 1945, la revista *Time*, en una contraportada bastante alucinante, informó sobre dos historias notables e incomparables. Por un lado, instruyó sobre la bomba atómica y por otro avisó de que existía un pollo sin cabeza. Pocos días antes, el 22 de octubre de 1945, la revista *LIFE* informaba a los lectores de que un pollo degollado vivía con normalidad tras una extraña e infructuosa decapitación con un hacha. Según *LIFE*, la señora Olson, esposa de un granjero de Fruita, Colorado, a 320 kilómetros al oeste de Denver, decidió cenar pollo. La señora Olson llevó a Mike, el pollo elegido, al tajo y le cortó la cabeza con un hacha. En ese momento, Mike se levantó y comenzó a pavonearse. El hacha de la señora Olson cortó casi todo el cráneo de Mike, pero dejó intacta una oreja, la vena yugular y la base del cerebro, que controla la función motora. El milagro sucedió el 10 de septiembre de 1945.

Mike fue examinado por médicos de la Universidad de Utah, que determinaron que la base del cuello había sido seccionada con gran precisión, lo que permitió que la vena yugular fuera trombosada con rapidez, evitando la exanguinación, y manteniendo intacto el tronco encefálico. Esto permitió que la mayoría de los órganos vitales del animal funcionaran con normalidad. A pesar de no tener cabeza, Mike todavía podía caminar, acicalarse, intentaba comer e incluso pretendía cacarear, aunque solo emitía un gorgoteo.

El pollo conservó la coordinación entre el sistema nervioso periférico, los sistemas orgánicos, la fascia, los músculos y los tendones, produciendo una locomoción aparentemente indistinguible de la locomoción intacta. Caminaba y picoteaba, aunque no tuviera cabeza.

La noticia de Mike, el pollo decapitado, voló por los Estados Unidos de América más rápido que un halcón peregrino dopado. Todo el mundo quería conocer a Mike que, en un abrir y cerrar de ojos, pasó de ser una posible cena ramplona a una celebridad y la sensación nacional del momento. Las ganas de vivir de Mike fueron rentabilizadas con éxito, porque el pollo fue exhibido en ferias y espectáculos secundarios por todo el país. Actuó en Nueva York, Los Ángeles, Atlantic City y muchos otros lugares. La gente pagaba por ver menearse al pollo descabezado. El precio de la entrada era de veinticinco centavos, el equivalente a unos cuatro dólares actuales. En el máximo apogeo mediático, el dueño del pollo ganaba unos 4500 dólares al mes, que en la actualidad vendrían siendo unos 63 400 dólares. Mike estaba valorado en 10 000 dólares, una cantidad que, hoy en día, correspondería a unos 140 800 dólares.

El granjero Olsen mantenía con vida a Mike alimentando al ave por el esófago, a través del agujero donde solía estar la cabeza, con un gotero que estaba relleno de una mezcla de leche y agua. Este método de alimentación permitió que, en el tiempo que vivió, el pollo engordara hasta tres kilos. Todos los días, Olsen limpiaba la garganta de Mike con una jeringa para evitar que la mucosidad asfixiara al pollo. Mike sobrevivió sin cabeza durante dieciocho meses. Por desgracia, el pollo murió en marzo de 1947 en un motel de Arizona. Olsen olvidó la jeringa en el espectáculo del día anterior, y Mike falleció asfixiado. Desde 1999, la localidad de Fruita, en Colorado, celebra, con diversas actividades y durante el tercer fin de semana de mayo, el Día de Mike el Pollo sin Cabeza.

Los humanos no somos los únicos animales que decapitan. Las hembras de algunas especies de mantis son famosas por decapitar a los machos durante o después del apareamiento. También ha sido documentado que algunas aves rapaces, como el búho cornudo, decapitan a las presas grandes. En lo referido a perder la cabeza, la naturaleza esconde ejemplos llamativos y sorprendentes. Es posible que uno de los más extraños esté protagonizado por las moscas fóridas del género *Pseudacteon*, que son conocidas como moscas decapitadoras.

Las moscas decapitadoras del género *Pseudacteon* parasitan a las hormigas rojas de fuego importada *Solenopsis invicta* y a otras especies del género *Solenopsis*. Estas moscas son muy pequeñas y tienen un tamaño similar al de la cabeza de la hormiga huésped. El ciclo reproductivo comienza con la diminuta mosca hembra revoloteando varios milímetros por encima de las hormigas de fuego obreras e inyectando, con un ovipositor especializado, un huevo en el tórax de una víctima apropiada. Este ataque inicial es ejecutado en menos de un segundo. Después de la eclosión del huevo, la larva de primer estadio se desarrolla en el tórax y permanece dentro hasta mudar al segundo estadio. Aproximadamente cuatro días después del asalto, la larva de segundo estadio migra a la cabeza. La larva consume la hemolinfa y el tejido muscular dentro de la cabeza de la hormiga. A medida que la larva madura, libera enzimas que disuelven la membrana que conecta la cabeza y el cuerpo de la hormiga. Esta acción provoca la decapitación de la hormiga. Después, la larva de la mosca pupa dentro de la cabeza desprendida de la hormiga, de donde emergerá un ejemplar de mosca adulta.

Las hormigas rojas de fuego importadas, abreviado como RIFA, son forrajeras belicosas y pueden alcanzar altas densidades, desplazando a las especies nativas de hormigas y alterando los ecosistemas. Construyen nidos en forma de montículos de tierra, a menudo en áreas abiertas como céspedes, campos y bordes de carreteras, que pueden dañar estructuras como pavimentos y cimientos, e infestar equipos eléctricos. Las colonias pueden tener múltiples reinas (poliginia), lo que facilita el aumento poblacional y que sean difíciles de erradicar.

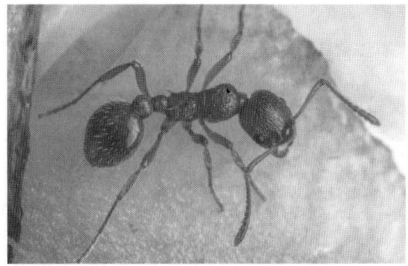

Solenopsis invicta, especie originaria de Sudamérica que se ha convertido en una de las invasoras más destructivas del mundo tras su expansión a Norteamérica, Asia, Australia y Europa, conocida por sus agresivos ataques en grupo mediante dolorosas picaduras que inyectan alcaloides venenosos capaces de causar reacciones alérgicas graves, y por su devastador impacto económico en agricultura, infraestructuras y biodiversidad nativa [Vovantarakan / Shutterstock].

Solenopsis invicta es considerada una de las cien especies exóticas invasoras más dañinas del mundo por la Unión Internacional para la Conservación de la Naturaleza (UICN), porque causan perjuicios significativos a la agricultura, la horticultura, las infraestructuras y la salud pública, debido a que son insectos muy agresivos que poseen una picadura dolorosa e irritante, la cual puede lesionar a mascotas y a ganado; generar pústulas, y causar reacciones alérgicas severas en humanos. Entre las personas picadas, el 5 % requiere atención médica y el 2 % presenta respuestas alérgicas graves, incluyendo anafilaxia. Se han registrado más de ochenta muertes por ataques de hormigas rojas de fuego importadas. El veneno de la hormiga está compuesto por una mezcla de alcaloides (>95 %), conocidos como solepnosinas, y más de cuarenta y seis proteínas (0,01 %).

La hormiga roja de fuego importada *Solenopsis invicta*, que es nativa de las áreas tropicales del centro de América del Sur, fue introducida por accidente en los Estados Unidos, en un barco de carga a través del área portuaria de Mobile, en Alabama, entre 1933 y 1945. En menos de un siglo, esta hormiga se ha establecido en gran parte de los Estados Unidos, México, el Caribe, China, Taiwán, Filipinas y Australia. En el año 2023, por primera vez fueron detectados nidos establecidos en Europa, al ser identificados ochenta y ocho asentamientos repartidos por unas cinco hectáreas cerca de la ciudad de Siracusa, en Sicilia. Los modelos ecológicos realizados muestran predicciones alarmantes acerca de la colonización de esta hormiga en Europa y de su posible expansión por el continente, que podría ser facilitada por el cambio climático. La presencia de *Solenopsis invicta* en Estados Unidos provoca una pérdida estimada de cerca de seis mil millones de euros al año, mientras que países como Australia destinan millones a su erradicación, aún sin éxito. Cada año, más de catorce millones de personas son picadas por *Solenopsis invicta* en los Estados Unidos de América.

Las especies exóticas invasoras representan un importante problema global, porque inciden de forma alarmante en los ecosistemas naturales y antropizados. Las hormigas son especialmente dañinas. Más de doscientas especies de hormigas han establecido poblaciones más allá de sus áreas de distribución nativas. De estas, diecinueve están incluidas en la base de datos de especies invasoras de la UICN, y cinco, incluida *Solenopsis invicta*, están en la lista de las cien peores especies exóticas invasoras.

El costo económico de las invasiones de hormigas es asombroso, y está estimado en cincuenta y dos mil millones de dólares estadounidenses. Las hormigas invasoras afectan a la producción agrícola, causan daños en las infraestructuras, interrumpen el suministro de electricidad y potencialmente aumentan los ingresos hospitalarios. Sin embargo, los efectos ecológicos pueden ser aún más profundos. Las hormigas invasoras desplazan con fuerza a las comunidades nativas de hormigas, lo que provoca un impacto en cascada en los niveles tróficos y afecta a los vertebrados nativos, incluyendo aves, reptiles y anfibios. Estas invasiones perturban las funciones ecosistémicas al alterar la dinámica de las redes tróficas, modificar el ciclo de nutrientes y disminuir los servicios de polinización.

Controlar a las hormigas invasoras requiere un enfoque estratégico y a menudo una combinación de métodos. Las moscas decapitadoras de hormigas rojas de fuego son consideradas uno de los agentes de control biológico más prometedores contra *Solenopsis invicta* en América del Norte y en otras regiones del mundo.

Las moscas decapitadoras del género *Pseudacteon* parasitan y matan a las hormigas obreras de fuego, pero también inhiben las actividades de la colonia, como la búsqueda de alimento y la construcción de montículos, permitiendo que las especies de hormigas nativas compitan de manera más efectiva.

Varias horas antes de la decapitación, la larva de la mosca induce cambios en el comportamiento de la hormiga que benefician al parásito. Las hormigas parasitadas dejan de buscar alimento, de defender sus recursos y se alejan de la colonia, lo cual apoya el desarrollo de la larva de la mosca, porque evita la interferencia de otras hormigas y crea un ambiente más propicio para la pupación. El mecanismo exacto por el cual la larva induce este comportamiento aún es desconocido. Algunos investigadores insinúan que la larva podría secretar sustancias químicas que interfieren con el sistema nervioso de la hormiga y alteran el comportamiento normal. Análisis de la expresión génica sugieren que las hormigas parasitadas tienen alterados genes relacionados con la inmunidad y el comportamiento de búsqueda de alimento.

Tras abandonar la colonia, una vez que encuentra un lugar adecuado, la hormiga parasitada se detiene y la larva comienza a secretar enzimas que disuelven los tejidos conectivos que mantienen unido el exoesqueleto de la cabeza. Esto provoca la decapitación de la hormiga viva. Transcurridas un par de semanas, la mosca pupa y emerge de la cabeza decapitada como una mosca adulta. Los adultos tienen una vida corta, buscan pareja, se aparean y las hembras rastrean hormigas de fuego hospedadoras para continuar el ciclo. La mera presencia de la mosca decapitadora desencadena comportamientos defensivos y evasivos inmediatos, interrumpiendo la búsqueda de alimento y otras actividades de la colonia. Esta manipulación, además de la mortalidad directa de las hormigas hospedadoras, puede poner a la colonia infectada en desventaja competitiva y hacer que las potenciales víctimas corran despavoridas como pollos sin cabeza.

📖 PARA LEER MÁS:

- Assis, Braulio. 2025. «Genomic signatures of adaptation in native lizards exposed to human-introduced fire ants». *Nature Communications* 16: 89.
- Chen, Li. 2021. «Importation biological control of invasive fire ants with parasitoid phorid flies—progress and prospects». *Biological Control* 154: 104509.
- Honorato, Leandro. 2024. «Alkaloids solenopsins from fire ants display *in vitro* and *in vivo* activity against the yeast *Candida auris*». *Virulence* 15 (1): 2413329.
- Menchetti, Mattia. 2023. «The invasive ant *Solenopsis invicta* is established in Europe». *Current Biology* 33 (17): R896-R897.
- Turner, Matthew. 2023. «"The Most Gentle of Lethal Methods": The Question of Retained Consciousness Following Decapitation». *Cureus* 15 (1): e33830.
- Valles, Steven. 2025. «A lateral flow immuno assay based survey reveals a low frequency truncated *Solenopsis invicta* venom 2 like protein and unique *Solenopsis invicta* venom 2 protein genotypes in *Solenopsis invicta*». *Frontiers in Insect Science* 5: 1527130.
- Wylie, Ross. 2024. «Floods and fire ants, *Solenopsis invicta* (Hymenoptera: Formicidae): the Australian experience». *Austral Entomology* 63: 369-378.

MAL AIRE

«Un hombrecito con ruedas. Contra el mundo entero. Un hombrecito con ruedas. Contra el Izoard». Así comienza *Coppi*, una canción ochentera compuesta por el músico y cantautor italiano Gino Paoli, que es reconocido como uno de los grandes representantes de la música ligera italiana de los años sesenta y setenta del siglo XX.

La melodía, lanzada en 1988, fue incluida en el albúm *Sempre* y está dedicada a Fausto Coppi, un piamontés de ojos saltones; nariz afilada; hombros y cuello magros; pelo desordenado liso y negro; riñones poderosos; huesos frágiles; musculatura fina y bien torneada; proporciones asimétricas; pantorrillas esbeltas; caderas robustas; pulmones del tamaño de globos aerostáticos; corazón de dragón, y silueta de mondadientes. Coppi era apodado Il Campionissimo, y es considerado el mejor ciclista de la historia de Italia y uno de los más grandes de todos los tiempos.

A los catorce años, Coppi partió hacia Novi Ligure, una localidad de la región del Piamonte, con los objetivos de aprender el oficio de carnicero con el señor Ettore Merlano y de huir de la azada, porque no quería ser agricultor como su padre y hermanos. Para empezar, Merlano concluyó que Coppi debía comenzar en la profesión desde el escalón más bajo y proveyó al desertor con una vieja y averiada bicicleta, con el fin de que repartiera, a diario, una sabrosa pila de paquetes de salami y de carne recién cortada.

Coppi volaba por la carretera en aquel cachivache jubilado y hacía los repartos en tiempo récord. Bajadas desenfrenadas por la mañana y subidas peliagudas por la tarde. La bicicleta aguantaba y ningún obstáculo tenía entidad suficiente para frenar al repartidor de salami. El aliciente de mandar el azadón más allá de Saturno cogía cuerpo. Pronto, los desafíos fueron insuficientes y abandonó los recorridos directos.

El ciclista italiano Fausto Coppi durante el Tour de Francia de 1952, competición que ganaría ese año convirtiéndose en una leyenda del ciclismo, antes de su prematura muerte en 1960 a los cuarenta años por malaria contraída durante una expedición ciclista al Alto Volta (actual Burkina Faso), cuando la enfermedad transmitida por mosquitos *Anopheles* fue inicialmente confundida con gripe. 18 de julio de 1952 [J.D. Noske (Anefo) / Archivo Nacional de los Países Bajos].

Comenzó a dar vueltas cada vez más largas. Añadía kilómetros a casco-porro, porque era feliz pedaleando. De un día para otro, empezaron los chismes. El repartidor de Merlano es una fiera, decían muchos. El cha-val del carnicero es rapidísimo, comentaban otros. Adelanta a los ciclis-tas que entrenan en la zona, afirmaban algunos.

Las habladurías llegaron a oídos de Biagio Cavanna, un afamado masajista y entrenador ciclista que estaba ciego a causa de una sífilis jamás reconocida. Cavanna tenía manos de mago y reputación de cha-mán. Solía recibir a ciclistas jóvenes que buscaban adiestrador. Mientras tentaba soleos y cuádriceps, dictaminaba las condiciones necesarias para ser un campeón y procuraba aceptar solo a pobres, gente humilde, promesas con hambre suficiente para triunfar en las carreteras.

Coppi cumplía con las premisas, y el encuentro con Cavanna ocu-rrió en algún momento de 1937. El masajista palpó los músculos de Fausto y, asombrado, percibió el potencial físico del mozalbete. Casi de inmediato, formalizaron una relación que, con el tiempo, fue pro-vechosa, lucrativa y triunfante. Cavanna inició la instrucción de Coppi aplicando duras sesiones de entrenamientos e instaurando nuevos hábitos en la vida del aprendiz de carnicero, que promocionaban los madrugones y los circuitos cronometrados, prohibían el tabaco y redu-cían sobremanera el alcohol y el sexo. Una semana sí, y otra también, fertilizó con esmero el talento del joven pupilo, hasta que Coppi flore-ció, y no paró, como declamaba Luis Aragonés, de ganar, ganar y ganar y volver a ganar.

La trayectoria deportiva de Coppi fue excelsa, fructífera y rotunda. Un ejemplo del dominio aplastante que ejerció en el mundo ciclista fue representado sin doblez el 19 de marzo de 1946, cuando ganó su pri-mera Milán-San Remo. Era la 37ª edición, la primera en ser disputada tras dos años de parón a causa de la Segunda Guerra Mundial. Coppi alcanzó la meta de San Remo en solitario, aventajando en catorce minu-tos al segundo clasificado. El comentarista, que era perro viejo, cons-ciente del panorama, acto seguido de llegar el fuera de serie italiano, anunció: «Primer clasificado, Fausto Coppi. En espera del segundo, transmitimos música de baile». Ese era Coppi, un genio mecánico de la bicicleta. Pedaleaba a todo gas, avanzando a ritmo de correcaminos, impulsado por dos piernas delgaduchas y acompasadas, que parecían el conjunto de bielas de una locomotora de vapor.

En total, Coppi venció en 122 carreras y, junto al suizo Pascal Richard, han sido los únicos corredores que han cruzado el puerto de montaña del Izoard en primer lugar, tanto en el Tour como en el Giro. Coppi logró la hazaña en el Giro y en el Tour de 1949. El Col d'Izoard tiene una elevación de 2361 metros sobre el nivel del mar, es un paso de montaña situado en el departamento francés de Hautes-Alpes, en el centro del macizo de Queyras, en los Alpes Cotianos. La cima del Izoard es un lugar de desolada grandeza. Un desafío atlético salpicado de magníficas vistas panorámicas y dominado por las inmensas pedreras que descienden desde las cumbres circundantes. El pico está clasificado como un puerto de categoría especial y, a menudo, es incluido en el recorrido del Tour de Francia. En la época de Coppi, el Izoard era, si cabe, más duro y terrorífico que ahora por no llevar asfalto, sino tierra y pedrisco tanto para arriba como para abajo, y por no ofrecer un metro de sombra en los últimos cinco kilómetros.

Fausto Coppi murió en 1960, antes de colgar la bicicleta y de lo previsto, a la ridícula edad de cuarenta años. Acababa de regresar de una gira por África y preparaba la que debería haber sido su última temporada ciclista. La gran garza ha cerrado sus alas, escribió Orio Vergani en el *Corriere della Sera*. Coppi falleció en el hospital de Tortona, a causa de una forma de malaria no diagnosticada y contraída en 1959 en el Alto Volta, actual República de Burkina Faso. Años antes, Coppi había contraído la malaria durante la guerra, cuando fue enviado al frente africano, pero en aquella ocasión fue diagnosticado a tiempo y tratado con quinina.

En diciembre de 1959, Coppi, junto a otros corredores como Raphaël Géminiani y Jacques Anquetil, fue invitado a participar en un critérium ciclista, una carrera excepcional y no oficial, en las calles de la ciudad de Uagadugú, la capital del Alto Volta, para celebrar el aniversario de la autonomía del joven país africano. Algunos años más tarde de morir *Il Campionissimo*, Géminiani, gran amigo de Coppi y con quien compartió habitación de hotel en el Alto Volta, confirmó las terribles condiciones en las que fueron alojados. Estábamos asediados por los mosquitos y las camas no tenían mosquiteras, manifestó. Los bichos nos torturaron, sentenció. Es probable que Coppi contrajera la malaria en aquella inhóspita habitación. Géminiani también enfermó y entró en coma, pero por suerte salvó la vida, porque fue diagnosticado de malaria y atiborrado a quinina.

En el caso de Coppi, el diagnóstico fue gripe asiática. Mal tiro. Por desgracia, aunque parezca increíble, la malaria no fue tomada en consideración. En poco tiempo el estado de salud de Fausto empeoró y hubo un nuevo dictamen. Varios médicos optaron por la neumonía hemorrágica de origen vírico. Cambiaron el tratamiento, pero la situación degeneró aún más.

A falta de oposición, la malaria demarró. Iba a cien por hora. Era inalcanzable. El 1 de enero Fausto Coppi fue hospitalizado en Tortona. La enfermedad exhibía rampas demasiado pronunciadas y no ofrecía descanso. Fue insalvable. El 2 de enero de 1960, a las 8.45 horas, murió el ciclista y nació la leyenda. Dos días después, el 4 de enero, con Italia de luto, un hormiguero de personas, peregrinando en una inmensa riada que fluía emocionada por la colina de San Biagio de Castellania, el pueblo de Fausto, despidieron al amado campeón italiano en un funeral abigarrado, solemne y rural, que tenía tintes de sepelio nacional. En el cortejo fúnebre, encabezado por los excompañeros de equipo, gregarios y rivales, circulaba con lentitud el coche del equipo Bianchi, coronado por la gran baca de las bicis y las ruedas de recambio. La parroquia de San Biagio estaba situada en las afueras del pueblo, en una loma de la colina. La gente subía cerro arriba hacia el cementerio en silencio, a decenas de miles, bajo un débil y deshilachado sol invernal y el tañido lejano de las pequeñas campanas de la iglesia, pisando barro y los restos de nieve sucia que embadurnaban el trayecto. Era una tragedia. Fausto Coppi había muerto. Maldita malaria.

El nombre de malaria deriva de la locución italiana *mal aria* (mal aire), porque existía la creencia antigua de que la enfermedad era transmitida por el aire apestoso que emana de los pantanos y de las lagunas. De hecho, el otro nombre de la enfermedad, paludismo, proviene del latín *palus* y *paludis* que son traducidos como «laguna» y «pantano», respectivamente. En 1897 el patólogo inglés Ronald Ross, galardonado con el Premio Nobel en Fisiología o Medicina en 1902, descubrió que la malaria era causada por las picaduras de los mosquitos.

La malaria o paludismo es una enfermedad grave y a menudo mortal, provocada por parásitos del género *Plasmodium*. Es transmitida a los humanos principalmente a través de la picadura de algunas especies de mosquitos *Anopheles* hembra infectadas. Las transfusiones de sangre y las agujas contaminadas también pueden transmitir la malaria.

Existen seis especies de parásitos del género *Plasmodium* que causan malaria en humanos, *Plasmodium falciparum, Plasmodium vivax, Plasmodium malariae, Plasmodium knowlesi, Plasmodium ovale curtisi* y *Plasmodium ovale wallikeri*. De todas, *Plasmodium falciparum* es responsable de más del 90 % de los casos y de las muertes por malaria. Las infecciones causadas por *Plasmodium falciparum* son las que tienen más probabilidades de progresar a formas graves, potencialmente fatales, con afectación del sistema nervioso central (malaria cerebral), insuficiencia renal aguda, anemia grave o síndrome de dificultad respiratoria aguda.

Los mosquitos han estado transmitiendo las formas ancestrales del parásito de la malaria a nuestros ancestros mamíferos durante 13 a 64 millones de años. Tras una transición de hospedador, desde gorilas a humanos, *Plasmodium falciparum* viajó más allá de África con la migración humana, adaptándose a las especies locales de mosquitos anofelinos en el camino, pero no cruzó a América hasta el siglo XVI, cuando el parásito fue introducido con el comercio transatlántico de esclavos.

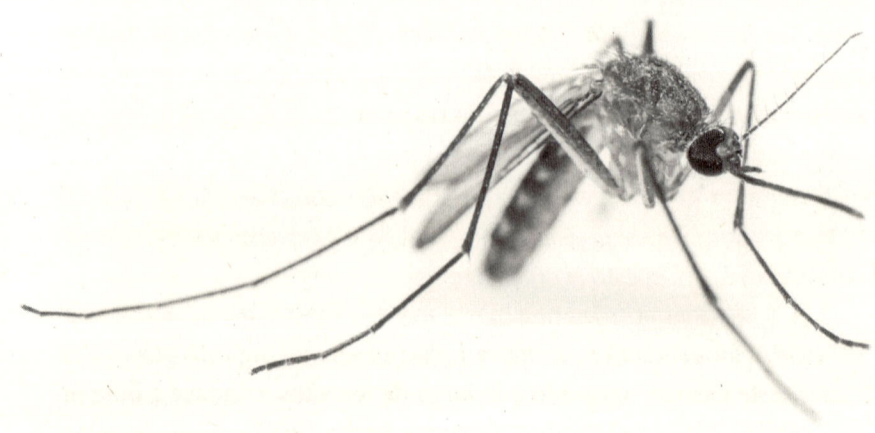

Mosquito hembra del género *Anopheles*, único vector capaz de transmitir el parásito *Plasmodium* causante de la malaria o paludismo, enfermedad que afecta anualmente a cientos de millones de personas en regiones tropicales y subtropicales, provocando cientos de miles de muertes principalmente en África subsahariana, donde los mosquitos infectados inyectan el parásito durante su alimentación sanguínea nocturna [Somboon Bunproy / Shutterstock].

Los mosquitos *Anopheles* se alimentan, en esencia, de néctar de plantas, y solo las hembras consumen sangre para reponer las reservas de aminoácidos y lípidos necesarias para completar el ciclo reproductivo. A diferencia de los insectos no hemófagos, como la mosca *Drosophila* que acumula progresivamente recursos para la reproducción, los mosquitos han desarrollado una estrategia diferente, caracterizada por una rápida asimilación de nutrientes a partir de una comida de sangre. Este proceso inunda al mosquito con los nutrientes esenciales para el desarrollo del huevo en un corto período de cuarenta y ocho horas, después de lo cual se restringe la inversión reproductiva. Los parásitos *Plasmodium* explotan el comportamiento de alimentación sanguínea como punto de entrada al huésped y también como fuente nutricional para su propio desarrollo.

A nivel mundial, en el año 2023, hubo una estimación de 263 millones de casos de malaria y de 597 000 muertes causadas por la enfermedad en ochenta y tres países. En 2023, la Región Africana de la OMS fue la más afectada, porque registró el 94 % de los casos de malaria (246 millones) y el 95 % de las muertes (569 000). El crecimiento económico anual en países con alta transmisión de malaria ha sido históricamente menor que en países sin malaria. La malaria impide que los niños asistan a la escuela y que los adultos trabajen, lo que contribuye al ciclo de la pobreza. Ejerce una presión innecesaria sobre los frágiles sistemas de salud y, en algunos países, puede representar hasta el 40 % de los ingresos hospitalarios. Según la OMS, las intervenciones contra la malaria evitaron 2100 millones de casos y 11,7 millones de muertes entre 2000 y 2022. Aun así, cada dos minutos muere de malaria un niño menor de cinco años.

Los economistas creen que la malaria es responsable de una «penalización del crecimiento» de hasta 1,3 % por año en algunos países africanos. Este castigo, agravado a lo largo de los años, conduce a diferencias sustanciales en el producto interior bruto (PIB) entre países con y sin malaria, y restringe con severidad el crecimiento económico de toda la región. Un informe reciente del Foro Económico Mundial menciona que conseguir alcanzar el objetivo de la Organización Mundial de la Salud (OMS) de reducir la malaria en un 90 % para 2030, no solo evitaría 600 000 muertes al año, sino que también podría aumentar el PIB de África en 126.900 millones de dólares.

La simple presencia de la malaria en una comunidad o en un país obstaculiza la prosperidad individual y nacional, debido a su influencia en las decisiones sociales y económicas. El riesgo de contraer malaria en zonas endémicas puede desalentar la inversión, tanto interna como externa, y afectar a la toma de decisiones de las personas y de los hogares de diversas maneras, lo que repercute negativamente en la productividad y en el crecimiento económico. Por ejemplo, la industria turística queda subdesarrollada debido a la reticencia de los viajeros a visitar zonas endémicas de malaria.

Las intensas campañas de erradicación realizadas a mediados del siglo xx consiguieron hacer desaparecer la malaria en muchos países, entre ellos España, que en 1964 fue declarada libre de la enfermedad. El principal mosquito transmisor de paludismo presente en España es *Anopheles maculipennis*, que está ampliamente distribuido en la península ibérica, con una especial predilección por desembocaduras y valles de ríos con zonas de cultivo de regadío. Cada año son detectados en España entre 700 y 850 casos de malaria importada, es decir, en pacientes que son infectados en una zona endémica, en especial África.

Anuncios publicitarios de remedios populares contra la malaria en Natchez, Mississippi (octubre de 1935), durante la época en que el paludismo era endémico en el sur de Estados Unidos, donde la enfermedad transmitida por mosquitos *Anopheles* afectaba particularmente a las comunidades rurales y agrícolas antes de las campañas masivas de erradicación con DDT y drenaje de humedales implementadas en las décadas siguientes [Ben Shahn / United States Resettlement Administration / Library of Congress].

La malaria fue eliminada con éxito de Europa hace cincuenta años mediante el drenaje de pantanos, la administración de medicamentos profilácticos a la población y la pulverización de insecticidas. Sin embargo, en el sur del continente, la malaria resurgió en 2003 con un bajo número de casos de transmisión local. Desde entonces, la gran mayoría de las infecciones todavía están relacionadas con los viajes. Las personas también pueden infectarse en los aeropuertos a través de los mosquitos que viajan en las maletas. Existe evidencia de la presencia de mosquitos *Anopheles* en treinta y tres países europeos, aunque en general en cantidades bajas, por lo que el riesgo de grandes brotes de malaria es limitado. En el año 2022, fueron confirmados 6131 casos de malaria en la UE/EEE. En todos los países había una marcada tendencia estacional. Los casos aumentaron durante e inmediatamente después de los meses de vacaciones de verano (julio-septiembre). Es muy probable que esta situación sea el reflejo de los patrones de viaje a países donde la malaria es endémica.

El cambio climático tiene el potencial de socavar los avances en la lucha mundial contra la malaria, en particular en las regiones vulnerables donde la interrupción del acceso a medicamentos antipalúdicos, vacunas y otras medidas preventivas como mosquiteros tratados con insecticidas, por ejemplo, como resultado de conflictos o desastres naturales, aumenta aún más el riesgo de brotes de la enfermedad. Dormir bajo un mosquitero tratado con un insecticida de larga duración es la forma más común y eficaz de prevenir la malaria, ya que configura una barrera física y química contra los mosquitos. Los estudios demuestran que el uso de estas mosquiteras ha reducido la incidencia del paludismo en un 50 % en África subsahariana. En los últimos años, la introducción de mosquiteros de última generación, que combinan diferentes tipos de insecticidas, en numerosos países del África subsahariana ha evitado decenas de millones de casos de malaria. En 2023, el 78 % de los 195 millones de mosquiteros entregados al África subsahariana eran mosquiteros de nueva generación, porque protegen mejor contra el paludismo que los tratados únicamente con insecticidas piretroides a los que muchos mosquitos han desarrollado resistencia.

Veranos más largos e inviernos más cálidos podrían prolongar la temporada de reproducción de los mosquitos y permitir que más de ellos sobrevivan y prosperen. Además, los charcos de agua estancada, dejados por las inundaciones en retirada o en los recipientes de plástico utilizados para almacenar agua en asentamientos humanos temporales, constituyen criaderos ideales. Por ejemplo, las lluvias extremas y las inundaciones en Pakistán durante el año 2022 provocaron un aumento de cinco veces en los casos de malaria en comparación con 2021. Las temperaturas más cálidas también aceleran el ciclo de crecimiento de los parásitos de la malaria, aumentando su número.

Los primeros síntomas más comunes de la malaria son fiebre, dolor de cabeza y escalofríos, y suelen comenzar entre los diez y quince días después de la picadura de un mosquito infectado. Después pueden aparecer otros signos que incluyen rigidez, sudoración, diarrea, dolor abdominal, dificultad respiratoria, confusión, convulsiones, anemia hemolítica, esplenomegalia y anomalías renales.

El ciclo de vida del parásito de la malaria es un proceso complejo que involucra a un mosquito hembra del género *Anopheles* y a un huésped vertebrado. La transmisión a los humanos comienza cuando una hembra del mosquito *Anopheles* se alimenta de una persona con malaria e ingiere sangre que contiene gametocitos.

En las siguientes una a dos semanas, los gametocitos del parásito que porta el mosquito se reproducen sexualmente y producen esporozoitos infecciosos. Cuando el mosquito pica a otro ser humano, los esporozoitos, presentes en las glándulas salivares del insecto, son inoculados con la saliva y llegan al torrente sanguíneo, para circular por sangre periférica durante unos veinte a treinta minutos. A continuación, alcanzan el hígado e infectan los hepatocitos. En esta fase, denominada hepática o pre eritrocítica, los parásitos maduran y se convierten en esquizontes tisulares dentro de los hepatocitos.

Cada esquizonte produce de 10 000 a 30 000 merozoítos que, transcurridas pocas semanas, con la ruptura del hepatocito, son liberados al torrente sanguíneo. Los merozoítos invaden los glóbulos rojos y allí se transforman en trofozoítos. Los trofozoítos crecen y la mayoría cambian a esquizontes eritrocitarios. Estos esquizontes producen más merozoítos, que entre 48 y 72 horas después rompen los glóbulos rojos y son liberados en el plasma. Los merozoitos novatos liberados invaden con rapidez nuevos glóbulos rojos, repitiendo el ciclo. Algunos trofozoítos se transforman en gametocitos, que son la progenie sexual masculina y femenina del parásito.

Llegado este punto, cuando un mosquito del género *Anopheles* pica a una persona infectada, ingiere los gametocitos del parásito. Y vuelta a empezar. Los gametocitos tornan a gametos fértiles en el intestino medio del mosquito. La siguiente etapa implica la conversión de los cigotos en oocinetos, que son móviles e invasivos. Los oocinetos, a su vez, se convierten en ooquistes en la lámina basal del intestino medio del mosquito. Luego, el ooquiste madura, liberando esporozoítos, que migran a las glándulas salivales del mosquito y quedan listos para, la próxima vez que el insecto pique, ser inoculados con la saliva.

Aunque parezca increíble, el parásito *Plasmodium falciparum* altera el comportamiento hematógeno del mosquito vector para aumentar su propia transmisión. En primer lugar, los mosquitos infectados con esporozoitos, es decir, la fase del parásito que es transmitida al ser humano, ingieren cantidades mayores de sangre que los mosquitos no infectados. En segundo lugar, los mosquitos que albergaban esporozoitos tienen mayor probabilidad de picar a varias personas por noche. ¿Cómo consigue el parásito manipular la conducta del mosquito?

Una vez dentro del mosquito, los parásitos de la malaria necesitan tiempo para madurar, porque deben pasar por varias etapas de desarrollo antes de volverse infecciosos y de ser inoculados en otra persona. Por ello, disminuyen el ansia de sangre del mosquito, porque la alimentación hemática de los insectos y otros comportamientos peligrosos durante la fase pre infecciosa aumentan el riesgo de muerte del huésped durante el desarrollo del parásito. Es decir, la posibilidad de que el mosquito perezca antes de tiempo, aplastado por un manotazo, no interesa al parásito.

De este modo, un mosquito infectado puede permanecer inmóvil, posado durante días en una pared o en cualquier otra superficie, mientras que un mosquito no infectado estará activo, buscando la sangre necesaria para poder preparar la puesta de huevos que asegure la emergencia de la siguiente generación. Sin embargo, la situación cambia cuando el parásito madura en el mosquito infectado. Ahí llegan las prisas, porque para que pueda ser transmitido, el *Plasmodium* requiere que el mosquito comience a picar de inmediato y que lo haga en el mayor número de individuos posible. La solución que ha encontrado el parásito consiste en viajar hasta las glándulas salivares y una vez allí, bloquear el flujo de la apirasa, que es una enzima con función anticoagulante y que facilita la alimentación del mosquito.

La evolución de la hematofagia implica una serie de adaptaciones que permiten a los insectos hematófagos acceder y consumir sangre de manera eficiente, a la vez que controlan y evaden las respuestas hemostáticas e inmunitarias del huésped. Los mosquitos, al igual que otros insectos, utilizan proteínas salivales para regular estas respuestas en el sitio de la picadura, durante y después de la alimentación sanguínea. La presencia de apirasa es crucial para que el mosquito pueda conseguir sangre de manera eficiente, porque inhibe la agregación plaquetaria y la coagulación sanguínea en el huésped, permitiendo al *Anopheles* extraer el líquido sin que se formen coágulos que obstruyan su aparato bucal.

Al picar a una persona, la probóscide del mosquito perfora la piel para chupar la sangre. Sin embargo, cuando el insecto no tiene suficiente apirasa, porque el *Plasmodium* ha obstaculizado la secreción, la sangre se espesa con rapidez y fluye con dificultad, impidiendo la ingesta eficiente del mosquito, que opta por volar y buscar a otra víctima. La comida interrumpida provoca una mayor probabilidad de realimentación. Los mosquitos infectados son ineficaces y obtienen menos cantidad de sangre en cada picadura, por lo que necesitan atacar a un

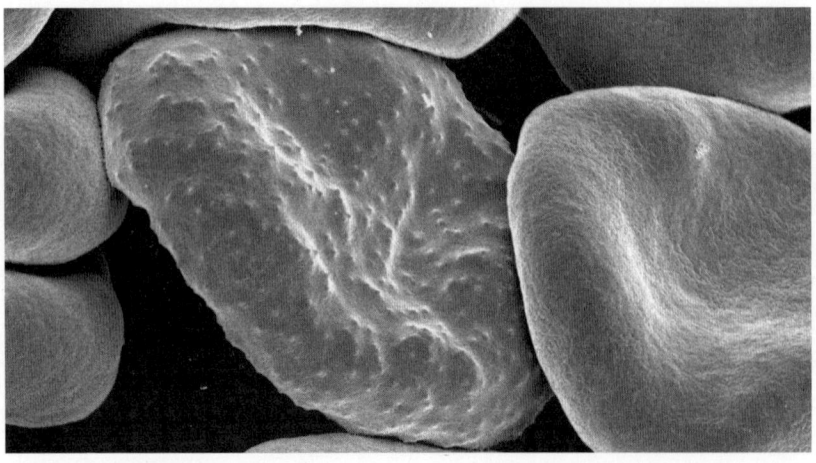

Micrografía electrónica de barrido de glóbulos rojos donde se observa un eritrocito infectado por *Plasmodium falciparum* (centro) rodeado de células sanas, mostrando las protuberancias características o *knobs* que el parásito genera en la superficie del glóbulo rojo hospedador para adherirse al endotelio vascular, evadir la destrucción esplénica y causar inflamación, mecanismos responsables de la severidad de la malaria falciparum [Rick Fairhurst y Jordan Zuspann / National Institute of Allergy and Infectious Diseases, NIH].

mayor número de personas adicionales con más asiduidad. De esta forma, el consumo final y total de sangre es mayor y aumenta la probabilidad de transmitir el parásito. Los mosquitos hembra infecciosos se sienten más atraídas por los huéspedes, son más persistentes en los intentos de alimentación, se alimentan de más personas, exploran con mayor frecuencia y sufren una mayor mortalidad asociada a la alimentación que las hembras no infectadas. Algunos estudios han estimado que este cambio de comportamiento en el mosquito consigue multiplicar por cinco la posibilidad de transmitir el parásito a un humano.

Por si esto fuera poco, las personas infectadas por el parásito que causa la malaria, *Plasmodium falciparum*, resultan más atractivas que los individuos sanos para los mosquitos *Anopheles gambiae*, uno de los vectores de la enfermedad.

La razón sigue siendo desconocida, pero puede estar relacionada con que *Plasmodium falciparum* produce un precursor isoprenoide, llamado (E)-4-hidroxi-3-metil-but2-enil pirofosfato (HMBPP), que afecta a los comportamientos de búsqueda y alimentación de sangre del mosquito, así como a la susceptibilidad a la infección. En concreto, HMBPP activa los glóbulos rojos humanos para aumentar la liberación de CO_2, aldehídos y monoterpenos, que juntos atraen con más fuerza al mosquito e invitan al insecto a chuparnos la sangre. Es más, añadiendo HMBPP a muestras de sangre, aumenta significativamente la atracción que despierta en otras especies de mosquitos, como *Anopheles coluzzii*, *Anopheles arabiensis*, *Aedes aegypti* y especies del complejo *Culex pipiens/Culex torrentium*.

Diversas investigaciones también informan de que los aldehídos heptanal, octanal y nonanal son producidos en mayor cantidad en los individuos infectados con *Plasmodium*, y que estos compuestos son detectados por las antenas de los mosquitos, atrayendo a los insectos y provocando un aumento de las picaduras.

En definitiva, *Plasmodium* es un estratega que altera el comportamiento del mosquito para mejorar su propia supervivencia y transmisión, asegurando la continuidad del ciclo de vida. Comprender cuáles son los factores que intervienen en la preferencia manifestada por los mosquitos para picar a unas u otras personas ayudará a determinar y a disminuir el riesgo de propagación de enfermedades infecciosas transmitidas por vectores.

📖 Para leer más:

- Abossie, Ashenafi. 2024. «Higher outdoor mosquito density and *Plasmodium* infection rates in and around malaria index case households in low transmission settings of Ethiopia: Implications for vector control». *Parasites & Vectors* 17: 53.
- Andrade, Mônica. 2022. «The economic burden of malaria: a systematic review». *Malaria Journal* 21: 283.
- Arora, Gunjan. 2023. «Malaria: influence of *Anopheles* mosquito saliva on *Plasmodium* infection». *Trends in Immunology* 44 (4): 256-265.
- Briggs, Anna. 2022. «*Anopheles stephensi* Feeding, Flight Behavior, and Infection With Malaria Parasites are Altered by Ingestion of Serotonin». *Frontiers in Physiology* 13: 911097.
- Gao, Li. 2024. «Host 5-HT affects *Plasmodium* transmission in mosquitoes via modulating mosquito mitochondrial homeostasis». *PLoS Pathogen* 20 (10): e1012638.
- Hajkazemian, Melika. 2022. «Mosquito host-seeking diel rhythm and chemosensory gene expression is affected by age and *Plasmodium* stages». *Scientific Reports* 12: 18814.
- Markwalter, Christine. 2024. «*Plasmodium falciparum* infection in humans and mosquitoes influence natural Anopheline biting behavior and transmission». *Nature Communications* 15 (1): 4626.
- Pala, Zarna. 2024. «Mosquito salivary apyrase regulates blood meal hemostasis and facilitates malaria parasite transmission». *Nature Communications* 15: 8194.
- Taheri, Shirin. 2024. «Modelling the spatial risk of malaria through probability distribution of *Anopheles maculipennis* s.l. and imported cases». *Emerging Microbes & Infections* 13 (1): 2343911.

TRAMPANTOJO

El acorazado Potemkin, una película muda del cineasta soviético Sergei Eisenstein, fue estrenada en 1925 y está considerada como una de las mejores y más influyentes obras cinematográficas de la historia. El filme relata los acontecimientos ocurridos, en junio de 1905, en el buque *Potemkin*, durante el amotinamiento de los marineros contra los oficiales zaristas. El evento sucedió en el marco de la Revolución rusa de 1905, que estuvo motivada por la insatisfacción popular generalizada hacia el régimen del zar Nicolás II.

El Potemkin estaba destinado en el Mar Negro y las condiciones de trabajo eran lamentables. El desencadenante del motín fue el rancho insalubre que recibían los miembros de la tripulación. La sublevación comenzó el 27 de junio, con la negativa de algunos marineros a comer *borsch*, una sopa de remolacha que había sido elaborada con carne parcialmente podrida y que estaba infestada de larvas de mosca.

Al final, el motín del Potemkin fracasó, pero incitó a otros revolucionarios a poner en marcha, pocos meses después, insurrecciones como la del levantamiento de Sebastopol. Los efectos inmediatos del motín son difíciles de evaluar, pero pudo influir en la decisión del zar Nicolás II de poner fin a la guerra ruso-japonesa y en aceptar el Manifiesto de Octubre de 1905. De hecho, Lenin, líder del partido comunista bolchevique, calificó al motín como una especie de ensayo general de la exitosa revolución en 1917.

Los incidentes ocurridos en la ciudad de Odessa y vinculados al motín del Potemkin inspiraron al cineasta Sergei Eisenstein a rodar una de las secuencias más famosas de la historia del cine, la filmada en la escalera de Odessa, cuando los cosacos cargan a sablazos y los soldados disparan al pueblo inocente mientras la multitud desciende despa-

La escalinata de Potemkin en Odesa, Ucrania, monumental conjunto de 192 escalones construido entre 1837 y 1841 que conecta el centro de la ciudad con el puerto, diseñada con un efecto de perspectiva que hace que desde abajo parezca más ancha en la cima y desde arriba los escalones sean invisibles, inmortalizada en la icónica escena de la masacre de la película *El acorazado Potemkin* (1925) de Serguéi Eisenstein [Bepsy / Shutterstock].

vorida por la escalinata. En la película los disparos alcanzan a decenas de personas que caen heridas o muertas sobre los peldaños, para tapizar la escalera de horror y de cuerpos inermes. Durante la desbandada, varios proyectiles hieren a una mujer que custodiaba el carrito de un bebé. La fémina, herida de muerte, sucumbe y cae al suelo. Al caer, la espalda de la mujer empuja el cochecito, con el niño dentro, escaleras abajo. Este momento cinematográfico es mítico y ha sido homenajeado por directores ilustres como Francis Ford Coppola, en *El padrino*; Brian De Palma, en *Los intocables de Eliot Ness*; y Woody Allen, en *Bananas*.

La escalera de Odessa es uno de los símbolos de la ciudad y un raro trampantojo arquitectónico. La escalinata tiene 142 metros de longitud y una altura de 27 metros. Cuenta en total con diez descansillos y 192 escalones de longitud diferente. Los de la parte baja miden 21,7 metros y los de la zona alta tienen 13,4 metros. Esta configuración especial de construcción, en perspectiva forzada, provoca una interesante ilusión óptica y un trampantojo inusual. El término trampantojo equivale a una trampa o ardid utilizado para engañar a alguien propiciando que vea lo que no es. La palabra es aplicada con frecuencia por diversas técnicas artísticas que intentan engañar a la vista jugando con la perspectiva y otros efectos ópticos. Algunos artistas de excepcional imaginación, como el neerlandés Maurits Cornelis Escher, han utilizado las perspectivas para crear figuras imposibles, teselados y mundos imaginarios, de tal modo, que falsean el propio concepto de la realidad visible. Alfred Hitchcock construía trampantojos con imágenes simbólicas, cargadas de apariencias y falsedades, para que el espectador no tuviera pistas claras sobre la intención auténtica de la narrativa que observaba.

En la actualidad, el trampantojo es un recurso usual en ilustración, cocina, cine o decoración, como ocurre en el caso de las paredes medianeras. En Madrid, un trampantojo célebre es el que creó el afamado dibujante Antonio Mingote en un edificio esquinero de la calle de la Sal, una de las desembocaduras de la plaza Mayor. La zona, representativa del Madrid galdosiano, está engalanada con un precioso trampantojo, diseñado por Mingote e inspirado en *El balcón* de Édouard Manet, que exhibe balcones fingidos poblados de los personajes de la novela *Fortunata y Jacinta*, escrita por el dramaturgo Benito Pérez Galdós y publicada en cuatro volúmenes entre enero y junio de 1887.

Las figuras decimonónicas pintadas por Mingote, de rotundos volúmenes y trazo curvo, elegante e inconfundible, campan en la balconada atrapada en el mural, divididas por niveles e insertas en unos apretados, equilibrados y redondos conjuntos que son emperejilados con vistosos colores, fieles al tema y a la época. En la planta principal, la más cercana a la acera, Mingote retrata a Galdós junto a Fortunata, Jacinta, el señorito Juanito Santa Cruz y un canario amarillo enjaulado. En la segunda planta, Mingote representa a un matrimonio burgués, al chófer de la pareja y al galanteador de la señora, en un ambiente típico de las escenas galdosianas. En la tercera planta, Mingote simboliza el Madrid romántico, pintando a una bella dama que, rosa en mano, es cortejada por un cortés poeta y un militar bigotudo. En la cuarta y última planta, Mingote finaliza la obra con la típica representación del Madrid bohemio. Las viviendas de las plantas más altas, en general, eran abuhardilladas, más pequeñas, estaban poco iluminadas y solían ser utilizadas por el servicio o alquiladas a personas de pocos recursos. Aquí, Mingote coloca a un músico melenudo, bastante malo a tenor de la representación, que toca la flauta travesera acompañado de su familia y algunas mascotas.

La habilidad para engañar al espectador haciendo pasar algo ilusorio por real, a través de las leyes de la óptica y de la perspectiva, es todo un arte que permite timar hasta al organismo más preparado. En la naturaleza también encontramos trampantojos, y algunos son ladinos e inverosímiles. Entre los ejemplos más destacados es oportuno mencionar el que engendra el tremátodo *Leucochloridium paradoxum*, un parásito platelminto que usa gasterópodos del género *Succinea* como anfitrión intermedio.

El ciclo de vida de *Leucochloridium paradoxum* comienza con la liberación de huevos en los excrementos del sistema digestivo de un ave infectada. Los caracoles entran en contacto con los excrementos de las aves y el parásito los infecta. Los huevos eclosionan y las larvas ingresan al cuerpo a través de la piel, atacando el sistema digestivo del caracol. Luego, las larvas migran a los dos tentáculos superiores del caracol, que sobresalen en la parte frontal de la cabeza y que el animal usa para el olfato y la visión, ya que tienen ojos en los extremos. Una vez allí, el parásito forma sacos de cría. Las larvas crecen y maduran dentro de los tentáculos del huésped y reemplazan el tallo ocular del animal, cegando por completo al caracol. Después, el parásito comienza a tomar el control del huésped y altera su comportamiento, provocando una alta movilidad del animal parasitado y guiando al caracol ciego hacia la superficie de una hoja o cualquier otro espacio abierto y bien iluminado. Este trance deja al caracol sin posibilidad de obtener refugio y expone al incapacitado animal a un alto riesgo, porque, por supuesto, la situación deja al gasterópodo infectado, desamparado y a merced de los depredadores. A continuación, el saco de cría se hincha y adquiere colores brillantes, en tonos verdes, marrones y rojizos, de aspecto psicodélico, que muestran un tipo de movimiento atractivo, palpitante, rítmico y único, capaz de atraer con fuerza la atención de las aves, porque los tentáculos oculares del caracol parasitado simulan el desplazamiento que muestran muchas larvas de insectos. El ave confunde al parásito con un apetitoso bocado, algo así como una vivaracha oruga regordeta, vibrante y colorida que es servida en bandeja de plata. Es palmario que esta estrategia aumenta la probabilidad de completar el ciclo de vida del parásito, porque seduce con rotundidad a los huéspedes finales, que son las aves insectívoras, principalmente los paseriformes.

Cuando el caracol parasitado es ingerido, las larvas llegan al sistema digestivo y maduran hasta convertirse en parásitos adultos. Estos parásitos son hermafroditas, se reproducen sexualmente y producen huevos que son expulsados al medio ambiente imbuidos en las heces de las aves. Una vez en el exterior, un nuevo caracol puede entrar en contacto con los huevos, infectarse y hacer que el ciclo continúe. A veces, los pájaros solo comen el pedúnculo ocular del caracol. Si esto ocurre, el caracol salva la vida y el pedúnculo ocular es regenerado. Hasta entonces, el caracol sigue ciego y deambula por ahí, pudiendo volver a entrar en contacto con los excrementos del ave infectada y contagiarse. ¡Menudo papelón!

Otro caso espectacular es el de la hormiga neotropical *Cephalotes atratus*, que al ser infectada por el nematodo *Myrmeconema neotropicum* desarrolla un llamativo gáster, parecido a una baya. El gáster, la parte bulbosa y caudal más voluminosa del abdomen de la hormiga, es de color negro, pero cuando el insecto es infectado por el parásito adquiere un color rojo vistoso, similar al de las numerosas bayas rojas que pueblan el dosel de los bosques tropicales, que es el hábitat natural donde encontramos a *Cephalotes atratus* y a *Myrmeconema neotropicum.*

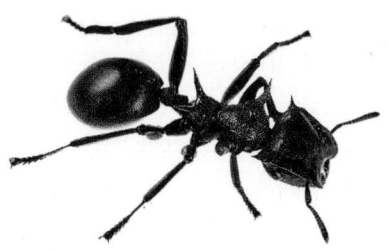

Hormiga planeadora (*Cephalotes atratus*), especie arbórea neotropical capaz de controlar su caída mediante planeo dirigido cuando cae de los árboles, utilizando sus patas aplanadas y cuerpo para maniobrar en el aire y regresar al tronco en lugar de precipitarse al suelo de la selva, comportamiento único entre las hormigas que le permite sobrevivir en el dosel arbóreo donde construye sus colonias [Emanuele Biggi].

Esta modificación atrae a las aves frugívoras, que confunden el abdomen parasitado de la hormiga con una baya madura. Además, las hormigas parasitadas tienen una unión gáster-postpeciolo debilitada, y esta alteración facilita el desprendimiento del gáster, que está cargado de huevos del parásito. Para mayor inri, los cambios morfológicos en el cuerpo de la hormiga están acompañados de desviaciones del comportamiento típico del insecto, porque, en la segunda fase, el nemátodo provoca que los individuos parasitados alcen el gáster de color rojo tan alto como puedan, reduzcan la agresividad y busquen zonas expuestas y visibles, alejadas del hormiguero. Una vez allí, la hormiga disminuye los desplazamientos, muestra una movilidad extremadamente lenta y parece aletargada, aunque con tesón exhibe el abdomen rojo enarbolado, poniendo todo el empeño necesario para poder ser localizada por los pájaros de una forma cómoda y desde una distancia amplia.

El color rojo del abdomen es una anomalía y puede ser debido a diferentes estrategias aplicadas por el parásito. Una posibilidad es que el parásito provoque un adelgazamiento del tegumento en la zona del gáster. Esta hipótesis ha sido documentada mediante un análisis con microscopía electrónica de barrido que pretendía cuantificar el grosor de la cutícula del gáster en hormigas sanas e infectadas. El estudio confirmó que el exoesqueleto del área de gáster es un 23 % más delgado en las hormigas infectadas en comparación con las hormigas sanas. Este adelgazamiento está asociado al color rojizo del gáster, porque al tener un exoesqueleto más fino y traslúcido, justo en la zona donde están alojados los huevos amarillentos del parásito, cuando pasan por allí los rayos solares se origina un espectacular color rojo brillante. También otros mecanismos, incluida la translocación o la lixiviación de melanina, por la hormiga o el parásito, respectivamente, pueden operar en conjunto con el adelgazamiento para producir el impresionante cambio de color.

El hecho es que el abdomen rojo fulgente de una hormiga parasitada, que descansa en una rama, es una ofrenda irresistible para las aves que consumen bayas. La treta surte efecto, porque el ave confunde al contenedor de parásitos con un fruto y lo engulle. A continuación, el parásito se establece en el aparato digestivo del ave y los huevos del nemátodo son expulsados con las heces, junto con otros restos sin digerir de material nutritivo. Las hormigas de la especie *Cephalotes atratus* son omnívoras y en el suelo pueden recolectar restos de comida de los excrementos de aves. Las hormigas obreras recogen y alimentan a las crías con los excrementos infestados. Esta situación permite que las hormigas sanas se infecten con una nueva generación de parásitos y que el ciclo del nemátodo vuelva a empezar.

El cambio de color del gáster fue un misterio para los primeros taxónomos, que describieron la variedad *Cephalotes atratus* var. *rufiventris* únicamente sobre la base de la tonalidad roja del abdomen de la hormiga. Más tarde quedó demostrado que era el resultado de la infección por *Myrmeconema*. Es probable que los nemátodos del género *Myrmeconema* estén ampliamente distribuidos en todo el neotrópico, ya que esta asociación existe desde hace unos veinte a treinta millones de años. Una prueba que apuntala esta hipótesis es un precioso ámbar dominicano en cuyo interior está atrapada una hormiga obrera fósil de la especie *Cephalotes serratus*. La hormiga fósil está rodeada por los huevos de *Myrmeconema antiqua* y tiene un agujero en el abdomen que pudiera haber sido hecho por un pájaro. Muchos de los huevos, que son similares a los de *Myrmeconema neotropicum* en tamaño y forma, contienen ejemplares jóvenes completamente desarrollados. Todos los indicios sugieren que *Myrmeconema antiqua* tuvo una historia de vida similar a la de los ejemplares actuales de *Myrmeconema neotropicum* y que el ciclo de vida involucraba a aves portadoras. En definitiva, tal y como dijo el poeta escocés Walter Scott: «¡Oh, qué red tan enmarañada tejemos cuando empezamos a practicar el engaño!».

📖 Para leer más:

- Chiu, Ming-Chung. 2022. «Molecular identification of the broodsacs from *Leucochloridium passeri* (Digenea: Leucochloridiidae) with a review of *Leucochloridium* species records in Taiwan». *Parasitology International* 91: 102644.
- Doherty, Jean-François. 2020. «When fiction becomes fact: exaggerating host manipulation by parasites». *Proceedings of the Royal Society B: Biological Sciences* 287 (1936): 20201081.
- Fernández, María. 2024. «Morphological and molecular characterization of brown-banded broodsacs and metacercariae of *Leucochloridium* (Trematoda: Leucochloridiidae) parasitizing the semi-slug *Omalonyx unguis* (Succineidae) in Argentina». *Journal of Invertebrate Pathology* 204: 108112.
- Morris, Alex. 2018. «A nematode that can manipulate the behaviour of slugs». *Behavioural Processes* 151: 73-80.
- Poinar, George. 2008. «*Myrmeconema neotropicum* n. g., n. sp., a new tetradonematid nematode parasitising South American populations of *Cephalotes atratus* (Hymenoptera: Formicidae), with the discovery of an apparent parasite-induced host morph». *Systematic Parasitology* 69 (2): 145-153.
- Sistermans, Tom. 2023. «The influence of parasite load on transcriptional activity and morphology of a cestode and its ant intermediate host». *Molecular Ecology* 32: 4412–4426.
- Usmanova, Regina. 2023. «Genotypic and morphological diversity of trematodes *Leucochloridium paradoxum*». *Parasitology Research* 122: 997-1007.

RABIA

¿Alguna vez ha oído hablar de una piedra bezoar? El 4 de agosto de 1935, el *Kansas City Journal-Post*, un periódico de Kansas City, ciudad ubicada en el condado de Jackson, al oeste del estado estadounidense de Missouri, informó de que una piedra bezoar, traída de Escocia, y perteneciente al señor Noel E. Jackson, era utilizada con éxito para tratar la rabia. La piedra, de pulgada y media de largo y con la apariencia de un fósil, parecía caliza blanquecina y tenía la estructura de un panal. Jackson creía que provenía del estómago de un ciervo y aseguraba que había sido utilizada cientos de veces sin fallo.

Los bezoares o piedras bezoares son agregados de material no digerido, redondeados y dispuestos en capas, que son generados en torno a un núcleo de fibras vegetales, pelo o cuerpos extraños, y que casi siempre aparecen en el estómago o en el intestino de algunos animales, en especial de los mamíferos rumiantes. Los humanos también desarrollan bezoares, que, según la composición, pueden ser clasificados en cuatro tipos principales: fitobezoar (fibras de frutas y vegetales), tricobezoar (cabello), lactobezoar (concreciones de leche no digeridas) y farmacobezoar (medicamentos).

En el antiguo Imperio persa los bezoares eran considerados piedras mágicas que alejaban el mal, protegían contra el envenenamiento, y mejoraban el ánimo de las personas que las portaban. El Lapidario del Rey Alfonso X el Sabio, redactado en el siglo xiii y considerado el primer tratado de literatura médica escrito en castellano, alude a la piedra bezoar, a la que califica de buen antitóxico. Tanto en la Edad Media como en los siglos posteriores, los bezoares fueron alabados, codiciados y buscados por los prodigios medicinales que ofrecían. Cuanto más grandes, pesados y duros eran los bezoares, mayor precio de mercado

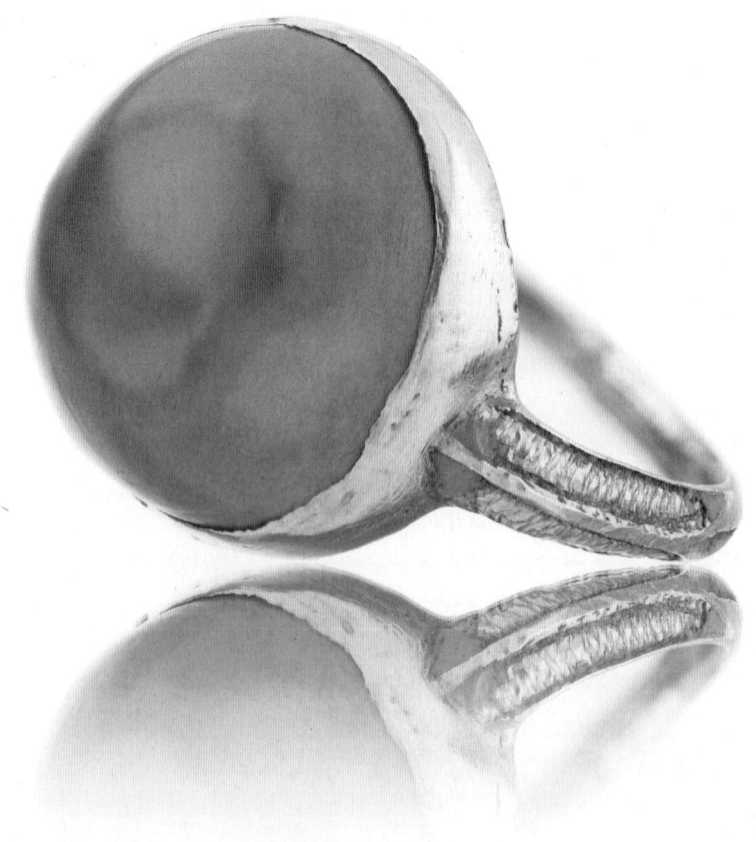

Anillo de oro con bezoar engastado *à jour* con la base abierta para permitir el contacto directo de la piedra con la piel, perteneciente a la reina Hedvig Eleonora de Suecia, quien creía en las propiedades curativas y protectoras del bezoar, concreción formada en el estómago de rumiantes que en la época barroca se consideraba antídoto contra venenos y enfermedades, con la inscripción *Hedvig Eleonora Regina Sueciae* (Hedvig Eleonora, Reina de Suecia) grabada en el interior. Suecia, ca. 1650-1700 [Erik Lernestål / Real Armería de Suecia].

alcanzaban. Para tener una idea del valor cremastístico que poseían, en un pleito de 1578, documentado en el Archivo de la Real Cancillería de Valladolid, Francisco Vaca, vecino de Cuenca de Campos, litigó contra Francisco de Aguilar sobre la restitución de una piedra bezoar, con propiedades curativas, valorada en 200 ducados de oro, unos 4500 euros actuales, que el primero entregó al segundo para que fuera llevada a tasar a Valladolid.

Siguiendo las costumbres de la época, Pedro Franco Dávila, nombrado en 1771 primer director del Real Gabinete de Historia Natural de Madrid, hoy Museo Nacional de Ciencias Naturales de España, llegó a reunir noventa y seis piedras bezoares procedentes de animales tan diversos como el caballo, el esturión, el rinoceronte, el caimán, el castor, el carnero, el puercoespín, el cerdo, la beluga y muchos otros. Es posible que la razón principal fuera que en el siglo XVIII los bezoares eran considerados amuletos de gran poder, utilizados como antiveneno y portadores de fantásticas virtudes, entre las que destacaban deshacer las piedras de la vejiga; alejar la tristeza y la melancolía; proteger contra la peste, o curar la rabia.

En la comedia *La entretenida* (1615), de Miguel de Cervantes, a las piedras bezoares se les adjudica una acción alexifármaca que preserva o corrige los efectos de un veneno. En esa obra, para quienes requieren aparentar riqueza, los dueños de bezoares tienen una condición similar a los que poseen sartas de perlas y papagayos que hablan. *El retrato de Dorian Gray* (1891), de Oscar Wilde, apunta que el bezoar, que se encuentra en el corazón del ciervo de Arabia, es un hechizo que puede curar la peste. En la novela Harry Potter y la piedra filosofal (1997), de J. K. Rowling, el tenebroso profesor Severus Snape, durante la primera clase de pociones, pregunta a Harry que dónde encontraría un bezoar. Potter no tenía la menor idea de lo que era un bezoar y trató de no mirar a Malfoy y a sus amigos, que se desternillaban de risa. Severus, encolerizado, reprochó a Harry lo poco que había estudiado y anunció, con voz herrumbrosa, que un bezoar es una piedra sacada del estómago de una cabra y que sirve para salvarte de la mayor parte de los venenos.

En el siglo XIX, los bezoares eran tratados como joyas familiares en Norteamérica, porque existía la creencia arraigada de que podían acabar con la locura, el efecto de numerosos venenos e incluso la rabia. De hecho, en Estados Unidos circula el mito de que el mismísimo Abraham

Lincoln llevó a su hijo mayor Robert, que había sido mordido por un perro rabioso, a Terre Haute en Indiana, para que tocara un bezoar y sobreviviera a la enfermedad.

La rabia es una enfermedad viral zoonótica prevenible mediante vacunación y que afecta al sistema nervioso central. Después de una posible exposición al virus de la rabia, si no se administra profilaxis postexposición (PEP) antes de la aparición de los síntomas, el resultado casi siempre será fatal. Tan bellaco es el maldito virus, que una vez que aparecen los síntomas clínicos, la mortalidad de la rabia es prácticamente del 100 %. Hasta en el 99 % de los casos, los perros domésticos son responsables de la transmisión del virus de la rabia a los humanos. Ante esta realidad, la prevención más eficaz consiste en vacunar a las mascotas. Teniendo esto en cuenta, la Organización Mundial de la Salud (OMS) ha fijado el objetivo de eliminar globalmente la rabia humana transmitida por perros para el año 2030, mediante el control de la enfermedad en los cánidos.

El virus de la rabia pertenece a la familia Rhabdoviridae, género Lyssavirus. Es un virus con ARN monocatenario negativo y que tiene forma de bala, con una nucleocápside helicoidal y una envuelta lipídica de la que sobresalen glicoproteínas con forma de espícula. Cada par-

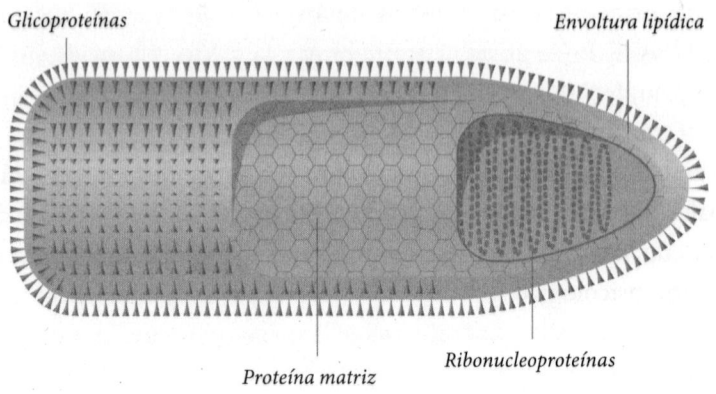

Glicoproteínas

Envoltura lipídica

Proteína matriz

Ribonucleoproteínas

Estructura esquemática del virus de la rabia [Shutterstock/Gritsalak Karalak].

tícula mide aproximadamente 75 nanómetros (nm) de diámetro y 180 nm de longitud. En el hemisferio occidental han sido identificados dos linajes genéticos del virus de la rabia (RABV): el linaje Cosmopolita y el linaje del Nuevo Mundo. El linaje Cosmopolita se introdujo durante la colonización europea. La transmisión de perro a perro y el cambio de huésped a otros mesocarnívoros terrestres permitieron que este linaje se extendiera y estableciera en América y algunas islas del Caribe. Los linajes del Nuevo Mundo circulan principalmente dentro de las poblaciones de murciélagos, con varias excepciones de linajes que cambiaron a mesocarnívoros terrestres. Aunque el virus de la rabia es el que afecta normalmente a los humanos, existen otras especies de Lyssavirus relacionadas que, excepcionalmente, pueden causar una infección similar. Estos otros Lyssavirus son el virus Mokola (MOKV), el virus Duvenhage (DUVV), el Lyssavirus europeo de murciélago tipos 1 y 2 (EBLV-1 y EBLV-2, respectivamente) y el Lyssavirus australiano de murciélago (ABLV).

Según las estimaciones más conservadoras, la rabia causa 59 000 muertes humanas al año en más de 150 países. Es decir, alrededor de 160 personas mueren cada día a causa de esta enfermedad. Haga cuentas, el bicho fulmina a una persona cada nueve minutos. Debido al evidente subregistro y a las estimaciones inciertas, es probable que esta cifra esté más subestimada que el talento dramático de Sylvester Stallone. La causa de la muerte puede ser la obstrucción de las vías respiratorias, convulsiones, agotamiento o parálisis generalizada. La carga de morbilidad recae desproporcionadamente en las poblaciones rurales pobres, y casi la mitad de los casos son atribuibles a niños menores de quince años. El 95 % de los casos ocurren en África y Asia. La región de Asia meridional sigue registrando la mayor proporción de todos los casos de rabia notificados a nivel mundial. El mayor número de muertes se produce en la India. La Alianza Global para el Control de la Rabia (GARC, Global Alliance for Rabies Control) estima que el costo económico de la rabia es de 8600 millones de dólares al año, a lo que habría que sumar el trauma psicológico, no calculado, tanto para los individuos como para las comunidades. La iniciativa «Cero en el 30» de la Organización Mundial de la Salud (OMS) tiene como objetivo alcanzar, en el año 2030, las cero muertes humanas por causa de la rabia.

Los animales rabiosos transmiten la infección a través de la saliva, habitualmente mediante mordedura. En ocasiones, el virus puede entrar a través de una abrasión cutánea o de las mucosas de los ojos, la nariz o la boca. Las prácticas sexuales de riesgo con animales también pueden facilitar la transmisión del virus de la rabia. En el año 2017, un grupo de quince adolescentes contrajeron la rabia después de violar a un burro infectado en una zona rural de Marruecos. El virus viaja desde el sitio de entrada a través de los nódulos periféricos hasta la médula espinal o el tronco encefálico y luego hasta el cerebro. Desde el sistema nervioso central se propaga, a través de los nervios periféricos, hacia otras partes del cuerpo. La afectación de las glándulas salivales y de la mucosa bucal es responsable de la transmisibilidad.

Está claro que el virus de la rabia muestra un fuerte neurotropismo. Esta circunstancia ha facilitado que el rastreo monosináptico, basado en virus de la rabia modificados genéticamente, sea una técnica ampliamente utilizada para mapear circuitos neuronales en grandes franjas del sistema nervioso.

La infección de las neuronas por el virus de la rabia provoca cambios degenerativos en las dendritas y en los axones, así como estrés oxidativo causado por la disfunción mitocondrial. Además, se han observado ampollas neuronales, apoptosis y función alterada de los neurotrans-

Un perro rabioso alborota una calle londinense.
Grabado coloreado por T.L. Busby, 1826.

misores después de la infección por el virus. La apoptosis puede ser detectada durante las últimas etapas de la infección. Sin embargo, los casos de rabia humana no muestran características patológicas prominentes como degeneración neuronal, infiltración de células inmunes adaptativas, inflamación agravada o apoptosis durante el análisis histopatológico de rutina. Esto se debe al hecho de que el virus de la rabia es capaz de evadir o retrasar las respuestas inmunitarias y la muerte celular durante la replicación y propagación en el cuerpo infectado. Por desgracia, aún no está claro cómo la infección viral y el neurotropismo desembocan en la enfermedad.

Los síntomas iniciales de la rabia son inespecíficos e incluyen fiebre, cefalea y malestar general. También puede haber picazón o sensación de escozor en el lugar de la mordedura. Estos síntomas pueden durar varios días. Después aparece, en el 80 % de los casos, una encefalitis denominada rabia furiosa, o en el 20 % de los infectados, una parálisis que es designada rabia sorda. La encefalitis produce inquietud, confusión, agitación, conducta bizarra, alucinaciones e insomnio. La salivación es excesiva y los intentos por beber producen espasmos dolorosos de los músculos laríngeos y faríngeos, lo que conduce a la hidrofobia. En la forma paralítica, la parálisis ascendente y la cuadriplejía se desarrollan sin delirio ni hidrofobia.

Furious Rabies : Late Stage.

A diferencia de otros virus neurotrópicos que pueden inducir síntomas de un rango similar, los cerebros *post mortem* infectados con el virus de la rabia no muestran signos significativos de inflamación ni daños estructurales en las neuronas. Esto sugiere que los síntomas neurológicos observados posiblemente se originen en disfunciones de las neuronas.

La infección por el virus de la rabia en humanos puede provocar síntomas motores típicos como inestabilidad autonómica, espasmos musculares involuntarios, parálisis, alteración de la fonación y muchos otros, porque el patógeno afecta el área del cerebro que controla la deglución, el habla y la respiración. Además, también origina cambios de comportamiento característicos, como hiperactividad, confusión, somnolencia, agitación, comportamiento agresivo, hipersociabilidad, hidrofobia, aerofobia, parálisis progresiva e hipersensibilidad a efectos externos como el sonido, la luz, el viento y el dolor. El virus se multiplica con rapidez en el cerebro y pasa de una neurona a otra para expandirse a otras partes del cuerpo, incluidas las glándulas salivares. La producción incrementada de saliva espesa contendrá gran cantidad de nuevos virus y la mordedura de los animales infectados es el medio que utiliza el patógeno para contagiar a otro individuo. En definitiva, la agresividad desmesurada de los animales rabiosos posibilita la supervivencia y la expansión del virus.

Ilustración de *Harper's Weekly* (1879) que captura un sombrío deber policial, eliminar a un perro rabioso en una calle de Nueva York para proteger la salud pública.

La hipersexualidad también es un síntoma llamativo de la enferme-dad y puede ser debida a que la infección viral ha alcanzado a las neu-ronas del sistema límbico. Muchas personas infectadas por el virus de la rabia sufren un deseo sexual intenso e incontrolable que provoca erec-ciones involuntarias y orgasmos recurrentes y espontáneos, e incluso intentos de violación. Existen casos registrados increíbles, como el de un individuo infectado que tuvo treinta eyaculaciones el mismo día. Las alucinaciones y delirios que provoca el virus originan un compor-tamiento psicótico en los pacientes. En la novela *Del amor y otros demo-nios*, escrita por Gabriel García Márquez y publicada en 1994, el perso-naje principal, una niña llamada Sierva María de Todos los Ángeles, es mordida por un perro rabioso en su cumpleaños número doce. La enfer-medad provoca cambios rotundos en la personalidad de la joven y todos piensan que está poseída por un demonio y piden que sea exorcizada.

Los mecanismos moleculares que conducen a esta pléyade de cam-bios son inciertos, pero algunos datos sugieren que una región de la gli-coproteína del virus de la rabia, con homologías con las toxinas de las serpientes, tiene la capacidad de alterar el comportamiento en los ani-males, mediante la inhibición de los receptores nicotínicos de acetilco-lina presentes en el sistema nervioso central.

Desde luego, los cambios en el comportamiento del huésped, influi-dos por el virus, pueden optimizar la supervivencia o transmisión del patógeno. Parece factible que las variaciones conductuales inducidas por la rabia pueden promover la transmisión del virus en poblacio-nes de mamíferos, en especial perros, al actuar sobre la estructura de las redes sociales aumentando la probabilidad de un contacto efectivo. Esta situación podría ser importante para permitir que la rabia se pro-pague en regiones rurales y remotas. De hecho, el movimiento de ani-males es un componente clave de muchos procesos ecológicos, incluida la dinámica de poblaciones, las interacciones entre especies y la pro-pagación espacial de enfermedades infecciosas de la vida silvestre. El movimiento de los animales puede proporcionar consecuencias críticas directas e indirectas en la transmisión de patógenos. Por ejemplo, los movimientos naturales y mediados por humanos de animales infecta-dos domésticos y de vida silvestre han estado implicados en la propa-gación de enfermedades, como la tuberculosis bovina en el ganado y en las zarigüeyas o la rabia en los mapaches.

En Nueva Zelanda, las zarigüeyas transmiten la tuberculosis al ganado, a menudo a través de la transmisión por aerosoles y de la interacción, en tierras agrícolas, entre el ganado, los ciervos y las zarigüeyas infectadas. La tuberculosis bovina causada por *Mycobacterium bovis*, tiene una ecología única y compleja en Nueva Zelanda. A diferencia de otras partes del mundo, la enfermedad se mantiene en las zarigüeyas australianas (*Trichosurus vulpecula*), por lo que estos animales son considerados un importante vector de transmisión. Las zarigüeyas fueron introducidas en Nueva Zelanda en el siglo XIX para establecer una industria peletera, pero con relativa rapidez se convirtieron en una plaga reconocida para la flora y fauna nativa. En el año 2016 fue tomada la decisión de perseguir, con la meta marcada en el año 2055, la erradicación biológica total de la enfermedad en el país, con los objetivos provisionales de estar libres de tuberculosis en los rebaños de ganado para el año 2026 y libres de tuberculosis en las zarigüeyas para el año 2040.

En el caso de los mapaches, estos animales aparecen en casi todos los hábitats urbanos, suburbanos y rurales de los Estados Unidos. La historia de los mapaches rabiosos estadounidenses comenzó en Florida. En los años 50 del siglo XX, un brote empezó a extenderse desde ese estado al resto del país. Primero difundió a los estados vecinos y luego dio un gran salto hacia el norte, hacia el Atlántico medio, posiblemente mediante el envío de más de 3500 mapaches de Florida a cotos de caza en Virginia. Desde allí, los mapaches rabiosos migraron hacia el norte, hasta Canadá, y al oeste, hasta Ohio. La costa este quedó impregnada de rabia y colonizada por mapaches rabiosos. El virus de la rabia provoca cambios de comportamiento en los mapaches. Estos animales son nocturnos y priorizan la oscuridad para buscar alimento, pero la infección con el virus da como resultado una falta de miedo hacia los humanos, que promueve la actividad diurna y la indiferencia a la presencia cercana de las personas. Además, una clara señal de que un mapache tiene rabia es si el animal camina en círculos y sus movimientos parecen no tener ningún propósito. Un mapache sano siempre está alerta y actúa con determinación. A medida que la infección avanza, el mapache comenzará a ser más agresivo y a producir sonidos extraños. Estos soniquetes pueden incluir chirridos, pitidos agudos, silbidos y parloteos.

En marzo de 2003, un hombre de veinticinco años de edad, del norte de Virginia y previamente sano, murió a causa de una enfermedad diagnosticada de meningoencefalitis de etiología desconocida después de una enfermedad de tres semanas. Las pruebas posteriores confirmaron un diagnóstico de rabia. La secuenciación genética identificó una variante del virus de la rabia asociada con los mapaches. El suceso constituyó el primer caso documentado de rabia humana asociada con una variante del virus de la rabia de mapache en los Estados Unidos y destacó la importancia de la educación continua en la prevención y el diagnóstico de la rabia.

Desde finales de la década de 1970, la rabia en los mapaches se ha extendido por la costa este, desde Alabama hasta Maine, provocando la mayor epizootia de rabia animal en la historia de los Estados Unidos. Dada la proximidad de los mapaches a los residentes de vecindarios suburbanos y las tendencias hacia la urbanización, la exposición humana a la rabia ha aumentado considerablemente. Por esa razón, cada año, el Departamento de Agricultura de los Estados Unidos (USDA) distribuye, principalmente a lo largo de la costa este, más de siete millones de vacunas orales, camufladas en irresistibles cebos, destinadas a abordar el problema de la rabia en los mapaches. La vacuna oral está dentro de un pequeño paquete que es espolvoreado con un recubrimiento de harina de pescado o introducido dentro de un bloque duro de harina de pescado del tamaño de una caja de fósforos. Cuando un mapache muerde el cebo, el paquete vacunal es perforado y el animal queda expuesto a la vacuna. Esto activa el sistema inmunológico del mapache para producir anticuerpos que proporcionan protección contra la infección por el virus de la rabia. Los reservorios más comunes que albergan rabia en los EE. UU. son los mapaches, los zorrillos, los zorros, los murciélagos y los coyotes. En muchas otras partes del mundo, es común que la rabia sea transmitida por los perros, pero los monos, los gatos, las mangostas y el ganado vacuno también pueden transmitir la rabia con frecuencia. De hecho, cualquier mamífero infectado puede transmitir el virus de la rabia a los humanos y a otros mamíferos. Por ejemplo, en múltiples zonas del planeta, el principal transmisor de la rabia a bovinos y a equinos es el murciélago hematófago *Desmodus rotundus*, que coloquialmente recibe el nombre de vampiro común.

Una buena acción preventiva contra la rabia es evitar las mordeduras de animales, especialmente de los salvajes. Es imprudente manipular mascotas desconocidas y animales silvestres. Los signos de la rabia

El vampiro más grande se posó sobre el hombro de Morales,
ilustración de *Journal des Voyages* (1879-80).

en animales salvajes pueden ser sutiles, pero su comportamiento suele ser anormal. Muchos animales infectados pueden no parecer tímidos o no estar asustados cuando entran en contacto con las personas. Los animales nocturnos, como murciélagos, zorrillos, mapaches y zorros, pueden estar muy activos durante el día cuando están infectados. Los murciélagos hacen ruidos inusuales o tienen dificultades para volar. Los animales enfermos muerden sin ser provocados y están débiles o agitados y furiosos. No es sensato manipular a un animal que pueda estar rabioso, aunque sea para intentar ayudarle. Si un animal parece enfermo o muestra un comportamiento inusual, es conveniente contactar con las autoridades sanitarias locales e informar de la situación.

El primer tratamiento recomendado ante la mordedura de un animal susceptible de estar infectado por el virus de la rabia consiste en el lavado precoz y concienzudo de la herida con agua y jabón, durante un tiempo mínimo de quince minutos, y la aplicación de un antiséptico como povidona yodada o cloruro de benzalconio.

La limpieza de las heridas es importante, porque reduce considerablemente la probabilidad de contraer la rabia. Una vez que la herida está limpia, hay que acudir lo antes posible a un centro sanitario, donde los facultativos decidirán si es necesario suministrar un tratamiento postexposición, consistente en la administración de la vacuna antirrábica y de inmunoglobulinas antirrábicas humanas. La inmunoglobulina antirrábica, que consta de anticuerpos contra el virus, proporciona protección inmediata, pero solo durante un breve periodo de tiempo. La vacuna contra la rabia estimula al cuerpo a producir anticuerpos contra el virus, proporcionando una protección gradual mucho más duradera. Por lo general, la vacuna y la inmunoglobulina son administradas de inmediato cuando una persona es mordida por murciélagos, zorrillos, mapaches, zorros y la mayoría de los demás mamíferos carnívoros salvajes, porque se considera que el animal está rabioso, a menos que sea factible realizar una prueba y que los resultados sean negativos. En el caso de las personas mordidas por animales domésticos, como perros o gatos, si el animal parece sano y puede ser observado durante diez días, no se administra la vacuna, a menos que el animal desarrolle los síntomas de la rabia. Si el animal aparenta algún síntoma que sugiera que tiene rabia, las personas reciben la vacuna y la inmunoglobulina antirrábica inmediatamente. Cada año, más de veintinueve millones de personas en el mundo reciben tratamiento después de haber estado expuestos a animales sospechosos de padecer rabia.

La profilaxis previa a la exposición (PrEP) está recomendada para personas que desarrollan ciertas ocupaciones de alto riesgo, como trabajadores de laboratorio que manejan animales rabiosos o virus relacionados con la rabia, y personas cuyas actividades profesionales o personales podrían conducir al contacto directo con murciélagos u otros mamíferos que puedan estar infectados con rabia, como por ejemplo el personal de control de enfermedades animales y los guardabosques de vida silvestre. La PrEP también podría estar indicada para personas que viven en áreas remotas y altamente endémicas de rabia, con acceso local limitado a los productos biológicos contra la enfermedad. La rabia es una afección antigua y una de las enfermedades infecciosas desaten-

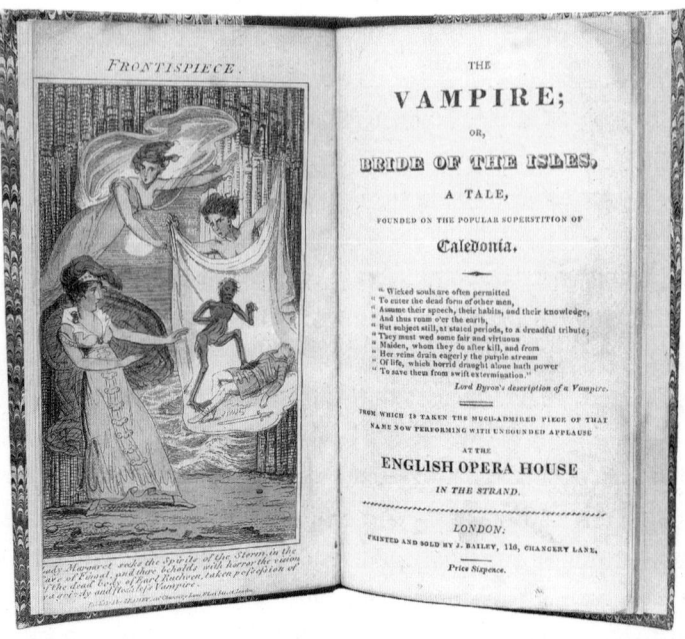

Portada de *The Vampire; or, Bride of the Isles* (1820), adaptación teatral de James Robinson Planché basada en el mito del vampiro Lord Ruthven, popularizado por el relato de John Polidori (1819). Esta obra, estrenada en el English Opera House de Londres, introdujo la innovadora «trampa del vampiro» (*vampire trap*), un mecanismo escénico que permitía al personaje desaparecer mediante una trampilla. El vampiro Ruthven, inspirado en la figura de lord Byron, se convirtió en un icono cultural que revolucionó el teatro gótico y consolidó la figura del vampiro aristocrático en la literatura occidental [D&D Galleries].

didas más diabólicas y temidas. Dado que el tratamiento rara vez tiene éxito, la educación sobre la prevención es imperativa para controlar la enfermedad y salvar vidas de humanos y animales.

Los síntomas horribles que presenta la rabia han inspirado, durante siglos, relatos, cuentos y leyendas populares de seres humanos convertidos en monstruos. En los siglos XVIII y XIX era habitual que los campesinos centroeuropeos temieran a la locura canina, transmitida por lobos furibundos o perros enajenados. Algunos sucesos eran recogidos por los medios de comunicación de la época y sembrados a mano abierta en las pesadillas de las sociedades atribuladas y medio analfabetas. Por ejemplo, en 1855, el *Brooklyn Daily Eagle* informó sobre un espantoso asesinato que había acontecido en la campiña francesa. La noticia relataba que una mujer joven, recién casada, había muerto a manos de su marido. Los padres de la mujer habían impedido inicialmente el compromiso de la pareja, debido al comportamiento extraño del pretendiente, aunque al fin dieron el consentimiento. Celebrado el matrimonio, la pareja se retiró para consumar el vínculo, pero desde la habitación emergieron gritos de pánico. Muchas personas acudieron en auxilio y al llegar observaron horrorizados cómo la pobre muchacha agonizaba. Tenía el pecho desgarrado y lacerado. Al lado, el desdichado marido, delirante y preso de un ataque de locura, estaba cubierto de sangre y había devorado una porción del seno de la mujer. La chica murió al poco, y el marido, tras resistir con violencia inusual, también falleció. ¿Qué pudo haber causado este horrible incidente? A las preguntas de las autoridades, alguien recordó que el novio había sido mordido por un perro extraño. Hasta finales del siglo XIX, los periódicos ingleses y estadounidenses recogieron, en multitud de ocasiones, diversas variantes sobre historias protagonizadas por perros rabiosos que convertían a las personas en bestias furiosas. Hombres con feroces impulsos sexuales que eran capaces de mostrar una violencia incontrolable y obscena. Igual que ahora, desde hace siglos los animales que con mayor incidencia han transmitido la rabia a los humanos han sido los cánidos. Este punto vincula la enfermedad con el mito del hombre lobo. Curiosamente, varios de los registros que mencionan la presencia de hombres lobo en países centroeuropeos coinciden en el tiempo con brotes de rabia en la población. ¿Será coincidencia?

certain C U R E for the B I T E of a

M A D D O G.

L E T the Patient be blooded at the Arm nine or ten Ounces.

Take of the Herb call'd in Latin *Lichen Cinereus Terreſtris*, in Engliſh *Aſh-colour'd Ground Liverwort*, clean'd, dry'd, and powder'd, half an Ounce.

Of black Pepper powder'd, two Drachms.

Mix theſe well together and divide the Powder into four Doſes, one of which muſt be taken every Morning, faſting, for four Mornings fucceſſively, in half a Pint of Cow's Milk warm. After theſe four Doſes are taken, the Patient muſt go into the Cold Bath, or a cold Spring or River, every Morning faſting, for a Month: He muſt be dipt all over, but not ſtay in (with his Head above Water) longer than half a Minute, if the Water be very cold. After this he muſt go in three Times a Week for a Fortnight longer.

N. B. The *Lichen* is a very common Herb, and grows generally in ſandy and barren Soils all over *England*. The right Time to gather it is in the Months of *October* or *November*.

R. M.

«Un remedio seguro para la mordedura de un perro rabioso»,
obra del médico británico Richard Mead (1673-1754).

📖 Para leer más:

- Alemayehu, Tinsae. 2024. «Rabies vaccinations save lives but where are the vaccines? Global vaccine inequity and escalating rabies-related mortality in low- and middle-income countries». *International Journal of Infectious Diseases* 140: 49-51.
- de Carvalho Ruthner Batista, Helena. 2023. «Dispersion and diversification of Lyssavirus rabies transmitted from haematophagous bats Desmodus rotundus: a phylogeographical study». *Virus Genes* 59 (6): 817-822.
- Escobar, Luis. 2023. «Revealing the complexity of vampire bat rabies "spillover transmission"». *Infectious Diseases of Poverty* 12:10.
- Hampson, Katie. 2024. «Good news for travellers, but what do rabies vaccines say about global health?». *The Lancet Infectious Diseases* 24 (2): 119-121.
- Hellgren, Fredrika. 2023. «Unmodified rabies mRNA vaccine elicits high cross-neutralizing antibody titers and diverse B cell memory responses». *Nature Communications* 14: 3713.
- Lian, Marianne. 2022.« Interactions between the rabies virus and nicotinic acetylcholine receptors: A potential role in rabies virus induced behavior modifications». *Heliyon* 8 (9): e10434.
- Lodha, Lonika. 2023. «Rabies control in high-burden countries: role of universal pre-exposure immunization». *Lancet Regional Health Southeast Asia* 19: 100258.
- Rupprecht, Charles. 2023. «Rabies in a postpandemic world: resilient reservoirs, redoubtable riposte, recurrent roadblocks, and resolute recidivism». *Animal Diseases* 3 (1): 15.
- Zhaoxing, Tian. 2019. «Clinical features of rabies patients with abnormal sexual behaviors as the presenting manifestations: a case report and literature review». *BMC Infectious Diseases* 19: 679.

Epílogo
¿Cómo sería un mundo sin parásitos?

Casi la mitad de todos los animales conocidos en la Tierra son parásitos, un grupo poblado, en parte, por auténticos cabritos. No dan buenas noticias ni por equivocación. Imagino a un notario, medio calvo y encorbatado, sentado junto a un abogado, bebiendo mezcal en la barra pringosa de un bar y dando fe de que son unos bichos asquerosos de mala muerte. En rigor, para las pulgas, los piojos, las garrapatas, las tenias, las sanguijuelas, las lombrices y otros toca narices, somos bocaditos de cielo. La chanfaina del domingo servida en porcelana fina.

Infecciones parasitarias hay muchas y de todo tipo. Las intestinales, por ejemplo, afectan a unos 3500 millones de personas, la mayoría niños, pero los adultos no están exentos, y en cualquier lugar puede tocar la china. Para muestra, un botón. En el año 2006, Suiza disfrutó de un mes de junio cálido y agradable. Hubo episodios intercalados de lloviznas tímidas, pero en general la época y el clima incitaban a celebrar enlaces nupciales a porrillo. De todos, al menos un festejo acabó en disgusto. Varios invitados cayeron enfermos. Los síntomas comenzaron entre los veinte y los noventa y un días después de la boda. Había diarrea, fatiga, náuseas, vómitos, mareos, dolor abdominal y hasta gusanos con forma de tallarín en las heces. Las personas afectadas consumieron filetes de perca crudos y marinados, capturados ese mismo día en el lago Lemán y servidos en la recepción. El incidente resultó ser el primer brote masivo y documentado de infección por *Diphyllobothrium latum* en Suiza. El parásito es conocido como tenia del pescado y en ocasiones alcanza hasta los diez metros de longitud.

El potencial zoonótico de los parásitos representa una amenaza, profunda y ladina, para los humanos. El 16 de junio de 2015 surgió uno de esos acontecimientos pasmosos que merecen ser incluidos en los catálogos de muestras. Aquel día, un paciente masculino de treinta y cinco años acudió al servicio de urgencias de la Facultad de Medicina Lala Lajpat Rai Memorial Medical College de Meerut, ubicada en el estado indio de Uttar Pradesh. El hombre presentaba síntomas de retención urinaria y fiebre de dos días de evolución. Al momento del ingreso, las constantes vitales del afectado eran normales, salvo taquicardia. El reconocimiento general mostraba palidez, mientras que la exploración sistémica era normal. El paciente no era vegetariano y pertenecía a un nivel socioeconómico bajo. La causa de las dolencias resultó ser un gusano parásito de treinta centímetros de largo que estaba viviendo en su riñón. El bichejo, denominado gusano gigante del riñón (*Dioctophyma renale*), es uno de los nematodos parásitos más grandes conocidos y provoca una enfermedad zoonótica llamada dioctofimiasis. El parásito, que suele estar localizado en el riñón derecho, afecta a mamíferos domésticos y silvestres, incluyendo al hombre de forma accidental. Los huevos del gusano son excretados en la orina. Las larvas infecciosas pueden ser absorbidas por renacuajos, ranas o peces que sirven como huéspedes paraténicos o de transporte. El hombre adquiere la infección por la ingestión de pescado o anfibios crudos o mal cocinados que contienen larvas infecciosas. Las hembras pueden medir hasta 103 cm de longitud y tienen un diámetro de 5 a 12 mm. Los machos miden 35 cm de longitud y tienen de 3 a 4 mm de diámetro. El gusano puede permanecer vivo hasta cinco años en los riñones. Puede causar obstrucción, hidronefrosis y destrucción del parénquima renal. El paciente puede presentar cólico renal y hematuria. En casos complicados el tratamiento consiste en la extirpación quirúrgica del riñón afectado.

La diversidad de lances relacionados con las zoonosis parasitarias y el número de circunstancias que pueden ser vinculadas a las infecciones inesperadas son más abundantes que las lágrimas en un funeral. Por ejemplo, el mayor brote de leishmaniasis humana notificado en Europa ocurrió en el suroeste de la Comunidad de Madrid, en los municipios de Fuenlabrada, Leganés, Getafe y Humanes, entre los años 2009 y 2012. El brote fue atribuido a la presencia de un gran número de liebres infectadas con el parásito *Leishmania infantum*, y a la alta densidad de flebótomos, el vector que transmite la enfermedad, en el parque de la Paz, el parque de Polvoranca y el Bosque Sur. Hubo más de setecientos casos de leishmaniasis visceral y cutánea.

A principios del siglo XX, la campaña de tratamiento masivo contra la anquilostomiasis, en el sur de los Estados Unidos, generó mejoras significativas, porque estuvo asociada con una mayor matriculación, asistencia y alfabetización escolar, así como a un aumento de los ingresos a largo plazo. Esta relación entre la eliminación de los parásitos y el progreso educativo quedó reforzada, en el año 2004, por un influyente informe que mostró una asociación entre la desparasitación masiva en las escuelas y la reducción del ausentismo escolar de los niños kenianos. Una década después, estos niños desparasitados en la escuela tenían más años de escolarización, más tiempo empleado y más horas de trabajo semanales.

El impacto de los parásitos en las mascotas y en los animales pecuarios también es grave. En Europa, uno de cada dos gatos y perros domésticos está infectado con al menos una especie de parásito interno o externo. Las infecciones por los helmintos gastrointestinales *Fasciola hepática* y *Dictyocaulus viviparus* causan en el sector ganadero europeo pérdidas que superan los 1800 millones de euros anuales.

Podemos pensar que, a grandes males, grandes remedios. En teoría, la receta es sencilla, hay que acabar con los parásitos, y andando. Según diversos parámetros, la eliminación de virus, bacterias, protozoos, artrópodos y gusanos parásitos contribuiría a reducir la mortalidad humana y la discapacidad, y a mejorar la calidad de vida e incluso la pobreza. Por supuesto, el sufrimiento y las enfermedades que causan los parásitos son innegables y representan un enorme desafío para la salud humana y animal. Sin embargo, aunque, a ratos o de primeras, la eliminación de los parásitos pueda parecer idílica y beneficiosa, la pereza intelectual impide atisbar las consecuencias, en su mayoría negativas.

¿A quién le importa un parásito? Rara vez, los parásitos son incluidos en las listas de especies amenazadas. La Lista Roja de Especies Amenazadas de la UICN no incluye platelmintos, nematodos ni acantocéfalos, y solo un artrópodo, el piojo del cerdo pigmeo (*Haematopinus oliveri*). En realidad, la desaparición de los parásitos provocaría un vasto y significativo número de impactos en cascada que desestabilizarían los ecosistemas. Los parásitos son bioindicadores útiles de la salud de los hábitats. Muchos parásitos desempeñan un importante papel regulador en las poblaciones hospedadoras. En algunos casos, los parásitos nativos ayudan a controlar las poblaciones de especies invasoras. Al desaparecer una de las principales causas de mortalidad o debilitamiento, algunas especies, invasoras o autóctonas, proliferarían sin control, agotando los recursos disponibles y alterando el equilibrio ecosistémico.

Los parásitos son comunes en todos los ecosistemas, tanto en número de especies como en biomasa. La pérdida del control parasitario podría llevar a la dominancia de unas pocas especies de hospedadores, disminuyendo la diversidad general de la fauna. El aumento descontrolado de herbívoros, por ejemplo, acarrearía la sobreexplotación de ciertas especies de plantas, reduciendo la variedad vegetal. La eliminación de especies parásitas manipuladoras reduciría las tasas de depredación. En general, la extinción de los parásitos alteraría la trayectoria evolutiva de los hospedadores; afectaría a la dinámica poblacional y a la inmunidad de los huéspedes; modificaría la competencia intraespecífica; reduciría la diversidad genética; provocaría la pérdida de diversos mecanismos defensivos de las poblaciones animales y vegetales, y afectaría a los flujos y a la transferencia de energía y de nutrientes, con consecuencias impredecibles para el funcionamiento del ecosistema. Por tanto, fuera bromas, la colosal impronta parasitaria es fundamental y trascendental para la regulación vital del planeta. ¡Benditos parásitos! Si no hubiera, habría que inventarlos.

📖 Para leer más:

- Carlson, Colin. 2020. «What would it take to describe the global diversity of parasites?». *Proceedings of the Royal Society B: Biological Sciences* 287 (1939): 20201841.
- Kaminsky, Ronald. 2025. «Global impact of parasitic infections and the importance of parasite control». *Frontiers in Parasitology* 4: 1546195.
- Wood, Chelsea. 2023. «A reconstruction of parasite burden reveals one century of climate-associated parasite decline». *The Proceedings of the National Academy of Sciences (PNAS)* 120 (3): e2211903120.

Este libro se terminó de imprimir en diciembre de 2025. Tal mes de 1906, Santiago Ramón y Cajal recibió el Premio Nobel de Medicina por sus descubrimientos sobre la estructura del sistema nervioso, sentando las bases para comprender cómo los microorganismos pueden influir en nuestro cerebro.

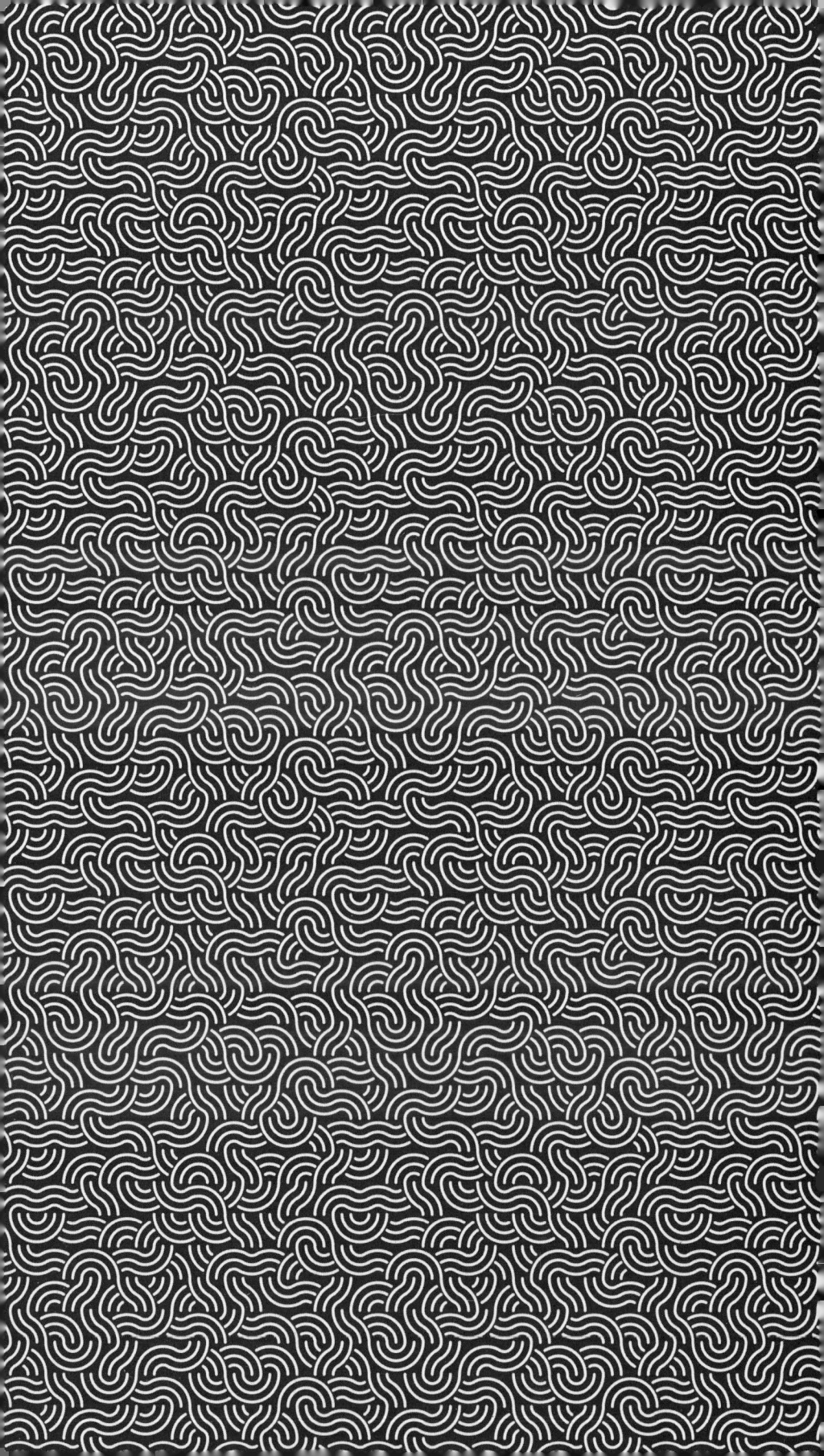

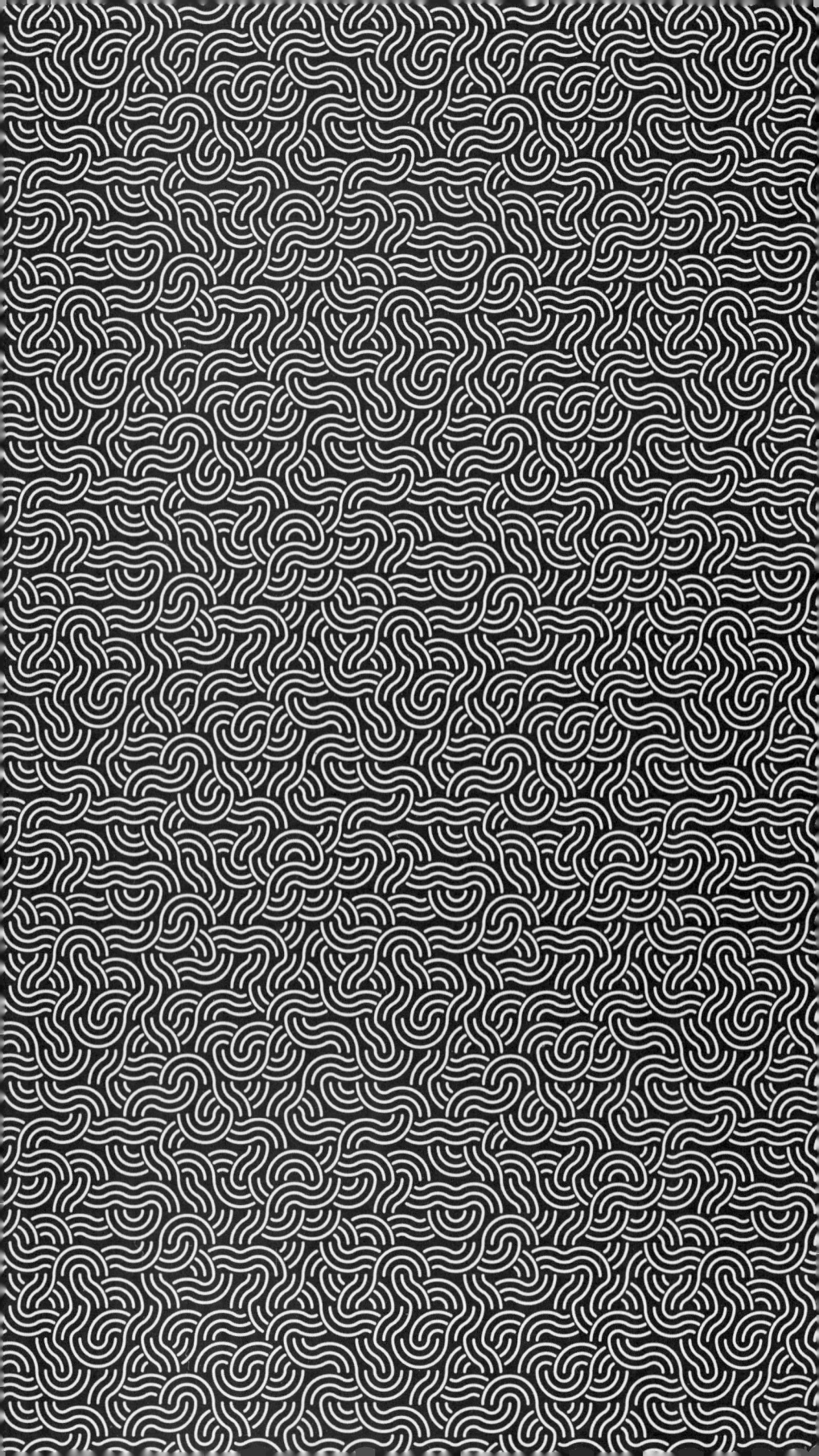

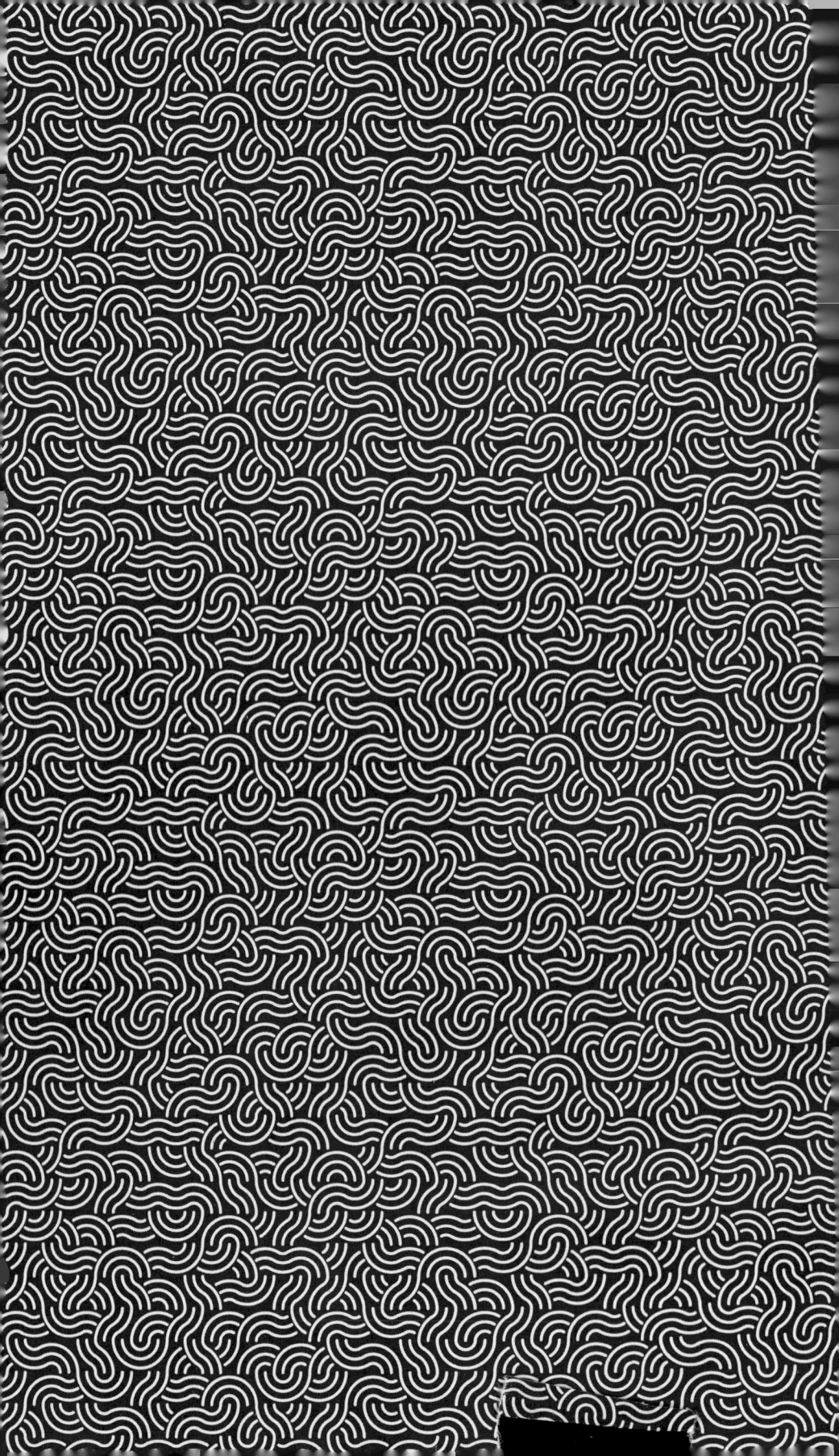